U0391718

2024年版全国一级建造师执业资格考试辅导

机电工程管理与实务

全国一级建造师执业资格考试辅导编写委员会　编写

中国建筑工业出版社
中国城市出版社

图书在版编目（CIP）数据

机电工程管理与实务章节刷题/全国一级建造师执业资格考试辅导编写委员会编写. —北京：中国城市出版社，2024.5

2024年版全国一级建造师执业资格考试辅导

ISBN 978-7-5074-3689-1

Ⅰ. ①机… Ⅱ. ①全… Ⅲ. ①机电工程—工程管理—资格考试—习题集 Ⅳ. ①TH-44

中国国家版本馆CIP数据核字（2024）第047409号

责任编辑：李笑然

责任校对：姜小莲

2024年版全国一级建造师执业资格考试辅导

机电工程管理与实务章节刷题

全国一级建造师执业资格考试辅导编写委员会　编写

*

中国建筑工业出版社、中国城市出版社出版、发行（北京海淀三里河路9号）

各地新华书店、建筑书店经销

建工社（河北）印刷有限公司印刷

*

开本：787毫米×1092毫米　1/16　印张：16　字数：383千字

2024年4月第一版　　2024年4月第一次印刷

定价：**65.00**元（含增值服务）

ISBN 978-7-5074-3689-1

（904722）

如有内容及印装质量问题，请联系本社读者服务中心退换

电话：（010）58337283　QQ：2885381756

（地址：北京海淀三里河路9号中国建筑工业出版社604室　邮政编码：100037）

出版说明

为了满足广大考生的应试复习需要，便于考生准确理解考试大纲的要求，尽快掌握复习要点，更好地适应考试，根据“一级建造师执业资格考试大纲”（2024 年版）（以下简称“考试大纲”）和“2024 年版全国一级建造师执业资格考试用书”（以下简称“考试用书”），我们组织全国著名院校和企业以及行业协会的有关专家教授编写了“2024 年版全国一级建造师执业资格考试辅导——章节刷题”（以下简称“章节刷题”）。此次出版的章节刷题共 13 册，涵盖所有的综合科目和专业科目，分别为：

- 《建设工程经济章节刷题》
- 《建设工程项目管理章节刷题》
- 《建设工程法规及相关知识章节刷题》
- 《建筑工程管理与实务章节刷题》
- 《公路工程管理与实务章节刷题》
- 《铁路工程管理与实务章节刷题》
- 《民航机场工程管理与实务章节刷题》
- 《港口与航道工程管理与实务章节刷题》
- 《水利水电工程管理与实务章节刷题》
- 《矿业工程管理与实务章节刷题》
- 《机电工程管理与实务章节刷题》
- 《市政公用工程管理与实务章节刷题》
- 《通信与广电工程管理与实务章节刷题》

《建设工程经济章节刷题》《建设工程项目管理章节刷题》《建设工程法规及相关知识章节刷题》包括单选题和多选题，专业工程管理与实务章节刷题包括单选题、多选题、实务操作和案例分析题。章节刷题中附有参考答案、难点解析、案例分析以及综合测试等。为了帮助应试考生更好地复习备考，我们开设了在线辅导课程，考生可通过中国建筑出版在线网站（wkc.cabplink.com）了解相关信息，参加在线辅导课程学习。

为了给广大应试考生提供更优质、持续的服务，我社对上述 13 册图书提供网上增值服务，包括在线答疑、在线视频课程、在线测试等内容。

章节刷题紧扣考试大纲，参考考试用书，全面覆盖所有知识点要求，力求突出重点，解释难点。题型参照考试大纲的要求，力求练习题的难易、大小、长短、宽窄适中。各科目考试时间、分值见下表：

序　号	科 目 名 称	考试时间（小时）	满　分
1	建设工程经济	2	100
2	建设工程项目管理	3	130
3	建设工程法规及相关知识	3	130
4	专业工程管理与实务	4	160

本套章节刷题力求在短时间内切实帮助考生理解知识点，掌握难点和重点，提高应试水平及解决实际工作问题的能力。希望这套章节刷题能有效地帮助一级建造师应试人员提高复习效果。本套章节刷题在编写过程中，难免有不妥之处，欢迎广大读者提出批评和建议，以便我们修订再版时完善，使之成为建造师考试人员的好帮手。

中国建筑工业出版社
中 国 城 市 出 版 社
2024 年 2 月

目　　录

第1篇　机电工程技术

第1篇　机电工程技术

第1章　机电工程常用材料与设备

1.1　机电工程常用材料

微信扫一扫
在线做题＋答疑

复习要点

主要内容：金属材料的分类及应用；非金属材料的分类及应用；电气材料的分类及应用。

知识点1．黑色金属材料的分类及应用

知识点2．有色金属及合金材料的分类及应用

（1）铝及铝合金、铜及铜合金。

（2）铝合金、铜合金、锌的应用。

知识点3．常用金属复合材料的分类及应用

知识点4．硅酸盐材料的分类及应用

知识点5．高分子材料的分类及应用

知识点6．非金属板材和管材的分类及应用

知识点7．导线的分类及应用

（1）裸导线。

（2）绝缘导线。

知识点8．电力电缆的分类及应用

（1）塑料绝缘电力电缆。

（2）阻燃电缆。

（3）耐火电缆。

（4）氧化镁电缆。

（5）分支电缆。

（6）铝合金电缆。

知识点9．控制电缆的分类及应用

知识点10．母线槽的分类及应用

知识点11．绝缘材料的分类及应用

一　单项选择题

（每题的备选项中，只有1个最符合题意，以下同）

1. 下列有色金属材料中，属于重金属的是（　　）。

A．镍合金　　B．钛合金

C．铝合金　　D．镁合金

2. 下列金属材料中，属于非合金钢类的是（　　）。

A．轴承钢　　B．耐热钢

C．高速钢　　D．碳素结构钢

3. 下列铸铁材料中，属于按碳在铸铁中的存在形式不同进行分类的是（　　）。

A．普通铸铁　　B．白口铸铁

C．可锻铸铁　　D．球墨铸铁

4. 下列金属中，适用于制作屏蔽材料的是（　　）。

A．铝板　　B．铜板

C．锌板　　D．碳钢板

5. 下列金属中，不属于贵金属的是（　　）。

A．金　　B．银

C．铂　　D．钛

6. 下列陶瓷产品中，属于普通陶瓷的是（　　）。

A．硅酸盐陶瓷　　B．氧化铝陶瓷

C．碳化硅陶瓷　　D．氮化硅陶瓷

7. 下列塑料中，属于热固性塑料的是（　　）。

A．环氧塑料　　B．聚丙烯塑料

C．聚乙烯塑料　　D．聚氯乙烯塑料

8. 下列粘结剂中，对金属具有很强粘结能力的是（　　）。

A．酚醛树脂粘结剂　　B．环氧树脂粘结剂

C．聚酯酸乙烯粘结剂　　D．丙烯酸酯类粘结剂

9. 下列材料中，不属于无机非金属材料的是（　　）。

A．涂料　　B．玻璃

C．云母　　D．保温棉

10. 广泛应用于制造胶管和减振零件的橡胶是（　　）。

A．丁酯橡胶　　B．氯化橡胶

C．丁苯橡胶　　D．天然橡胶

11. 下列导线中，可用于各种电压等级的长距离输电线路的是（　　）。

A．铝绞线　　B．钢芯铝绞线

C．钢绞线　　D．铝合金绞线

12. 下列导线中，常用于小型电动工具连接导线的是（　　）。

A．聚氯乙烯铜芯线

B．聚乙烯铜芯线

C．聚氯乙烯绝缘及护套铜芯线

D．聚氯乙烯绝缘及护套铜芯软线

13. 母线槽安装在消防喷淋区域，应选用的防护等级是（　　）。

A．IP23　　B．IP34

C．IP40　　D．IP54

14. 控制电缆线芯采用的导体材料是（　　）。

A．铝　　B．铜

C．铝合金　　D．铜合金

15. 采用聚烯烃材料的电力电缆，在消防灭火时的缺点是（　　）。

A．发出有毒烟雾　　B．产生烟尘较多

C．腐蚀性能较高　　D．绝缘电阻下降

16. 耐火电缆是在火焰燃烧下能够保持安全运行的时间是（　　）。

A．45min　　B．60min

C．90min　　D．120min

17. 氧化镁电缆允许长期工作的最高温度是（　　）。

A．150℃　　B．200℃

C．250℃　　D．300℃

18. 下列电缆的类型中，不能制作分支电缆的类型是（　　）。

A．VV_{22} 型　　B．YJV 型

C．YJY 型　　D．WDZN-YJFE 型

19. 控制电缆的绝缘层材质通常采用的是（　　）。

A．聚烯烃　　B．聚氯乙烯

C．氧化镁　　D．交联聚乙烯

20. 下列材料中，属于液体绝缘材料的是（　　）。

A．汽油　　B．液压油

C．柴油　　D．电缆油

二　多项选择题

（每题的备选项中，有 2 个或 2 个以上符合题意，至少有 1 个错项，以下同）

1. 与钢相比，铸铁具有的优良性能表现为（　　）。

A．高强度　　B．铸造性

C．耐磨性　　D．熔炼简便

E．切削加工性

2. 铝合金材料的优良性能表现为（　　）。

A．可焊性　　B．铸造性能

C．高耐磨性能　　D．导电导热性能

E．塑性加工性能

3. 下列材料中，属于高分子材料的有（ ）。

A．塑料 B．水泥

C．陶瓷 D．橡胶

E．涂料

4. 工程涂料的主要功能包括（ ）。

A．防火 B．防水

C．防辐射 D．防静电

E．防腐蚀

5. 架空线路中，常用的导线有（ ）。

A．钢绞线 B．铝绞线

C．钢芯铝绞线 D．硬铜绞线

E．软铜绞线

6. 低压电力电缆常用的绝缘层材料有（ ）。

A．油浸纸 B．聚丙烯

C．聚氯乙烯 D．交联聚乙烯

E．辐照交联聚乙烯

7. 关于氧化镁电缆的说法，正确的有（ ）。

A．氧化镁电缆的材料是无机物

B．燃烧时会发出有毒的烟雾

C．短时间允许温度为1050℃

D．具有良好的防水和防爆性能

E．电缆允许长期工作温度为250℃

8. 在订购分支电缆时，根据建筑电气设计图来提供的有（ ）。

A．主电缆的型号、规格及长度

B．主电缆上的分支接头位置

C．分支电缆的型号、规格及长度

D．分支接头的尺寸大小要求

E．分支电缆的外直径和重量

9. 下列对耐火型母线槽要求的说法，正确的有（ ）。

A．耐火型母线槽满负荷运行可达8h以上

B．有国家认可的检测机构出具的型式检验报告

C．耐火型母线槽的耐火时间应达到360min

D．外壳采用耐高温不低于1100℃的防火材料

E．隔热层采用耐高温不低于300℃的绝缘材料

10. 下列气体中，可用作气体绝缘的有（ ）。

A．氮气 B．空气

C．二氧化碳 D．二氧化硫

E．六氟化硫

【答案与解析】

一、单项选择题（有答案解析的题号前加 *，全书同）

1. A； 2. D； 3. B； 4. C； 5. D； *6. A； 7. A； 8. B；
9. A； 10. D； 11. B； 12. D； 13. D； 14. B； *15. D； 16. C；
*17. C； *18. A； 19. B； 20. D

【解析】

6. 答案 A

陶瓷按照原料来源可分为普通陶瓷和特种陶瓷。普通陶瓷是以天然硅酸盐矿物为主要原料，如黏土、石英、长石等，其主要制品有建筑陶瓷、电气绝缘陶瓷、化工陶瓷、多孔陶瓷等；特种陶瓷是以纯度较高的人工合成化合物为主要原料的人工合成化合物，如氧化铝陶瓷、氮化硅陶瓷、碳化硅陶瓷、氮化硼陶瓷等。

15. 答案 D

无卤低烟电缆是指由不含卤素（F、Cl、Br、I、At）、铅、镉、铬、汞等物质的胶料制成，燃烧时产生的烟尘较少，且不会发出有毒烟雾，燃烧时的腐蚀性较低，因此对环境产生的危害很小。无卤低烟的聚烯烃材料主要采用氢氧化物作为阻燃剂，氢氧化物又称为碱，其特性是容易吸收空气中的水分（潮解）。潮解的结果是绝缘层的体积电阻系数大幅下降，由原来的 17MΩ/km 可降至 0.1MΩ/km。

17. 答案 C

氧化镁电缆的材料是铜和氧化镁，铜的熔点为 1038℃，氧化镁的熔点为 2800℃，氧化镁电缆允许长期工作的最高温度达 250℃，短时间或非常时期允许接近铜熔点温度，防火性能特佳。

18. 答案 A

分支电缆常用的有交联聚乙烯绝缘聚氯乙烯护套铜芯电力电缆（YJV 型）、交联聚乙烯绝缘聚乙烯护套铜芯电力电缆（YJY 型）和无卤低烟阻燃耐火型辐照交联聚乙烯绝缘聚烯烃护套铜芯电力电缆（WDZN-YJFE 型）等类型电缆，可根据分支电缆的使用场合对阻燃、耐火的要求程度，选择相应的电缆类型。

二、多项选择题

1. B、C、D、E； 2. A、B、D、E； 3. A、D、E； 4. A、C、D、E；
5. B、C； 6. C、D、E； *7. A、D、E； *8. A、B、C；
*9. A、B、D、E； 10. A、B、D、E

【解析】

7. 答案 A、D、E

氧化镁电缆的材料是无机物，铜和氧化镁的熔点分别为 1038℃和 2800℃，防火性能特佳，还具有耐高温（电缆允许长期工作温度达 250℃，短时间或非常时期允许接近铜熔点温度）、防爆（无缝铜管套及其密封的电缆终端可阻止可燃气体和火焰通过电缆进入电器设备起防爆作用）、耐腐蚀性强、载流量大、防水性能好、耐辐射、机械强度高、体积小、寿命长、良好的接地性能等优点。在油灌区、重要木结构公共建筑、高温场所等耐火要求高，且经济上可以接受的场合，可采用这种耐火性能好的电缆。

8. 答案A、B、C

在订购分支电缆时，应根据建筑电气设计图确定各配电柜具体位置，提供主电缆的型号、规格、总有效长度，各分支电缆的型号、规格、各段有效长度，各分支接头在主电缆上的准确位置（尺寸），安装方式（垂直沿墙敷设、水平架空敷设等），所需分支电缆吊头、横梁吊挂等附件型号、规格和数量。

9. 答案A、B、D、E

耐火型母线槽可专供消防设备电源的使用，耐火型母线槽外壳采用耐高温不低于1100℃的防火材料，隔热层采用耐高温不低于300℃的绝缘材料，耐火时间有60min、90min、120min和180min，满负荷运行可达8h以上。耐火型母线槽除应通过CCC认证外，还应有国家认可的检测机构出具的型式检验报告。

1.2 机电工程常用设备

复习要点

主要内容：通用设备的类型和性能。专用设备的类型和性能。电气设备的类型和性能。

知识点1. 泵的分类和性能

（1）泵的分类见表1-1。

表1-1 泵的分类

序号	分类依据	分类
1	按《建设工程分类标准》GB/T 50841—2013中泵设备安装工程类别分类	离心式泵、旋涡泵、电动往复泵、柱塞泵、蒸汽往复泵、计量泵、螺杆泵、齿轮油泵、真空泵、屏蔽泵、简易移动潜水泵等
2	按工作原理和结构形式分类	容积式泵、叶轮式泵

（2）泵的性能参数：流量和扬程，还有轴功率、转速、效率和必需汽蚀余量。

知识点2. 风机的分类和性能

（1）风机的分类见表1-2。

表1-2 风机的分类

序号	分类依据	分类
1	按《建设工程分类标准》GB/T 50841—2013中风机设备安装工程类别分类	离心式通风机、离心式引风机、轴流通风机、回转式鼓风机、离心式鼓风机
2	按排气压强分类	通风机、鼓风机、压气机

（2）风机的性能参数：流量、压力、功率、效率和转速等。

知识点3. 压缩机的分类和性能

（1）压缩机的分类见表1-3。

表 1–3　压缩机的分类

<table>
<tr><th>序号</th><th>分类依据</th><th colspan="2">分类</th></tr>
<tr><td>1</td><td>按《建设工程分类标准》GB/T 50841—2013 中压缩机设备安装工程类别分类</td><td colspan="2">活塞式压缩机、回转式螺杆压缩机、离心式压缩机等</td></tr>
<tr><td rowspan="2">2</td><td rowspan="2">按压缩气体方式不同分类</td><td>容积式压缩机</td><td>往复式（活塞式、膜式）压缩机、回转式（滑片式、螺杆式、转子式）压缩机</td></tr>
<tr><td>动力式压缩机</td><td>轴流式压缩机、离心式压缩机和混流式压缩机</td></tr>
</table>

（2）压缩机的性能参数：容积、流量、吸气压力、排气压力、工作效率、输入功率、输出功率、性能系数等。

知识点 4．输送设备的分类和性能

（1）输送设备的分类见表 1–4。

表 1–4　输送设备的分类

序号	分类依据	分类
1	具有挠性牵引件	带式输送机、链板输送机、刮板输送机、埋刮板输送机、小车输送机、悬挂输送机、斗式提升机、气力输送设备等
2	无挠性牵引件	螺旋输送机、滚柱输送机、气力输送机等

（2）输送设备的性能和特点。

知识点 5．锅炉的分类和性能

（1）锅炉的分类见表 1–5。

表 1–5　锅炉的分类

序号	分类依据	分类
1	按特种设备目录分类	承压蒸汽锅炉、承压热水锅炉、有机热载体锅炉
2	按锅炉出口工质压力分类	低压锅炉、中压锅炉、高压锅炉、超高压锅炉、亚临界压力锅炉、超临界压力锅炉、超超临界压力锅炉
3	按所用燃料或能源分类	固体燃料锅炉、液体燃料锅炉、气体燃料锅炉、余热锅炉等

（2）锅炉的性能。

知识点 6．汽轮机的分类和性能

（1）汽轮机的分类见表 1–6。

表 1–6　汽轮机的分类

序号	分类依据	分类
1	按工作原理分类	冲动式汽轮机，反动式汽轮机，冲动、反动联合汽轮机等
2	按热力过程分类	凝汽式、背压式、抽气式、抽气背压式和中间再热式汽轮机等
3	按新蒸汽参数高低分类	低压汽轮机、中压汽轮机、高压汽轮机、超高压汽轮机、亚临界压力汽轮机、超临界压力汽轮机、超超临界压力汽轮机等

（2）汽轮机的性能参数：功率（MW）、主汽压力（MPa）、主汽温度（℃）、进气量（t/h）、排气压力（MPa）、汽耗（kg/kWh）、转速（r/min）等。

知识点 7．核能发电设备及其组成

核能发电设备及其组成见表 1-7。

表 1-7 核能发电设备及其组成

序号	设备	组成
1	核岛设备	反应堆堆芯、燃料转运装置、反应堆压力容器、堆内构件、控制棒驱动机构、蒸汽发生器、主泵、主管道、安注箱、硼注箱和稳压器等。核岛设备是承担热核反应的主要部分
2	常规岛设备	汽轮机、发电机、除氧器、凝汽器、汽水分离再热器、高低压加热器、主给水泵、凝结水泵、主变压器和循环水泵等
3	辅助系统设备	包括核蒸汽供应系统之外的部分，即化学制水、制氧、压缩空气站等

知识点 8．风力发电设备的分类及风力发电机组的分类和组成

（1）风力发电设备的分类见表 1-8。

表 1-8 风力发电设备的分类

序号	分类依据	分类
1	按驱动方式分类	直驱式风电机组和双馈式风电机组
2	按风叶的可调性分类	定桨距风电机组和变桨距风电机组

（2）风力发电机组的分类和组成见表 1-9。

表 1-9 风力发电机组的分类和组成

序号	分类	组成
1	直驱式风电机组	主要由塔筒（支撑塔）、机舱总成、发电机、叶轮总成、测风系统、电控系统和防雷保护系统组成
2	双馈式风电机组	主要由塔筒、机舱、叶轮组成。机舱内集成了发电机系统、齿轮变速系统、制动系统、偏航系统、冷却系统等

知识点 9．光伏发电系统的分类及其组成

光伏发电系统的分类及其组成见表 1-10。

表 1-10 光伏发电系统的分类及其组成

序号	分类	组成
1	独立光伏发电系统	由太阳能电池组件、充放电控制器、蓄电池组成，若要为交流负载供电，还需要配置交流逆变器
2	分布式光伏发电系统	包括光伏电池组件、光伏方阵支架、直流汇流箱、直流配电柜、并网逆变器、交流配电柜、供电系统监控装置和环境监测装置等设备

知识点 10．光热发电设备

光热发电的形式：槽式光热发电、塔式光热发电、蝶式光热发电和菲涅尔式光热发电。

知识点 11. 静置设备的分类

静置设备的分类见表 1–11。

表 1–11　静置设备的分类

序号	分类依据	分类
1	按设备的设计压力分类	常压设备，$P<0.1$MPa；低压设备，0.1MPa $\leqslant P<1.6$MPa；中压设备，1.6MPa $\leqslant P<10$MPa；高压设备，10MPa $\leqslant P<100$MPa；超高压设备，$P\geqslant 100$MPa；$P<0$ 时，为真空设备
2	按设备在生产工艺过程中的作用原理分类	容器、反应器、塔设备、换热器、储罐等

知识点 12. 容器的分类

容器的分类见表 1–12。

表 1–12　容器的分类

序号	分类依据	分类
1	按特种设备目录分类	固定式压力容器、移动式压力容器、气瓶和氧舱
2	固定式压力容器分类	高压容器、第三类压力容器、第二类压力容器、第一类压力容器

知识点 13. 反应器的分类

反应器可分为釜式反应器、管式反应器、固定床反应器、流化床反应器。根据石油化工生产产品不同，可以分为：加氢反应器、裂化反应器、重整反应器、歧化反应器、异构化反应器等。

知识点 14. 塔设备的分类

塔设备的分类见表 1–13。

表 1–13　塔设备的分类

序号	分类依据	分类	
1	按操作压力分类	加压塔、常压塔及减压塔	
2	按单元操作分类	精馏塔、吸收塔、解吸塔、萃取塔、反应塔、干燥塔等	
3	按内件结构分类	板式塔	泡罩塔、浮阀塔、筛板塔、舌形塔及浮动舌形塔、穿流式栅板塔、导向筛板塔等
		填料塔	散装填料塔和规整填料塔

知识点 15. 储罐的分类

储罐的分类见表 1–14。

表 1–14　储罐的分类

序号	分类依据	分类
1	按储罐位置分类	地上储罐、地下储罐、半地下储罐、海上储罐、海底储罐等
2	按储罐形式分类	立式储罐、卧式储罐
3	按储罐结构分类	固定顶储罐、无力矩顶储罐、浮顶储罐等。其中，固定顶储罐可分为锥顶储罐、拱顶储罐、自支承伞形顶储罐；浮顶储罐分为浮顶储罐、内浮顶储罐（带盖内浮顶储罐）

知识点16．冶金设备的分类及其组成

冶金设备的分类及其组成见表1–15。

表1–15 冶金设备的分类及其组成

序号	分类	组成
1	烧结设备	冷却系统、抽风除尘系统、破碎筛分系统、烧结主机、煤气点火系统等
2	炼铁设备	高炉本体、高炉除尘器、高炉鼓风机、高炉热风炉、铁水罐车等
3	炼钢设备	转炉、电炉、电弧炉、钢包炉、混铁炉、电渣重熔炉等及其配套设备和系统
4	轧钢设备	辊压成型机、压瓦机、圆弧机、瓦机设备、彩色瓦楞、滚弯机、精整设备、彩色波浪板滚弯机、热连轧机组、冷轧机、三辊轧管机、矫直机、横切机组、纵切机组、切分轧制、穿孔机、焊管机、卷取机、打捆机等

知识点17．建材设备的分类

建材设备的分类：水泥设备、玻璃设备、陶瓷设备、耐火材料设备、新型建筑材料设备、无机非金属材料及制品设备等。

知识点18．矿业设备的分类

知识点19．电动机的分类和性能

（1）电动机的分类见表1–16。

表1–16 电动机的分类

<table>
<tr><th>序号</th><th>分类依据</th><th colspan="3">分类</th></tr>
<tr><td rowspan="4">1</td><td rowspan="4">按结构及工作原理分类</td><td>交流异步电动机</td><td colspan="2">三相异步电动机、单相异步电动机</td></tr>
<tr><td>交流同步电动机</td><td colspan="2">电磁同步电动机、永磁同步电动机、磁阻同步电动机和磁滞同步电动机</td></tr>
<tr><td rowspan="2">直流电动机</td><td>有刷直流电动机</td><td>电磁直流电动机和永磁直流电动机</td></tr>
<tr><td>无刷直流电动机</td><td>—</td></tr>
<tr><td rowspan="2">2</td><td rowspan="2">按工作电源分类</td><td>直流电源电动机</td><td colspan="2">—</td></tr>
<tr><td>交流电源电动机</td><td colspan="2">—</td></tr>
</table>

（2）电动机的性能。

知识点20．变压器的分类和性能

（1）变压器的分类见表1–17。

表1–17 变压器的分类

序号	分类依据	分类
1	按用途分类	电力变压器、电炉变压器、整流变压器、工频试验变压器、矿用变压器、电抗器、调压变压器、互感器、其他特种变压器
2	按相数分类	单相变压器和三相变压器
3	按绕组数量分类	双绕组变压器、三绕组变压器和自耦变压器
4	按冷却介质分类	油浸式变压器、干式变压器、充气式变压器

续表

序号	分类依据	分类
5	按容量分类	中小型变压器（电压：35kV 以下，容量：630～6300kVA）
		大型变压器（电压：63～110kV，容量：8000～63000kVA）
		特大型变压器（电压：220kV 以上，容量：90000kVA 以上）

（2）变压器的性能参数：工作频率、额定功率、额定电压、电压比、效率、空载电流、空载损耗、绝缘电阻。

知识点 21．电器的分类

电器的分类见表 1–18。

表 1–18　电器的分类

序号	分类	设备
1	开关电器	断路器、隔离开关、负荷开关、接地开关等
2	保护电器	熔断器、断路器、避雷器等
3	控制电器	主令电器、接触器、继电器、启动器、控制器等
4	限流电器	电抗器、电阻器等
5	测量电器	电压、电流、功率表及各类互感器

一　单项选择题

1. 下列设备中，不属于通用设备范围的是（　　）。

A．双吸泵　　B．离心式鼓风机

C．小型锅炉　　D．超高压压缩机

2. 下列泵类设备中，不属于容积式泵的是（　　）。

A．螺杆泵　　B．隔膜泵

C．离心泵　　D．柱塞泵

3. 下列压缩机中，不属于动力式压缩机的是（　　）。

A．轴流式压缩机　　B．活塞式压缩机

C．离心式压缩机　　D．混流式压缩机

4. 输送设备的主要参数中，不包含（　　）。

A．设备结构

B．输送速度和驱动功率

C．主要工作部件的特征尺寸

D．输送能力和线路布置

5. 蒸汽锅炉每平方米受热面每小时产生的蒸汽量称为受热面的（　　）。

A．蒸发率　　B．热效率

C．发热率　　D．蒸发量

6. 反映锅炉工作强度指标的是（　　）。

A．压力和温度　　B．蒸发量和热效率

C．蒸发量和发热率　　D．蒸发率和发热率

7. 下列发电设备中，属于核岛设备的是（　　）。

A．凝汽器　　B．蒸汽发生器

C．高低压加热器　　D．汽水分离再热器

8. 浮法玻璃生产线的关键设备是（　　）。

A．熔窑　　B．锡槽

C．退火窑　　D．切装系统

9. 同步电动机与异步电动机相比，其主要优点是（　　）。

A．价格低廉　　B．转速不变

C．结构简单　　D．维护方便

10. 下列设备中，不属于炼铁设备的是（　　）。

A．混铁炉　　B．高炉除尘器

C．高炉鼓风机　　D．铁水罐车

11. 下列参数中，与变压器铁芯损耗成正比的参数是（　　）。

A．功率　　B．温度

C．电流　　D．频率

12. 六氟化硫断路器中气体的主要作用是（　　）。

A．保护　　B．灭弧

C．隔离　　D．冷却

13. 下列电器中，属于控制电器的是（　　）。

A．熔断器　　B．避雷器

C．接触器　　D．断路器

14. 下列设备中，属于槽式光热发电设备的是（　　）。

A．定日镜　　B．集热器

C．储水箱　　D．分离器

15. 下列专用设备中，不属于冶金设备的是（　　）。

A．烧结设备　　B．鼓风设备

C．制氧设备　　D．预热器

16. 下列组件中，不属于风力发电机组的是（　　）。

A．电控系统　　B．变速系统

C．冷却系统　　D．逆变器

17. 下列特性中，光伏发电不具备的是（　　）。

A．占地面积小　　B．能源质量高

C．建设周期短　　D．无噪声污染

18. 下列石化设备中，不属于容器类设备的是（　　）。

A．铁路罐车　　B．环管反应器

C．气瓶　　D．氧舱

二　多项选择题

1. 泵的性能参数包括（　　）。
   A．流量　　B．扬程
   C．流速　　D．转速
   E．效率
2. 风机的性能参数包括（　　）。
   A．流量　　B．温度
   C．效率　　D．转速
   E．轴功率
3. 压缩机的性能参数包括（　　）。
   A．容积　　B．转速
   C．温度　　D．功率
   E．吸气压力
4. 下列输送设备中，具有挠性牵引件的有（　　）。
   A．带式输送机　　B．链板输送机
   C．螺旋输送机　　D．刮板输送机
   E．气力输送机
5. 输送设备的性能包括（　　）。
   A．可组成空间输送线路　　B．输送能力大
   C．运距短　　D．只可进行水平和垂直输送
   E．只能沿一定路线输送物料
6. 反映锅炉工作强度指标的有（　　）。
   A．锅炉受热面蒸发量　　B．锅炉受热面蒸发率
   C．锅炉受热面发热率　　D．锅炉受热面温度
   E．锅炉受热面压力
7. 下列设备中，属于石油化工传热设备的有（　　）。
   A．再沸器　　B．冷凝器
   C．过滤器　　D．分离器
   E．蒸发器
8. 下列储罐中，属于固定顶储罐的有（　　）。
   A．浮顶储罐　　B．自支撑伞形顶储罐
   C．拱顶储罐　　D．内浮顶储罐
   E．锥顶储罐
9. 电磁直流电动机包括（　　）。
   A．串励直流电动机　　B．并励直流电动机
   C．他励直流电动机　　D．复励直流电动机
   E．永磁直流电动机

10. 交流异步电动机的主要优点有（　　）。

A. 结构简单　　B. 转速恒定

C. 价格低廉　　D. 功率因数可调

E. 使用方便

11. 变压器的性能参数包括（　　）。

A. 额定功率　　B. 短路电流

C. 电压比　　D. 空载损耗

E. 空载电流

12. 炼铁设备包括（　　）。

A. 高炉本体　　B. 高炉除尘器

C. 铁水罐车　　D. 高炉热风炉

E. 电炉

【答案与解析】

一、单项选择题

1. C;　2. C;　3. B;　4. A;　5. A;　*6. D;　*7. B;　8. B;　*9. B;　10. A;　11. D;　12. B;　13. C;　14. B;　*15. D;　16. D;　17. A;　18. B

【解析】

6. 答案D

锅炉的主要参数指标有蒸发量、压力、温度、锅炉受热面蒸发率、锅炉受热面发热率、锅炉热效率，反映锅炉工作强度的指标是蒸发率和发热率。

7. 答案B

核发电设备的组成：

（1）核岛设备：包括反应堆堆芯、燃料转运装置、反应堆压力容器、堆内构件、控制棒驱动机构、蒸汽发生器、主泵、主管道、安注箱、硼注箱和稳压器等。核岛设备是承担热核反应的主要部分。

（2）常规岛设备：包括汽轮机、发电机、除氧器、凝汽器、汽水分离再热器、高低压加热器、主给水泵、凝结水泵、主变压器和循环水泵等。

（3）辅助系统设备：包括核蒸汽供应系统之外的部分，即化学制水、制氧、压缩空气等。

9. 答案B

同步电动机具有转速和电源频率保持严格同步的特性，即只要电源频率保持恒定，同步电动机的转速就绝对不变。

15. 答案D

需要掌握组成冶金设备与建材设备的不同点。预热器属于建材设备中的水泥设备。

二、多项选择题

1. A、B、D、E;　2. A、C、D、E;　3. A、D、E;　4. A、B、D;

5．A、B、E；　*6．B、C；　7．A、B、E；　8．B、C、E；
9．A、B、C、D；　*10．A、C、E；　11．A、C、D、E；　12．A、B、C、D

【解析】

6．答案 B、C

锅炉受热面蒸发率或发热率是反映工作强度的指标。

10．答案 A、C、E

干扰项为交流同步电动机的特点或优点，例如，转速恒定由被拖动的机械设备需要所决定，而功率因数可调则为其优点，通过对转子励磁电流的调节来完成。

第2章 机电工程专业技术

2.1 工程测量技术

微信扫一扫
在线做题+答疑

复习要点

主要内容： 工程测量方法及要求。工程测量的实施与控制。工程测量仪器的应用。

知识点1. 机电工程测量的作用和内容

（1）机电工程测量的作用。

（2）机电工程测量的主要内容。

知识点2. 工程测量的特点

机电工程测量贯穿于整个施工过程中；精度要求高；工程测量与工程施工工序密切相关；机电工程测量受施工环境因素影响大，测量标志极易被损坏。

知识点3. 机电工程测量的原则和要求

（1）工程测量的原则：依据建设单位提供的永久基准点、线为基准，然后测设出设备的准确位置。

（2）工程测量的要求：保证测设精度，满足设计要求，减少误差累积。

知识点4. 机电工程测量的基本原理与方法

（1）高程测量。水准测量、三角高程测量、气压高程测量的原理。

（2）基准线测量。基准线测量的原理。

知识点5. 机电工程测量的程序

无论是建筑安装还是工业安装的测量，其基本程序都是：确认永久基准点、线→设置基础纵横中心线→设置基础标高基准点→设置沉降观测点→安装过程测量控制→实测记录等。

知识点6. 机电工程中常见的工程测量

（1）设备基础的测量。

（2）生产设备安装的测量。

（3）管线工程的测量。

（4）长距离输电线路钢塔架（铁塔）基础施工的测量。

知识点7. 水准测量法的技术要求

（1）各等级的水准点，应埋设水准标石。

（2）水准观测应在标石埋设稳定后进行。

知识点8. 施工过程控制测量技术要求

（1）建筑物及设备安装的控制测量，测点应按设计要求布设，点位应选择在通视良好、利于长期保存的地方。主要设备中心线端点，应埋设混凝土固定标桩。

（2）设备安装时高程控制的水准点，可由厂区给定的标高基准点，引测至稳固的建筑物或主要设备的基础上。引测的精度，不应低于原水准的等级要求。

知识点 9．机电工程测量仪器的功能及应用

（1）水准仪的功能及应用。

（2）经纬仪的功能及应用。

（3）全站仪的功能及应用。

（4）全自动全站仪（测量机器人）的功能及应用。

（5）其他测量仪器的功能及应用。

一　单项选择题

1. 设备安装纵横中心线确定的依据是（　　）。
   A．土建提交的纵横中心线　　B．地脚螺栓孔中心线
   C．设备底座地脚孔中心线　　D．建筑物的定位轴线

2. 关于安装标高基准点设置位置，正确的是（　　）。
   A．基础最高点　　B．基础最低点
   C．中心标板上　　D．基础边缘附近

3. 关于地下管线工程测量的测量时机，正确的是（　　）。
   A．管道敷设前　　B．管沟回填前
   C．管道敷设中　　D．管沟回填后

4. 长距离输电线路测设塔架基础中心桩时，除起、止点和转折点外，还应考虑的是（　　）。
   A．铁塔的结构形式　　B．沿途参照物的实际情况
   C．铁塔底部的几何尺寸　　D．沿途障碍物的实际情况

5. 长距离输电线路铁塔基础施工时，采用钢尺进行距离测量的适用范围是（　　）。
   A．10～50m　　B．10～60m
   C．20～80m　　D．20～100m

6. 管线的主点不包括（　　）。
   A．管线的起点　　B．管线的终点
   C．管线的中点　　D．管线的转折点

7. 关于工程测量的说法，错误的是（　　）。
   A．机电工程的测量精度通常高于建筑工程
   B．机电工程的测量贯穿于工程施工全过程
   C．必须对建设单位提供的基准点进行复测
   D．工程测量工序与工程施工工序密切相关

8. 下列仪器中，常能用来进行测量角度的仪器是（　　）。
   A．经纬仪　　B．激光水准仪
   C．激光准直仪　　D．激光平面仪

9. 回转型设备及高塔体安装过程中的同轴度控制，常用的检测仪器是（　　）。
   A．水准仪　　B．全站仪
   C．经纬仪　　D．激光准直仪

10. 机电设备安装标高控制，常用的测量仪器是（ ）。
A. 光学水准仪　B. 激光准直仪
C. 激光平面仪　D. 光学经纬仪

11. 矿井检测勘探，宜采用的检测设备是（ ）。
A. 水下机器人　B. BIM 放样机器人
C. 管道检测机器人　D. GPS 定位系统

12. 机电设备安装时，所测标高的基准点（面）是（ ）。
A. 基础上的基准点　B. 设备最低表面基准点
C. 国家规定的高程基准面　D. 车间的 ±0.000 标高基准点

13. 用空盒气压计和水银气压计进行高程测量的是（ ）。
A. 水准测量　B. 标高测量
C. 气压高程测量　D. 三角高程测量

14. 长距离输电线路钢塔架基础施工中，视距超过 300m 的测量通常采用（ ）。
A. 十字线法　B. 平行基准线法
C. 电磁波测距法　D. 钢尺量距法

15. 连续生产线上的设备在安装时采用的标高基准点是（ ）。
A. 木桩式标高基准点　B. 简单标高基准点
C. 预埋标高基准点　D. 移动标高基准点

16. 沉降观测应采用（ ）水准测量方法。
A. 一等　B. 二等
C. 三等　D. 四等

17. 管线中心定位时，测设的点不包括（ ）。
A. 窨井口　B. 分支点
C. 变径处　D. 交叉点

18. 下列内容中，不属于工程测量的是（ ）。
A. 标高测量　B. 沉降观测
C. 变形观测　D. 应变测量

二 多项选择题

1. 设备基础测量工作一般包括的步骤有（ ）。
A. 设备基础位置的确认　B. 基础划线
C. 标高基准点的确立　D. 基础标高测量
E. 沉降点设置

2. 测量工作检核的内容包括（ ）。
A. 仪器检核　B. 计算检核
C. 设计检核　D. 资料检核
E. 验收检核

3. 管线中心定位测量时，管线的主点包括（ ）。

A．管线的起点　　B．管线的终点
C．观察井位置　　D．沉降观察点
E．管线的转折点

4. 管线中心定位测量时，定位的依据包括（　　）。
A．起点　　B．终点
C．中点　　D．转折点
E．窨井点

5. 机电设备安装中，光学经纬仪主要用来测量（　　）。
A．中心线　　B．水平度
C．垂直度　　D．标高
E．水平距离

6. 关于机电工程测量的说法，正确的有（　　）。
A．工程测量与工程施工需要密切配合
B．机电工程测量贯穿于整个施工过程
C．机电工程测量精度通常高于建筑工程
D．机电工程测量受施工环境因素影响大
E．测量原则是由局部到整体、先细部后控制

7. 全站仪主要用于（　　）。
A．高程测量　　B．距离测量
C．水平测量　　D．坐标测量
E．放样测量

8. 适用于 BIM 放样机器人作业的施工环境有（　　）。
A．水下作业　　B．矿井检测勘探
C．机电系统众多　　D．管线错综复杂
E．空间结构繁复多变

9. 电磁波测距仪包括（　　）。
A．微波测距仪　　B．超声波测距仪
C．激光测距仪　　D．红外测距仪
E．光电测距仪

10. 主要用于建筑物变形观测的激光测量仪器有（　　）。
A．激光准直仪　　B．激光经纬仪
C．激光指向仪　　D．激光水准仪
E．激光平面仪

11. 关于高程测量的说法，正确的有（　　）。
A．高程又称海拔高度或绝对高程
B．水准测量常用的仪器是经纬仪和水准尺
C．我国以黄海平均海水面作为绝对高程 ±0.000
D．气压高程测量的精度高于三角高程测量
E．标高是地面测点相对于假定水准面的垂直距离

12. 影响三角高程测量精度的因素有（　　）。

A. 距离误差　　B. 垂直角误差
C. 大气垂直折光误差　　D. 环境温度误差
E. 仪器高和视标高误差

【答案与解析】

一、单项选择题

*1. D；　*2. D；　3. B；　4. D；　5. C；　6. C；　7. C；　8. A；
9. D；　*10. A；　11. C；　12. D；　13. C；　*14. C；　*15. C；　16. B；
*17. D；　18. D

【解析】

1. 答案D

这是一道现场遇到最多的实际应用题，许多施工人员以土建提供的基础中心线作为安装基准线，也有以地脚螺栓孔中心线作为基准线，也有个别施工人员以实测的设备底座的地脚孔中心线作为基准线，这些都是不正确的。因为工业设备绝大部分安装于有连续性的生产线上，全车间甚至全生产线必须由同一定位轴线引出，否则，生产线上各设备将因标高或中心线偏差而出现许多问题，造成不能正常生产。以上所述的其他做法只能作为参考或微调。为实现设备安装精确定位，必须依据工艺总平面布置图和厂区首级控制网建立安装控制网。安装基准线的测设就是根据施工图，按建筑物的定位轴线来测定机械设备的纵横中心线并标注在中心标板上，作为设备安装的基准线。设备安装平面基准线不少于纵横两条。所以，建筑物的定位轴线与设备安装的定位轴线是相同的，建筑施工在前，故采用建筑物的定位轴线。

2. 答案D

在设备安装的测量中，安装基准线的测设是指中心标板在浇灌基础时，配合土建埋设，也可待基础养护期满后再埋设。在放线时，根据施工图，按建筑物的定位轴线来测定机械设备的纵横中心线并标注在中心标板上，作为设备安装的基准线。设备安装平面基准线不少于纵横两条。安装标高基准点的测设是指标高基准点一般埋设在基础边缘且便于观测的位置。标高基准点一般有两种：一种是简单的标高基准点；另一种是预埋标高基准点。采用钢制标高基准点，应是靠近设备基础边缘便于测量处，不允许埋设在设备底板下面的基础表面。例如，简单的标高基准点一般作为独立设备安装的基准点；预埋标高基准点主要用于连续生产线上的设备在安装时使用。安装标高基准点测设在基础最高点、最低点位置都不便于观测。所以正确选项为D。

10. 答案A

光学水准仪主要应用于建筑工程测量控制网标高基准点的测设及厂房、大型设备基础沉降观察的测量。在设备安装工程项目施工中用于连续生产线设备测量控制网标高基准点的测设及安装过程中对设备安装标高的控制测量。

14. 答案C

从四种测量方法的字面和概念分析，首先否定不是测远距离的方法，如十字线法和平行基准线法，它常用于小面积范围对被定位物体纵横中心线的控制，如对长距离输电线路钢塔架的中心桩测量后，一般采用十字线法和平行基准线法对中心桩进行控制，测量距离很短。故 A、B 选项不符。本题属于长距离大跨度，只有 C、D 选项符合题意，然而钢尺的量距最大不宜超过 80m，且测量累计误差较大，而电磁波测距法测量距离远大于钢尺，且误差较小，故本题正确选项为 C。

15. 答案 C

从基准点的重要程度、利用频率和时间长短考虑。因为连续生产线设备施工周期会比较长，又相互关联，只能反复使用同一个基准点，且该基准点须长期保存，检修时也要依据它作为测量依据。而木桩式标高基准点和简单标高基准点是简易标高点，不宜长期保存和保护，移动标高基准点只适合施工时标高控制要求不太严格且互不关联的独立设备安装时采用，因此预埋标高基准点最适合连续生产线上的设备安装。

17. 答案 D

管线中心定位就是将主点位置测设到地面上去，管线定位测设的点都应该是同一条管线上的，而交叉点是两条或多条管线在空间上的重合。

二、多项选择题

1. A、B、C、D;　2. A、B、D、E;　3. A、B、E;　4. A、B、D;
*5. A、C;　6. A、B、C、D;　*7. B、D、E;　8. C、D、E;
9. A、C、D、E;　10. A、C;　11. A、C、E;　12. A、B、C、E

【解析】

5. 答案 A、C

首先要明白经纬仪和其他仪器的用途和区别，经纬仪的镜头可垂直上下摆动，可看到同一直线上的无数点，而水准仪镜头可水平摆动，可看到与镜头同高度同平面的无数点。一个是可测直线度和垂直度的情况，一个是可测标高的情况。而选项 A 中心线要求直线，选项 C 垂直度要求与水平面垂直，均属于光学经纬仪的用途范围，而其他三项则用经纬仪无法完成。

7. 答案 B、D、E

因为全站仪是一种采用红外线自动数字显示距离的测量仪器，故高程测量和水平测量不属于应用范畴。

2.2　起重技术

复习要点

主要内容：起重机械的分类与选用；索吊具的分类与选用；吊装方法和吊装稳定性要求；吊装方案的编制与实施。

知识点 1. 起重机械的分类、适用范围

（1）起重机械的分类。

（2）常用起重机的特点及适用范围。

知识点2．起重机选用的基本参数

吊装载荷、计算载荷、额定起重量、最大幅度、最大起升高度。

知识点3．流动式起重机的选用

（1）流动式起重机的使用特点。

（2）流动式起重机的特性曲线。

（3）流动式起重机的选用步骤。

（4）流动式起重机的基础处理。

知识点4．索吊具的分类与选用

（1）钢丝绳。

（2）吊索（俗称千斤绳或绳扣）。

（3）钢丝绳安全系数。

（4）吊耳、卸扣的使用要求。

知识点5．吊梁

（1）吊梁（平衡梁）的作用。

（2）吊梁的结构形式。

（3）吊梁的设计原则与使用。

知识点6．起重滑车

知识点7．卷扬机

（1）卷扬机的分类。

（2）卷扬机的基本参数。

知识点8．手拉葫芦

知识点9．液压泵站

知识点10．机电工程常用的吊装方法

塔式起重机吊装、桥式起重机吊装、汽车起重机吊装、履带起重机吊装、直升机吊装、桅杆系统吊装、缆索系统吊装、液压提升、利用构筑物吊装、坡道法提升等。

知识点11．吊装稳定性

（1）起重吊装作业稳定性的作用。

（2）起重吊装作业稳定性。

（3）起重吊装作业失稳的原因及预防措施。

（4）桅杆的稳定性。

（5）地锚的种类及要求。

知识点12．桅杆使用的要求与稳定性校核

知识点13．吊装方案的编制内容

（1）编制说明。

（2）工程概况。

（3）吊装工艺设计。

知识点14．吊装方案实施

（1）吊装方案实施依据。

（2）吊装方案实施要点。

一　单项选择题

1. 下列起重机中，属于桥架型起重机的是（　　）。

A．塔式起重机　　B．履带起重机

C．桅杆起重机　　D．门式起重机

2. 在制定吊装技术方案时，不需要考虑的参数是（　　）。

A．吊装载荷　　B．额定起重量

C．最大起升高度　　D．起重机最大回转半径

3. 根据流动式起重机的幅度、臂长，查特性曲线，能确定其（　　）。

A．被吊设备重量　　B．额定起重量

C．索吊具重量　　D．起重机位置

4. 下列设备吊装的参数中，与起重机最大起升高度不相关的参数是（　　）。

A．起重机最大回转半径　　B．设备高度

C．基础和地脚螺栓高度　　D．索具高度

5. 关于钢丝绳受力大小的说法，正确的是（　　）。

A．等于吊装计算载荷

B．乘以安全系数应大于其破断拉力

C．穿滑车组后拉出端拉力最大

D．除以钢丝绳直径应大于钢丝的强度极限

6. 下列滑轮组中，宜采用双跑头顺穿的是（　　）。

A．3 门滑轮组　　B．4 门滑轮组

C．6 门滑轮组　　D．8 门滑轮组

7. 钢丝绳作系挂绳扣时，其安全系数应大于或等于（　　）。

A．3　　B．3.5

C．4　　D．5

8. 关于卷扬机卷筒容绳量的说法，正确的是（　　）。

A．与卷筒允许钢丝绳缠绕厚度有关

B．与卷筒允许使用钢丝绳直径范围有关

C．与卷筒允许容纳的钢丝绳工作长度有关

D．与卷筒允许容纳的钢丝绳总长度有关

9. 双机抬吊时，平衡梁可以合理分配或平衡各吊点的（　　）。

A．吊索的长度　　B．水平压力

C．荷载　　D．动滑轮的起吊高度

10. 液压提升系统的液压泵站的组成不包括（　　）。

A．地锚　　B．油泵

C．电机　　D．控制阀

11. 用于连接起重机吊钩和被吊设备的吊索，采用 2 个以上吊点起吊时，每点的吊索与水平线的夹角不宜小于（　　）。

A．30°　　B．40°

C．50°　　D．60°

12．下列参数中，不属于吊装参数表内容的是（　　）。

A．设备规格和尺寸　　B．重心标高

C．设备产地　　D．吊点标高

13．起重机提升的最小高度应使设备底部与地脚螺栓顶部至少保持的安全距离是（　　）。

A．50mm　　B．100mm

C．150mm　　D．200mm

14．关于起重吊装作业稳定性的说法，属于吊装设备稳定性的是（　　）。

A．起重机在额定工作下的稳定

B．桅杆吊装系统的稳定

C．细长塔类设备的整体稳定性

D．多机吊装的同步协调

15．下列起重吊装作业失稳原因中，不属于吊装系统失稳的是（　　）。

A．起重臂杆仰角超限

B．多机吊装的不同步

C．多岗位指挥协调失误

D．桅杆系统缆风绳、地锚失稳

二　多项选择题

1．在机电工程施工现场，施工中常用的流动式起重机有（　　）。

A．履带起重机　　B．桥式起重机

C．轮胎起重机　　D．塔式起重机

E．汽车起重机

2．作为制定吊装技术方案重要依据的起重机基本参数主要有（　　）。

A．额定起重量　　B．起重机总重量

C．最大幅度　　D．最大起升高度

E．吊装载荷

3．起重吊装工程中，履带起重机吊装载荷的组成有（　　）。

A．吊臂重量　　B．被吊设备（含吊耳）重量

C．吊索重量　　D．吊钩上部滑车组钢丝绳重量

E．吊钩重量

4．与起重机最大起升高度相关的参数有（　　）。

A．待吊设备高度

B．待吊设备直径或宽度

C．索具高度

D．基础和地脚螺栓高度

E．起重机回转中心距设备的距离

5. 按照特性曲线选用流动式起重机，确定起重机臂长的相关因素有（　　）。

A．被吊装设备或构件的就位高度

B．被吊装设备或构件的尺寸

C．被吊装设备或构件的重量

D．吊索高度

E．起重机工作半径

6. 钢丝绳在使用时主要考虑的因素有（　　）。

A．钢丝绳绳芯材质　　B．钢丝的强度极限

C．钢丝绳的直径　　D．钢丝绳的长度

E．安全系数

7. 吊装工程使用的卷扬机，所考虑的基本参数有（　　）。

A．总功率　　B．额定牵引拉力

C．工作速度　　D．容绳量

E．自重

8. 在吊装作业中，平衡梁的主要作用有（　　）。

A．保持被吊设备的平衡　　B．避免吊索损坏设备

C．合理分配各吊点的荷载　　D．平衡各吊点的荷载

E．减少起重机承受的荷载

9. 起重吊装计算校核书的主要内容有（　　）。

A．主起重机受力分配计算　　B．吊装安全距离核算

C．不安全因素分析　　D．人力、机具资源需求计划

E．吊索具安全系数核算

10. 起重机械失稳的主要原因有（　　）。

A．机械故障　　B．超载

C．多机吊装不同步　　D．行走速度过快

E．支腿不稳定

【答案与解析】

一、单项选择题

1．D；　2．D；　*3．B；　4．A；　*5．C；　*6．D；　7．D；　*8．C；
9．C；　10．A；　11．D；　*12．C；　13．D；　14．C；　15．A

【解析】

3．答案B

起重机特性曲线的基本参数是臂长和幅度，它们确定了起重机的起重能力（或额定起重量）和最大起升高度，而这两个参数发生变化，起重能力和最大起升高度也相应变化。题中B选项是由特性曲线确定的，是正确选项。A、C选项是待吊设备的参数，是吊装的需求，与起重机自身无关，也不依赖于起重机的特性曲线，仅是从特性曲线选定

起重机吊装能力后能否满足其吊装需求的比照指标，不应是被选项。起重机位置决定幅度，不是从特性曲线得到的结果，D选项也不应是被选项。

5．答案C

钢丝绳受力大小决定了选用钢丝绳的规格及性能满足安全、经济、便于作业的要求。吊装计算载荷作用于钢丝绳上力的方向与其长度方向夹角为0°时，其受力大小等于吊装计算载荷。吊装工艺计算中，钢丝绳用途不同，其安全系数取值也不同，钢丝绳受力大小乘以安全系数后，其值应小于所选钢丝绳破断拉力，才能满足安全。

6．答案D

根据滑轮组的门数确定其穿绕方法，常用的穿绕方法有：顺穿、花穿和双跑头顺穿。一般3门及以下宜采用顺穿；4～6门宜采用花穿；7门以上宜采用双跑头顺穿。穿绕方法不正确，会引起滑轮组倾斜而发生事故。

8．答案C

卷扬机卷筒的容绳量是其卷筒允许容纳的钢丝绳工作长度的最大值，这与使用钢丝绳的直径相关，卷扬机的铭牌上标注的容绳量是针对某种直径的钢丝绳而定的。卷筒的长度和两侧挡板的高度是既定的，容纳钢丝绳的“体积”是确定的，钢丝绳的直径大，卷筒上缠绕（即容纳）的钢丝绳的长度就短，钢丝绳的直径小，卷筒上缠绕的钢丝绳的长度就长。如果实际使用的钢丝绳的直径与铭牌上标明的直径不同，应进行容绳量校核，这关系到使用的卷扬机和能缠绕的跑绳的长度是否满足吊装要求的问题。

12．答案C

吊装参数表主要包括设备规格和尺寸、设备总重量、吊装总重量、重心标高、吊点方位及标高等。若采用分段吊装，应注明设备分段尺寸、分段重量。

二、多项选择题

1．A、C、E；　*2．A、C、D；　3．B、C、D、E；　*4．A、C、D；
5．A、B、D、E；　6．B、C、E；　7．B、C、D；　*8．A、B、C、D；
9．A、B、E；　10．A、B、E

【解析】

2．答案A、C、D

制定吊装技术方案，应根据被吊装的设备或构件（被吊装对象）选择起重机械，选用的起重机械的能力能够满足吊装要求，主要是对起重量及在该起重量下能够吊装的高度的要求。选项A、D是符合题意的起重机的基本参数，C项（最大幅度）对A、D两项有影响，因而也是应选项。E项吊装载荷是选择起重机的依据和要求，即吊装计算载荷应小于额定起重量，是被吊装对象的特性，不是起重机自身的参数。B项起重机总重量是起重机的一项基本参数，但对设备或构件的吊装没有直接影响，也不应选取。

4．答案A、C、D

根据考试用书中起重机最大起升高度的计算公式，A、C、D项是计算起重机最大起升高度公式中的计算项（相关参数），是应选答案。待吊设备直径或宽度对起重机的站位位置有关，直径或宽度大，起重机就要站远一些，以避免吊装时设备刮碰起重机吊臂，在一定的起升高度条件下，吊臂需要长一些，但与起重机最大起升高度不直接相关。同样，E 项实际上就是起重机的幅度，是决定吊臂长度的参数，与起重机最大起升高度无关。

8．答案 A、B、C、D

在吊装作业中，平衡梁的主要作用是保持被吊设备的平衡和合理分配各吊点的荷载，由于使用了平衡梁，使挂设备的吊索处于竖直状态，能避免吊索与设备刮碰，也能避免吊索损坏设备。前 4 项是正确选项。但平衡梁的使用并不能减少吊装荷载，即使在双机或多机抬吊中，通过合理分配各吊点的荷载，减小了某台或某几台起重机承受的荷载，但同时却增加了另外的起重机承受的荷载，因而 E 项是不正确选项。

2.3　焊接技术

复习要点

主要内容：焊接设备和焊接材料的分类及选用；焊接方法和焊接工艺；焊接应力与焊接变形；焊接质量检验。

知识点 1．常用的焊接设备分类及其应用

（1）焊条电弧焊设备。

（2）钨极惰性气体保护焊设备。

（3）CO_2 气体保护焊设备。

知识点 2．焊接材料的分类与选用原则

知识点 3．常用焊接方法及特点

（1）焊条电弧焊。

（2）钨极惰性气体保护焊。

（3）CO_2 气体保护焊。

知识点 4．焊接工艺

（1）焊接参数：焊接电流、焊接电压、焊接速度、焊接线能量等。

（2）焊缝结合形式分为对接焊缝、角焊缝、塞焊缝、槽焊缝、端接焊缝。

（3）施焊时焊缝在空间所处位置分为平焊缝、立焊缝、横焊缝、仰焊缝形式。

（4）焊接线能量 $q=IU/v$。

（5）预热及焊后热处理。

知识点 5．焊接工艺评定

依据焊接工艺评定报告编制焊接作业指导书，用于指导焊工施焊和焊后热处理工作，一个焊接工艺评定报告可用于编制多个焊接作业指导书。

知识点 6．特殊材料焊接工艺措施

有延迟裂纹倾向的材料、有再热裂纹倾向的材料、抗硫化氢腐蚀钢的焊接工艺措施。

知识点 7．焊接应力和焊接变形

（1）降低焊接应力的措施。

（2）焊接变形的分类和危害。

（3）预防焊接变形的措施。

知识点 8. 焊接质量检查项目

知识点 9. 焊接质量检验方法

知识点 10. 焊接过程质量检验

（1）焊前质量检验。

（2）焊中质量检验。

（3）焊后质量检验：外观检验、表面无损检测、焊缝内部无损检测。

一　单项选择题

1. 焊接合金结构钢，焊条的选择一般要求熔敷金属的（　　）与母材金属相同或接近。

A．屈服强度　　B．抗拉强度

C．合金成分　　D．冲击韧性

2. 对承受动载荷和冲击载荷的焊件，应选用塑性和韧性指标较高的（　　）。

A．低氢型焊条　　B．钛钙型焊条

C．纤维类型焊条　　D．酸性焊条

3. 焊接结构刚性大、接头应力高、焊缝易产生裂纹时，选用的焊条应比母材强度（　　）。

A．低　　B．相同

C．高　　D．不确定

4. 具有微量的放射性的钨极是（　　）。

A．纯钨极　　B．钍钨极

C．铈钨极　　D．铅钨极

5. 选择实心焊丝的成分主要考虑焊缝金属的性能是（　　）。

A．易引弧　　B．寿命长

C．耐磨性　　D．烧损小

6. 焊接用保护气体不包括（　　）。

A．二氧化碳（CO_2）　　B．氩气（Ar）

C．氧气（O_2）　　D．乙炔（C_2H_2）

7. 关于铝板焊接，说法不正确的是（　　）。

A．铝和氧的化学结合力很弱

B．铝焊接时极易生成一层氧化铝薄膜

C．铝焊接易产生未熔合缺陷

D．氧化铝薄膜容易在焊接中造成夹渣

8. 为验证所拟定的焊件焊接工艺的正确性而进行的试验过程及结果评价是（　　）。

A．焊接工艺规程　　B．焊接工艺评定

C．焊接作业指导书　　D．焊接质量评定标准

9. 焊接工艺评定应以（　　）为依据。

A．焊接技术　　B．焊接工艺

C．焊接产品特点　　D．焊接材料性能

10．焊接工艺评定中焊接试件的施焊人员应是（　　）。

A．第三方技能熟练的焊接人员　　B．本单位技能熟练的焊接人员

C．本单位焊接质量管理人员　　D．钢材供应单位持证焊工

11．焊接工艺评定中，当次要因素变化时，说法正确的是（　　）。

A．变更次要因素时，须增焊冲击韧性试件进行试验

B．变更次要因素时，必须重新进行焊接工艺评定

C．增加次要因素时，不需重新编制预焊接工艺规程

D．不需要重新评定，但需重新编制预焊接工艺规程

12．低合金高强度钢焊接时，焊缝若含扩散氢，则焊缝易产生（　　）。

A．气孔　　B．延迟裂纹

C．砂眼　　D．飞溅

13．属于焊件面内变形的是（　　）。

A．焊缝回转变形　　B．角变形

C．弯曲变形　　D．扭曲变形

14．进行合理的焊接结构设计以减小焊接应力，正确的是（　　）。

A．焊缝宜集中

B．焊缝长度尽量长以分散应力

C．焊缝截面宜尽量大以抵消应力

D．焊缝对称于构件截面中性轴

15．焊接热过程中发生的变形为（　　）。

A．瞬态热变形　　B．残余变形

C．面内变形　　D．面外变形

16．为抵消焊接变形，在焊前装配时先将焊件向焊接变形相反的方向进行人为变形的方法，是预防焊接变形装配工艺措施中的（　　）。

A．反变形法　　B．刚性固定法

C．预留收缩余量法　　D．层间锤击法

17．钢结构焊接分项工程的一般项目是（　　）。

A．焊工证书　　B．材料匹配

C．焊接工艺评定　　D．预热和后热处理

18．下列焊接检验方法中，不属于非破坏性试验的是（　　）。

A．弯曲试验　　B．渗透试验

C．耐压试验　　D．泄漏性试验

19．与焊接线能量无关的因素是（　　）。

A．焊接速度　　B．焊接温度

C．焊接电流　　D．电弧电压

20．对铜合金焊缝进行无损检测，不宜使用的检测方式是（　　）。

A．RT　　B．UT

C．MT　　D．PT

二　多项选择题

1. 焊接工程中常用的钨极材料有（　　）。
A. 镍钨极　　B. 纯钨极
C. 钍钨极　　D. 铅钨极
E. 铈钨极

2. 下列焊剂中，按照生产工艺不同分类的有（　　）。
A. 熔炼焊剂　　B. 粘结焊剂
C. 中性焊剂　　D. 烧结焊剂
E. 合金焊剂

3. 焊接用保护气体包括（　　）。
A. 氮气（N_2）　　B. 丙烷（C_3H_8）
C. 氢气（H_2）　　D. 乙炔（C_2H_2）
E. 氧气（O_2）

4. 下列对焊接工艺评定作用的说法，正确的有（　　）。
A. 用于验证焊接工艺方案的正确性
B. 用于评定焊接工艺方案的正确性
C. 评定报告可直接指导焊工施焊
D. 是编制焊接工艺规程的依据
E. 根据一个焊接工艺评定报告只能编制一份焊接工艺规程

5. 按焊缝结合形式分为（　　）。
A. 对接焊缝　　B. 仰焊缝
C. 槽焊缝　　D. 塞焊缝
E. 角焊缝

6. 防止产生延迟裂纹的措施有（　　）。
A. 焊条烘干　　B. 改变焊接工艺
C. 焊前预热　　D. 焊后热处理
E. 减少应力

7. 降低焊接应力的工艺措施，正确的有（　　）。
A. 采用较大的焊接线能量　　B. 合理安排焊接顺序
C. 层间进行锤击　　D. 预热拉伸补偿焊缝收缩
E. 消氢处理

8. 下列焊接检验中，属于非破坏性检验的有（　　）。
A. 渗透检测　　B. 弯曲试验
C. 化学分析试验　　D. 耐压试验
E. 泄漏性试验

9. 属于焊接面外变形的有（　　）。
A. 失稳波浪变形　　B. 焊缝纵向收缩变形

C．焊缝回转变形　　D．弯曲变形

E．扭曲变形

【答案与解析】

一、单项选择题

1．C；　2．A；　3．A；　4．B；　5．C；　6．D；　7．A；　*8．B；
9．C；　10．B；　11．D；　*12．B；　13．A；　14．D；　15．A；　16．A；
17．D；　18．A；　19．B；　20．C

【解析】

8．答案 B

为验证所拟定的焊件焊接工艺的正确性而进行的试验过程及结果评价是焊接工艺评定的定义，故选 B。

12．答案 B

从延迟裂纹产生的原因分析，其中焊缝含扩散氢是焊缝产生延迟裂纹的主要原因之一，而气孔、砂眼和飞溅的成因并非于此。

二、多项选择题

1．B、C、E；　2．A、B、D；　3．A、C、E；　4．A、B、D；
5．A、C、D、E；　6．A、C、D、E；　7．B、C、D、E；　*8．A、D、E；
*9．A、D、E

【解析】

8．答案 A、D、E

焊接检验中，属于破坏性检验的有力学试验（其中包括弯曲试验）、化学分析试验、金相试验及焊接性试验；非破坏性检验包括外观检测、无损伤检测（其中含渗透检测）、耐压试验和泄漏性试验。因此 B、C 选项属于破坏性检验，直接损坏了检体，故应选 A、D、E。

9．答案 A、D、E

焊接变形的面内变形可分为焊缝纵向收缩变形、横向收缩变形和焊缝回转变形，面外变形可分为角变形、弯曲变形、扭曲变形、失稳波浪变形。

第3章 建筑机电工程施工技术

3.1 建筑给水排水与供暖工程施工技术

微信扫一扫
在线做题+答疑

复习要点

主要内容：建筑给水排水与供暖的分部分项工程及施工程序；建筑排水管道施工技术；建筑给水管道施工技术；建筑供暖管道施工技术；建筑给水排水与供暖设备安装技术；建筑给水排水与供暖系统调试和检测。

知识点1. 建筑给水排水与供暖的分部分项工程的划分

知识点2. 建筑给水排水与供暖工程的施工程序

室内给水系统施工程序，室内排水系统施工程序，室内供暖系统施工程序，室外给水管网施工程序，室外排水管网施工程序，室外供热管网施工程序，建筑饮用水供应系统施工程序，建筑中水系统给水管道施工程序。

知识点3. 建筑排水系统管道常用的管材和连接方式

知识点4. 室内排水管道施工技术要求

管道支吊架安装，管道及配件安装。

知识点5. 室外排水管道施工技术要求

管道安装，系统灌水、通水试验。

知识点6. 建筑给水系统管道常用的管材和连接方式

知识点7. 室内给水管道施工技术要求

管道测绘放线，管道元件检验，管道支吊架安装，管道预制，管道及配件安装，防腐绝热。

知识点8. 建筑饮用水供应工程施工技术要求

知识点9. 室外给水管网施工技术要求

管沟、井室开挖，管道安装。

知识点10. 建筑中水及雨水利用工程施工技术要求

管道元件检验，水处理设备及控制设施安装，管道及配件安装。

知识点11. 室内供暖管道施工技术要求

管道及配件安装，低温热水地板辐射供暖系统安装。

知识点12. 室外供热管道施工技术要求

知识点13. 建筑给水排水与供暖设备安装技术

设备施工条件，给水设备安装，卫生器具安装，散热器安装，水处理设备及控制设施安装。

知识点14. 建筑给水系统试验要求

室内给水系统水压试验、冲洗及消毒，建筑饮用水供应工程试压、冲洗及消毒。

知识点15. 建筑排水系统试验要求

室内排水系统灌水试验、通球试验，室外排水系统灌水试验、通水试验。

知识点 16．建筑供暖系统试验与调试

供暖设备及辅助设备试验，室内供暖管道系统试压、冲洗及调试，室外供热管道系统试压、冲洗及调试。

一 单项选择题

1. 室内给水系统施工程序中防腐绝热的紧前工序是（　　）。

A．系统水压试验　　B．系统冲洗消毒

C．管道配件安装　　D．给水设备安装

2. 建筑直饮水系统的管道不宜选用的是（　　）。

A．铜管　　B．薄壁不锈钢管

C．食品级给水塑料管　　D．柔性排水铸铁管

3. 生活饮用水给水系统所涉及的材料必须具备的标准是（　　）。

A．卫生安全标准　　B．型式检验标准

C．节能检测标准　　D．外观质量标准

4. 阀门安装前的强度试验，应在每批（同牌号、同型号、同规格）数量中抽查（　　）。

A．5%　　B．10%

C．15%　　D．20%

5. 关于建筑给水排水管道安装要求的说法，正确的是（　　）。

A．室内给水管道安装应先支管后主管

B．应先安装塑料管道后安装钢质管道

C．铸铁管的坡度应高于塑料管的坡度

D．热水管道平行安装在冷水管道下方

6. 安装螺翼式水表，表前与阀门应有的直线管段长度是（　　）。

A．不小于 4 倍水表接口直径　　B．不小于 5 倍水表接口直径

C．不小于 6 倍水表接口直径　　D．不小于 8 倍水表接口直径

7. 安装在无特殊防水要求楼板内的套管，其顶部应高出装饰地面（　　）。

A．10mm　　B．20mm

C．30mm　　D．50mm

8. 室内排水主管安装后，均应做通球试验，通球球径不小于排水管径的（　　）。

A．1/2　　B．1/3

C．2/3　　D．3/4

9. 建筑饮用水系统采用热熔连接的管道时，水压试验的合适时间是（　　）。

A．管道连接完成后　　B．管道消毒后

C．管道连接 24h 后　　D．管道冲洗后

10. 供暖管道冲洗完毕后，应进行（　　）。

A．压力试验　　B．灌水试验

C．通球试验　　D．试运行和调试

11. 给水管道系统的冲洗应在（　　）进行。

A．系统试压前　　B．系统保温后、试压前

C．系统保温前　　D．系统试压合格后

12. 建筑供暖系统敞口水箱的满水试验，须静置的最短时间是（　　）。

A．24h　　B．36h

C．12h　　D．18h

13. 建筑饮用水水箱的溢流管与污水管道连接时，应留出的最小隔断空间是（　　）。

A．法兰盘厚度　　B．100mm

C．防虫网厚度　　D．500mm

14. 管径小于等于80mm的钢塑复合管一般使用（　　）。

A．焊接连接　　B．承插连接

C．热熔连接　　D．螺纹连接

15. 室内埋地排水管的灌水试验的最少时间是（　　）。

A．15min　　B．30min

C．45min　　D．60min

16. 建筑给水排水工程阀门的严密性试验压力为公称压力的（　　）。

A．1.1倍　　B．1.15倍

C．1.25倍　　D．1.5倍

17. 关于建筑室内给水排水管道安装的技术要求，正确的是（　　）。

A．室内给水引入管与排水排出管的水平净距不得小于0.5m

B．室内给水与排水管道交叉敷设时的垂直净距不得小于0.5m

C．室内给水与排水管道平行敷设时的水平净距不得小于0.5m

D．敷设在排水管下面时的给水管应安装排水管管径2倍的套管

18. 下列建筑给水排水及供暖管道安装施工技术要求，说法错误的是（　　）。

A．中水管道外壁涂浅绿色标志

B．供暖分、集水器的试验压力为工作压力的1.15倍

C．建筑直饮水系统试压合格后应进行清洗和消毒

D．室外排水管网系统的灌水试验时间不少于1h

二　多项选择题

1. 室内给水管道的安装工艺流程中，管道及配件安装后的工序有（　　）。

A．系统冲洗消毒　　B．管道防腐绝热

C．管道支管安装　　D．系统压力试验

E．管道吊架制作

2. 管道安装前应认真核对元件的（　　）。

A．规格、型号　　B．质量证明

C．材质　　D．外观质量

E．光谱检测

3. 关于室内给水金属管道立管的管卡设置要求，正确的是（　　）。
   A. 楼层高度小于或等于 5m，每层必须设置不少于 1 个
   B. 管道支架高度距地面为 1.2m
   C. 管道支架高度距地面为 1.5m
   D. 管道支架高度距地面为 1.8m
   E. 楼层高度大于 5m 时，每层不得少于 2 个
4. 建筑排水管道系统的试验类型主要有（　　）。
   A. 压力试验　　B. 水击试验
   C. 真空试验　　D. 灌水试验
   E. 通球试验
5. 下列连接方法中，建筑消防给水管道常采用的连接方法有（　　）。
   A. 法兰连接　　B. 沟槽连接
   C. 卡压连接　　D. 承插连接
   E. 螺纹连接
6. 下列属于排水铸铁管刚性承插连接方式的有（　　）。
   A. 橡胶圈密封　　B. 石棉水泥密封
   C. 胶粘密封　　D. 膨胀性填料密封
   E. 铅密封
7. 高层建筑中明装排水塑料管道，应设置的防火装置有（　　）。
   A. 清扫口　　B. 阻火圈
   C. 伸缩节　　D. 透气帽
   E. 防火套管
8. 下列建筑给水排水管道，适合热熔连接的有（　　）。
   A. PP-R 塑料管　　B. UPVC 塑料管
   C. 钢塑复合管　　D. HDPE 塑料管
   E. 铝塑复合管
9. 建筑内非承压管道的系统试验有（　　）。
   A. 灌水试验　　B. 通球试验
   C. 水压试验　　D. 膨胀、收缩试验
   E. 通水试验
10. 建筑管道的绝热类型，按用途分类的有（　　）。
   A. 铝壳保护　　B. 保温
   C. 彩壳贴覆　　D. 保冷
   E. 加热保护

【答案与解析】

一、单项选择题

1. A;　*2. D;　*3. A;　4. B;　5. C;　6. D;　7. B;　8. C;

9. C; 10. D; 11. D; 12. A; *13. B; 14. D; 15. A; 16. A;
17. C; 18. B

【解析】

2. 答案D

建筑直饮水系统的管道应选用薄壁不锈钢管、铜管或其他符合食品级要求的优质给水塑料管和优质钢塑复合管；柔性排水铸铁管为排水管材，不能用于建筑直饮水系统。

3. 答案A

根据《建筑给水排水与节水通用规范》GB 55020—2021 的要求，建筑给水排水节水工程所使用的主要材料和设备应具有中文质量证明文件、性能检测报告，进场时应做检查验收。生活饮用水给水系统所涉及的材料应满足卫生安全的要求。

13. 答案B

建筑饮用水水箱的溢流管不得与污水管道直接连接，并应留出不小于 100mm 的隔断空间。

二、多项选择题

1. A、B、D; 2. A、B、C、D; 3. A、C、D、E; 4. D、E;
5. A、B、E; 6. B、D、E; *7. B、E; *8. A、D;
9. A、B、E; 10. B、D、E

【解析】

7. 答案B、E

高层建筑中明装排水塑料管道应按设计要求设置阻火圈或防火套管，这都是防火装置；而清扫口是排水管道上的检修部件，伸缩节是应对塑料材质热胀冷缩设置的部件，透气帽是排水通气管道伸顶的排气部件。

8. 答案A、D

热熔连接是建筑室内给水塑料管道常用的一种连接方式，如 PP-R 塑料管、HDPE 塑料管一般采用热熔器进行热熔连接；而 UPVC 塑料管常见于建筑室内排水管道，采用粘接方式连接；钢塑复合管一般用螺纹连接或沟槽连接；铝塑复合管一般采用螺纹卡套压接。

3.2 建筑电气工程施工技术

复习要点

主要内容：建筑电气的分部分项工程及施工程序；变配电施工技术；供电干线和配电线路施工技术；电气照明施工技术；电气动力设备安装技术；建筑防雷与接地施工技术。

知识点 1. 建筑电气的分部分项工程

室外电气、变配电室、供电干线、电气动力、电气照明、自备电源防雷及接地装置等。

知识点2. 变配电工程施工程序

（1）配电柜的安装程序。

（2）干式变压器的施工程序。

知识点3. 供电干线及室内配线施工程序

（1）母线槽施工程序。

（2）梯架、托盘和槽盒施工程序。

（3）梯架和托盘内电缆施工程序。

（4）槽盒内配线施工程序。

（5）金属导管与管内穿线施工程序。

知识点4. 电气照明工程施工程序

（1）暗装照明配电箱施工程序。

（2）照明灯具施工程序。

知识点5. 电气动力设备施工程序

（1）明装动力配电箱施工程序。

（2）动力设备施工程序。

知识点6. 防雷与接地装置施工程序

知识点7. 变压器检查及安装

知识点8. 配电柜（箱）和控制柜（箱）安装

（1）基础型框框架制作安装。

（2）成套配电柜（箱）的安装固定。

知识点9. 母线槽施工技术要求

（1）母线槽的连接紧固应采用力矩扳手。

（2）母线槽金属外壳的外露可导电部分应与保护导体可靠连接，且母线槽全长与保护导体可靠连接不应少于2处。

知识点10. 梯架、托盘和槽盒施工技术

（1）水平安装的支架间距宜为1.5～3.0m，垂直安装的支架间距不应大于2m。

（2）金属梯架、托盘和槽盒全长不大于30m时，不应少于2处与保护导体可靠连接。全长大于30m时，每隔20～30m处应增加一个接地连接点，终端和起始端均应可靠接地。

知识点11. 导管施工技术要求

（1）当导管采用金属吊架固定时，圆钢直径不得小于8mm，并应设置防晃支架。

（2）钢导管不得采用对口熔焊连接；镀锌钢导管或壁厚小于或等于2mm的钢导管，不得采用套管熔焊连接。

（3）当非镀锌钢导管采用螺纹连接时，连接处的两端应熔焊焊接保护联结导体；熔焊焊接的保护联结导体宜为圆钢，直径不应小于6mm，其搭接长度应为圆钢直径的6倍。

（4）镀锌钢导管和金属柔性导管连接处的两端宜采用专用接地卡固定保护联结导体；专用接地卡固定的保护联结导体应为铜芯软导线，截面积不应小于4mm^2。

（5）刚性导管经柔性导管与电气设备、器具连接时，柔性导管的长度在动力工程中不宜大于0.8m，在照明工程中不宜大于1.2m。

知识点 12. 室内电缆敷设

（1）交流单芯电缆或分相后的每相电缆不得单根独穿于钢导管内，固定用的夹具和支架不应形成闭合磁路。

（2）电缆出入电缆沟，电气竖井，建筑物，配电（控制）柜、台、箱处以及管子管口处等部位应采取防火封堵或密封措施。

知识点 13. 导管内穿线和槽盒内敷线要求

（1）同一交流回路的绝缘导线不应敷设于不同的金属槽盒内或穿于不同金属导管内。

（2）不同回路、不同电压等级和交流与直流线路的绝缘导线不应穿于同一导管内。

知识点 14. 照明配电箱安装技术

（1）箱体应安装牢固，垂直度允许偏差不应大于 1.5‰。

（2）同一电器器件端子上的导线连接不应多于 2 根，防松垫圈等零件应齐全。

知识点 15. 灯具安装技术

（1）灯具的绝缘电阻值不应小于 2MΩ。

（2）质量大于 3kg 的悬吊灯具，固定在螺栓或预埋吊钩上，螺栓或预埋吊钩的直径不应小于灯具挂销直径，且不应小于 6mm。

（3）质量大于 10kg 的灯具，固定装置及悬吊装置应按灯具重量的 5 倍恒定均布载荷做强度试验，且持续时间不得少于 15min。

（4）Ⅰ类灯具外露可导电部分必须采用铜芯软导线与保护导体可靠连接，连接处应有接地标识；Ⅱ类灯具外壳不需要与保护导体连接；Ⅲ类灯具的外壳不许与保护导体连接。

知识点 16. 开关与插座安装技术

（1）单相三孔插座，面对插座板，右孔与相线（L）连接，左孔与中性线（N）连接，上孔与保护接地线（PE）连接。

（2）三相四孔插座的保护接地线（PE）应接在上孔；插座的保护接地线端子不得与中性线端子连接；同一场所的三相插座，其接线的相序应一致。

知识点 17. 电气动力设备安装技术

（1）动力配电箱（盘）、控制柜安装要求。

（2）电动机安装要求。

（3）电动机接线要求。

（4）电气设备试验和试运行。

知识点 18. 接地装置施工技术

（1）扁钢与扁钢搭接不应小于扁钢宽度的 2 倍，且应至少三面施焊；圆钢与扁钢（角钢）搭接不应小于圆钢直径的 6 倍，且应双面施焊。

（2）当接地电阻达不到设计要求时，可采用降阻剂来降低接地电阻。

（3）等电位联结导体在地下暗敷时，其导体间的连接不得采用螺栓压接。

知识点 19. 建筑防雷工程的施工要求

一 单项选择题

1. 下列分项工程中，不属于变配电室子分部工程的是（　　）。

A．配电柜安装　　B．变压器安装

C．UPS 安装　　D．接地装置安装

2. 干式变压器的施工程序中，变压器本体安装的紧后工序是（　　）。

A．吊芯检查　　B．交接试验

C．附件安装　　D．送电前检查

3. 母线槽采用金属吊架固定时，应设有（　　）。

A．滑动支架　　B．防晃支架

C．导向支架　　D．弹簧支架

4. 母线槽的连接紧固应采用（　　）。

A．力矩扳手　　B．活动扳手

C．固定扳手　　D．套筒扳手

5. 母线槽采用螺栓搭接时，M16 的拧紧力矩应为（　　）。

A．31.4～39.2N・m　　B．50.0～60.8N・m

C．78.5～98.1N・m　　D．99.9～127.1N・m

6. 在 90m 镀锌金属梯架的接地跨接中，错误的是（　　）。

A．起始端和终点端均可靠接地　　B．梯架每隔 30m 加装一个接地

C．连接板两端有 2 个防松螺帽　　D．金属梯架全长共有 4 处接地

7. 关于镀锌金属导管的进场验收要求，错误的是（　　）。

A．需要 100% 取样送检　　B．查验产品的质量证明书

C．镀锌层应覆盖完整　　D．镀锌层厚度不小于 63μm

8. 下列导管中，可熔焊连接的是（　　）。

A．热镀锌钢导管　　B．非镀锌钢导管

C．可弯曲钢导管　　D．金属柔性导管

9. 钢导管在室外埋地敷设中，错误的做法是（　　）。

A．采用 2mm 壁厚的钢导管　　B．钢导管的管口垂直向下

C．钢导管端部设置防水弯　　D．钢导管的管口应做密封处理

10. 下列钢导管敷设检查项目中，属于主控项目的是（　　）。

A．钢导管的弯曲半径　　B．钢导管的管口处理

C．钢导管的连接要求　　D．钢导管的支架安装

11. 关于室内电缆的敷设要求，错误的是（　　）。

A．三相四线制应采用三芯和一芯电缆

B．并联使用的电力电缆其长度应相同

C．电力电缆在终端头宜留有备用长度

D．并列敷设的电缆接头位置相互错开

12. 下列电缆头制作检查项目中，属于主控项目的是（　　）。

A．导线连接器的选择　　B．多股铜芯线的端部处理

C．电缆端部额外应力　　D．金属护套接地导线截面

13. 照明配电箱在施工现场的开箱检查内容不包括（　　）。

A．箱体采用不燃材料制作　　B．箱内开关动作灵活可靠

C．中性与接地导体汇流排　　D．箱内照明系统回路编号

14．关于电涌保护器 SPD 的安装要求，正确的是（　　）。

A．安装布置符合使用要求　　B．接地导线靠近出线位置

C．SPD 连接导线横平竖直　　D．连接导线且长度为 0.6m

15．在灯具现场检查中，不符合要求的是（　　）。

A．灯具内导线截面为 1.0mm^2　　B．绝缘导线绝缘层厚度是 0.6mm

C．灯具绝缘电阻值是 0.5MΩ　　D．Ⅰ类灯具有专用的 PE 端子

16．在混凝土结构上安装灯具应使用（　　）。

A．木榫固定　　B．尼龙塞固定

C．塑料塞固定　　D．膨胀螺栓固定

17．进行室内照明灯具安装后的质量检查时，按每检验批的灯具数量抽查（　　），且不得少于 1 套。

A．1%　　B．3%

C．5%　　D．10%

18．下列插座接线中，符合要求的是（　　）。

A．同一场所三相插座的接线相序一致

B．插座的保护接地线端子与中性线端子连接

C．保护接地线在各插座之间串联连接

D．相线采用插座本体的接线端子转接供电

19．关于接地模块的施工技术要求，正确的是（　　）。

A．接地模块的埋深不小于 0.5m　　B．接地模块应垂直或水平就位

C．间距不应小于模块长度的 2 倍　　D．接地模块应分散引线成星形

20．关于接闪带安装要求，正确的是（　　）。

A．固定支架高度不小于 100mm　　B．固定支架能承受 39N 的拉力

C．接闪带的安装固定必须焊接　　D．在变形缝的跨接有补偿措施

二 多项选择题

1．下列设备中，属于变配电室子分部工程的有（　　）。

A．变压器　　B．配电柜

C．控制柜　　D．发电机

E．UPS 设备

2．下列工序中，属于金属导管施工工序的有（　　）。

A．测量定位　　B．导管预制

C．导管连接　　D．管内穿引线

E．管口放护圈

3．建筑电气工程中，母线槽的安装要求有（　　）。

A．母线槽的水平度偏差不宜大于 1.5‰

B．母线槽不宜安装在水管的正下方

C．每节母线槽不得少于一个支架
D．母线槽与保护导体可靠连接不应少于 2 处
E．母线槽直线敷设长度超过 50m，设置伸缩节

4．建筑电气工程中，金属槽盒安装的要求有（　　）。
A．配线槽盒宜安装在冷水管的下方
B．配线槽盒应敷设在热水管的下方
C．穿越防火区的槽盒应有防火隔墙措施
D．60m 槽盒有 2 处与保护导体连接
E．起始端和终点端均应可靠地接地

5．在动力工程中，金属柔性导管敷设的要求有（　　）。
A．可作为接地保护导体　　B．长度不宜大于 1.2m
C．连接应采用专用接头　　D．长度不宜大于 0.8m
E．可敷设在建筑物墙内

6．下列金属导管内穿绝缘导线的做法，正确的是（　　）。
A．导线穿入前清除杂物和积水　　B．绝缘导线穿入后装设护线口
C．导线的接头设置在接线盒内　　D．交流直流导线穿入同一管内
E．不同回路导线穿入不同导管

7．100kg 灯具的悬吊装置载荷强度试验的要求有（　　）。
A．悬吊装置按 300kg 做载荷强度试验
B．按 500kg 恒定均布载荷做强度试验
C．强度试验持续时间不得少于 10min
D．强度试验持续时间不得少于 15min
E．全数检查悬吊装置的载荷强度试验记录

8．下列灯具中，需要与保护导体连接的有（　　）。
A．离地 5m 的 Ⅰ 类灯具　　B．采用 36V 供电灯具
C．地下一层 Ⅱ 类灯具　　D．等电位联结的灯具
E．采用电气隔离的灯具

9．关于照明系统的测试和通电试运行的说法，正确的有（　　）。
A．导线绝缘电阻的测试应在导线接续前完成
B．灯具的绝缘电阻测试应在器具就位前完成
C．照明配电箱绝缘电阻测试应在接线后完成
D．照明回路剩余电流动作保护器应检测合格
E．应急照明电源做自动投切试验应卸除负荷

10．建筑电气工程中，接闪带的安装要求有（　　）。
A．接闪带的固定支架高度不宜小于 150mm
B．每个固定支架应能承受 49N 的垂直拉力
C．镀锌扁钢接闪带的连接应采用螺栓搭接
D．接闪带在变形缝处的跨接应有补偿措施
E．接闪带与防雷引下线必须采用焊接连接

【答案与解析】

一、单项选择题

1. C； 2. C； *3. B； 4. A； 5. C； 6. C； 7. A； 8. B；
*9. A； *10. C； 11. A； *12. D； 13. D； 14. C； *15. C； *16. D；
17. C； *18. A； 19. B； 20. D

【解析】

3. 答案 B

母线槽支架安装应牢固、无明显扭曲，采用金属吊架固定时，应设有防晃支架。

9. 答案 A

室外埋地敷设的钢导管，埋设深度应符合设计要求，钢导管的壁厚应大于2mm；钢导管的管口不应敞口垂直向上，钢导管管口应在盒、箱内或钢导管端部设置防水弯；钢导管的管口在穿入绝缘导线、电缆后应做密封处理。

10. 答案 C

根据《建筑电气工程施工质量验收规范》GB 50303—2015，钢导管敷设检查项目中，主控项目：钢导管的连接要求。一般项目：钢导管的弯曲半径；钢导管的支架安装；钢导管的管口处理。

12. 答案 D

根据《建筑电气工程施工质量验收规范》GB 50303—2015，电缆头制作检查项目中，主控项目：金属护套接地导线截面。一般项目：电缆端部额外应力；多股铜芯线的端部处理；导线连接器的选择。

15. 答案 C

灯具现场检查要求：

（1）Ⅰ类灯具的外露可导电部分应具有专用的PE端子。

（2）灯具内部接线应为铜芯绝缘导线，其截面应与灯具功率相匹配，且不应小于 $0.5mm^2$。

（3）灯具的绝缘电阻值不应小于2MΩ，灯具内绝缘导线的绝缘层厚度不应小于0.6mm。

16. 答案 D

灯具固定应牢固可靠，在砌体和混凝土结构上严禁使用木榫、尼龙塞或塑料塞固定；检查时按每检验批的灯具数量抽查5%，且不得少于1套。

18. 答案 A

插座接线要求：三相四孔及三相五孔插座的保护接地线（PE）应接在上孔；插座的保护接地线端子不得与中性线端子连接；同一场所的三相插座，其接线的相序应一致。保护接地线（PE）在插座之间不得串联连接。相线（L）与中性线（N）不应利用插座本体的接线端子转接供电。

二、多项选择题

1. A、B、C； *2. A、B、C； *3. A、B、C、D； *4. B、C、E；
*5. C、D； 6. B、C、E； *7. B、D、E； 8. A、D；

9. A、B、D；　　　　10. A、B、D

【解析】

2. 答案 A、B、C

金属导管施工工序：测量定位→支架制作、安装（明导管敷设时）→导管预制→导管连接→接地线跨接。

3. 答案 A、B、C、D

母线槽安装要求：

（1）母线槽直线段安装应平直，每节母线槽不得少于一个支架。

（2）配电母线槽水平度与垂直度偏差不宜大于 1.5‰，全长最大偏差不宜大于 20mm。

（3）母线槽直线敷设长度超过 80m，每 50～60m 宜设置伸缩节。

（4）母线槽全长与保护导体可靠连接不应少于 2 处。

（5）母线槽不宜安装在水管的正下方。

4. 答案 B、C、E

槽盒安装要求：

（1）配线槽盒与水管同侧上下敷设时，宜安装在水管的上方；与热水管、蒸汽管平行上下敷设时，应敷设在热水管、蒸汽管的下方；相互间的最小距离宜符合《建筑电气工程施工质量验收规范》GB 50303—2015 的规定。

（2）敷设在电气竖井内穿楼板处和穿越不同防火区的槽盒，应有防火隔墙措施。

（3）槽盒全长不大于 30m 时，不应少于 2 处与保护导体可靠连接；全长大于 30m 时，每隔 20～30m 应增加一个接地连接点，起始端和终点端均应可靠地接地。

5. 答案 C、D

柔性导管敷设要求：

（1）刚性导管经柔性导管与电气设备、器具连接时，柔性导管的长度在动力工程中不宜大于 0.8m，在照明工程中不宜大于 1.2m。

（2）柔性导管与刚性导管或电气设备、器具间的连接应采用专用接头。

（3）金属柔性导管不应作为保护导体的接续导体。

（4）明配柔性导管固定点间距不应大于 1m，管卡与设备、器具、弯头中点、管端等边缘的距离应小于 0.3m。

7. 答案 B、D、E

质量大于 10kg 的灯具、固定装置及悬吊装置应按灯具重量的 5 倍恒定均布载荷做强度试验，且持续时间不得少于 15min。施工或强度试验时观察检查，查阅灯具固定装置及悬吊装置的载荷强度试验记录；应全数检查。

3.3　通风与空调工程施工技术

复习要点

主要内容： 通风与空调的分部分项工程及施工程序；通风与空调风系统施工技术；通风与空调水系统施工技术；通风与空调设备安装技术；通风与空调系统的调试和检

测；净化空调系统施工技术。

知识点1. 通风与空调的分部分项工程

知识点2. 通风与空调工程的施工程序

（1）风管及部件制作与安装程序。

（2）空调水系统管道施工程序。

（3）设备安装程序。

（4）管道防腐绝热施工程序。

（5）系统调试施工程序。

知识点3. 通风与空调风系统施工技术

（1）风管系统按其工作压力应划分为微压、低压、中压与高压四个类别。

（2）风管制作的技术要求。

（3）部件制作的技术要求：成品风阀，消声器、消声弯头，柔性短管的制作技术要求。

（4）风管安装的技术要求：一般技术要求，风管支吊架安装，金属风管、复合材料风管安装，阀门、部件安装的技术要求。

（5）风管制作安装的检验与试验。

知识点4. 通风与空调水系统施工技术

（1）水管道安装技术：包含冷冻冷却水管道和冷凝水管道的安装技术要求。

（2）水系统阀部件安装技术：包括阀门，补偿器，除污器、自动排水装置安装技术。

（3）制冷剂管道、管件安装技术。

（4）水系统管道强度严密性试验及管道冲洗技术：包括冷冻冷却水管道水压试验、空调水系统管路冲洗、冷凝水管道通水、制冷剂管道试验的技术要求。

（5）管道及支吊架防腐施工技术。

（6）管道绝热施工技术。

（7）金属保护壳施工技术。

知识点5. 通风与空调设备安装技术

包括制冷机组及附属设备，冷却塔，组合式空调机组、新风机组，风机，水泵，风机盘管，多联机系统室内、室外机，换热设备、集分水器等其他空调设备安装技术，以及设备机房的工厂化预制与装配式施工技术。

知识点6. 通风与空调系统的调试与检测

（1）调试准备。

（2）系统调试及检测。

知识点7. 净化空调洁净室的类型

知识点8. 净化空调洁净度等级的划分

知识点9. 净化空调系统的施工技术

（1）风管制作技术。

（2）风管安装技术。

（3）管道安装技术。

（4）高效过滤器安装技术。

（5）洁净层流罩安装要求。

（6）洁净室（区）内风口安装要求。

知识点 10. 净化空调系统的调试技术

（1）调试内容应包括单机试车和系统联动试运行及调试。

（2）净化空调系统的联动试运行和调试前，应进行全面清洁。

（3）洁净室（区）洁净度的检测，应在空态或静态下进行。

（4）电子厂房净化空调系统的调试结果的要求。

一　单项选择题

1. 按风管系统工作压力分类，风管内正压 125Pa $< P \leqslant$ 500Pa 的是（　　）。
   A．微压系统　　B．低压系统
   C．中压系统　　D．高压系统
2. 在风管漏风量测试施工顺序中，现场测试的紧前工序是（　　）。
   A．风管漏风量测试抽样方案确定
   B．风管检查
   C．测试仪器仪表检查校准
   D．现场数据记录
3. 下列咬口中，风管高压系统不适用的是（　　）。
   A．联合角咬口　　B．转角咬口
   C．按扣式咬口　　D．单咬口
4. 镀锌钢板制作风管中，不得采用的连接方式是（　　）。
   A．法兰连接　　B．焊接连接
   C．咬口连接　　D．铆钉连接
5. 下列不锈钢板风管制作技术要求中，错误的是（　　）。
   A．连接法兰用镀锌角钢　　B．法兰与风管内侧满焊
   C．法兰与风管外侧点焊　　D．点焊间距不大于 150mm
6. 下列矩形玻璃钢风管，应采取加固措施的是（　　）。
   A．风管的边长 800mm 且管段长度 1500mm
   B．风管的边长 630mm 且管段长度 1000mm
   C．风管的边长 1000mm 且管段长度 1500mm
   D．风管的边长 1000mm 且管段长度 1250mm
7. 工作压力大于 1000Pa 的调节风阀，生产厂应提供试验报告的试验压力是（　　）。
   A．1.15 倍工作压力　　B．1.25 倍工作压力
   C．1.5 倍工作压力　　D．2.0 倍工作压力
8. 风管穿过防火墙体时，必须设置钢制防护套管的厚度不小于（　　）。
   A．1.0mm　　B．1.2mm
   C．1.4mm　　D．1.6mm

9. 下列风管中，与碳素钢支架的接触处应采取隔绝措施的是（ ）。

A．硬聚氯乙烯风管　　B．不锈钢板风管

C．铝箔玻纤风管　　D．酚醛铝箔风管

10. 下列电子厂房工业洁净室内的管道焊缝，必须全部进行射线照相检验的是（ ）。

A．压力大于0.5MPa的可燃流体管道焊缝

B．生产线工艺冷却水管道焊缝

C．压力0.6MPa的工艺纯水流体管道焊缝

D．输送剧毒流体的管道焊缝

11. 风机盘管机组进场后应进行见证抽样复验，复验的数量为（ ）。

A．1%，最少为1台　　B．5%

C．2%，不得少于2台　　D．10%

12. 下列风管的部件安装，应设独立支吊架的是（ ）。

A．空调回风口　　B．边长630mm的弯头

C．消声器及静压箱　　D．边长800mm的三通

13. 下列管道坡度，符合冷凝水排水管坡度的是（ ）。

A．4‰　　B．5‰

C．6‰　　D．8‰

14. 冷却塔的进风侧与建筑物的距离应大于（ ）。

A．600mm　　B．700mm

C．800mm　　D．1000mm

15. 冷凝水管道安装完工后，应进行的试验是（ ）。

A．真空试验　　B．强度试验

C．通水试验　　D．水压试验

16. 电子厂房净化空调系统的带冷热源的联动试运行的最短要求时间是（ ）。

A．8h　　B．24h

C．12h　　D．48h

17. 下列试验内容，不属于多联机组的冷媒管道试验的是（ ）。

A．气密性试验　　B．满水试验

C．真空试验　　D．检漏试验

18. 空调系统的制冷机组单机试运行时间不应少于（ ）。

A．2h　　B．4h

C．6h　　D．8h

19. 风机盘管机组进场后应进行见证抽样复试，复试参数不包括的是（ ）。

A．噪声　　B．水阻力

C．风量　　D．吸水率

20. 净化空调系统进行风管严密性检验时，N1～N5级洁净度风管执行的等级系统是（ ）。

A．微压系统　　B．低压系统

C．中压系统　　D．高压系统

二　多项选择题

1. 下列工序中，属于金属风管安装工序的有（　　）。
   A．风管制作　　B．测量放线
   C．风管连接　　D．风管调整
   E．漏风量测试
2. 下列可以用于风管加固形式的有（　　）。
   A．加固筋焊接　　B．扁钢内支撑
   C．螺杆内支撑　　D．钢管内支撑
   E．铝合金加固
3. 在矩形风管无法兰连接中，适用于中压风管连接的是（　　）。
   A．S 形插条　　B．薄钢板法兰插条
   C．C 形插条　　D．薄钢板法兰弹簧夹
   E．直角形平插条
4. 下列关于金属风管应采取加固措施的情形描述，错误的是（　　）。
   A．边长大于 630mm 的矩形风管
   B．边长大于 800mm 的矩形保温风管
   C．单边平面面积大于 1.4m^2 的低压矩形风管
   D．管段长度大于 1250mm 的低压矩形风管，可采取楞筋加固措施
   E．管段长度大于 1250mm 的中压矩形风管，应采取角钢加固措施
5. 关于风管安装的要求，正确的有（　　）。
   A．玻璃钢风管可采用角钢加固措施
   B．金属风管法兰的连接螺栓的螺母宜在同一侧
   C．金属风管法兰的垫片厚度不应小于 2mm
   D．矩形薄钢板法兰弹簧夹应正反交错固定
   E．排烟风管严密性试验按中压风管的标准
6. 关于冷却塔安装的要求，正确的有（　　）。
   A．不同规格的开式冷却塔不能并联运行
   B．冷却塔的水平度和垂直度允许偏差为 2‰
   C．多台开式冷却塔的水面高度应一致
   D．冷却塔进风侧距建筑物应大于 1m
   E．冷却塔的高度偏差值不应大于 30mm
7. 关于多联机组的制冷剂管道及管件安装要求，正确的有（　　）。
   A．制冷剂管道弯管的弯曲半径不应小于 2.5 倍管道直径
   B．最大外径与最小外径之差不应大于 0.08 倍管道直径
   C．制冷剂管道的分支管，应按介质流向弯成 90° 与主管连接
   D．采用对接焊接的铜管管道错边量不应大于 0.2 倍壁厚

E．采用承插钎焊焊接连接的铜管，承口应迎着介质流动方向

8．关于通风空调系统联合试运行及调试的说法，正确的有（　　）。

A．系统总风量调试结果与设计风量的允许偏差不应大于15%

B．各风口的风量与设计风量的允许偏差不应大于15%

C．空调冷（热）水系统的总流量与设计流量的偏差不应大于15%

D．变流量系统的各空气处理机组的水流量允许偏差应为10%

E．制冷机及冷却塔的水流量与设计流量的偏差不应大于10%

9．下列通风空调工程绝热材料的指标中，要进行复试的有（　　）。

A．色度　　B．透气率

C．密度　　D．吸水率

E．导热系数

10．下列电子厂房工业洁净室的管道阀门，安装前应逐个进行压力试验和严密性试验的有（　　）。

A．卫生间热水支管道的阀门　　B．输送有毒流体管道的阀门

C．输送高纯气体管道的阀门　　D．供工艺冷却水的管道阀门

E．供空调冷冻水的管道阀门

【答案与解析】

一、单项选择题

*1．B；　*2．C；　3．C；　4．B；　*5．A；　6．C；　*7．C；　8．D；
9．B；　10．D；　11．C；　*12．C；　13．D；　14．D；　15．C；　16．A；
*17．B；　18．D；　19．D；　20．D

【解析】

1．答案B

按风管系统工作压力分类：

（1）微压系统：风管内正压 $P \leqslant 125$Pa 和管内负压 $P \geqslant -125$Pa 的系统。

（2）低压系统：风管内正压 125Pa $< P \leqslant$ 500Pa 和管内负压 −500Pa $\leqslant P <$ −125Pa 的系统。

（3）中压系统：风管内正压 500Pa $< P \leqslant$ 1500Pa 和管内负压 −1000Pa $\leqslant P <$ −500Pa 的系统。

（4）高压系统：风管内正压 1500Pa $< P \leqslant$ 2500Pa 和管内负压 −2000Pa $\leqslant P <$ −1000Pa 的系统。

2．答案C

风管漏风量测试施工顺序：风管漏风量测试抽样方案确定→风管检查→测试仪器仪表检查校准→现场测试→现场数据记录→质量检查。

5．答案A

不锈钢风管法兰采用不锈钢材质，法兰与风管采用内侧满焊、外侧点焊的形式。加固法兰采用两侧点焊的形式与风管固定，点焊间距不大于150mm。

7．答案 C

工作压力大于 1000Pa 的调节风阀，生产厂应提供在 1.5 倍工作压力下能自由开关的强度测试合格的证书或试验报告。

12．答案 C

直径或长边尺寸大于等于 630mm 的防火阀，或边长大于 1250mm 的弯头和三通，应设独立的支吊架。消声器及静压箱安装时，应设置独立支吊架，固定牢固。

17．答案 B

多联机组的冷媒管道应进行系统管路吹污、气密性试验、真空试验和充注制冷剂检漏试验，技术数据应符合产品技术文件和国家现行标准的有关规定。

二、多项选择题

1. B、C、D、E；　2. B、C、D；　*3. B、C、D；　*4. C、E；
*5. B、D、E；　*6. B、C、D、E；　*7. B、C、E；　*8. B、D、E；
9. C、D、E；　*10. B、C

【解析】

3．答案 B、C、D

矩形风管无法兰连接形式包括：S 形插条、C 形插条、立咬口、包边立咬口、薄钢板法兰插条、薄钢板法兰弹簧夹、直角形平插条。其中 S 形插条、直角形平插条适用于微压、低压风管；其他形式适用于微压、低压和中压风管。

4．答案 C、E

《通风与空调工程施工质量验收规范》GB 50243—2016 规定，矩形风管边长大于 630mm，或矩形保温风管边长大于 800mm，管段长度大于 1250mm；或低压风管单边平面面积大于 1.2m^2，中、高压风管大于 1.0m^2，均应有加固措施。

《通风与空调工程施工质量验收规范》GB 50243—2016 规定，风管的加固可采用角钢加固、立咬口加固、楞筋加固、扁钢内支撑、螺杆内支撑和钢管内支撑等多种形式。当中压、高压系统风管管段长度大于 1250mm 时，应采取加固框补强措施。

5．答案 B、D、E

玻璃钢风管的加固应为本体材料或防腐性能相同的材料，不能采用角钢加固，故答案 A 不能选；金属风管法兰的垫片材质应符合系统功能的要求，厚度不应小于 3mm，故答案 C 为错误项。

6．答案 B、C、D、E

不同规格的开式冷却塔只要保证集水盘的液面保持一致，就可以并联运行，可以设计不同的基础高度和共用平衡管的措施。

7．答案 B、C、E

多联机组制冷剂管道、管件安装：

（1）制冷剂管道弯管的弯曲半径不应小于 3.5 倍管道直径，最大外径与最小外径之差不应大于 0.08 倍管道直径，且不应使用焊接弯管及皱褶弯管。

（2）制冷剂管道的分支管，应按介质流向弯成 90° 与主管连接，不宜使用弯曲半径小于 1.5 倍管道直径的压制弯管。

（3）铜管采用承插钎焊焊接连接时，承口应迎着介质流动方向。当采用套管钎焊焊接连接时，插接深度符合规定；当采用对接焊接时，管道内壁应齐平，错边量不应大于0.1倍壁厚，且不大于1mm。

8．答案B、D、E

系统联合试运行及调试：

（1）系统总风量调试结果与设计风量的允许偏差应为-5%～+10%，建筑内各区域的压差应符合设计要求。各风口的风量与设计风量的允许偏差不应大于15%。

（2）空调水系统应排除管道系统中的空气；系统连续运行应正常平稳；水泵的流量、压差和水泵电机的电流不应出现10%以上的波动。空调冷（热）水系统、冷却水系统的总流量与设计流量的偏差不应大于10%。

（3）水系统平衡调整后，定流量系统的各空气处理机组的水流量应符合设计要求，允许偏差应为15%；变流量系统的各空气处理机组的水流量应符合设计要求，允许偏差应为10%。

（4）冷水机组的供回水温度和冷却塔的出水温度应符合设计要求；多台制冷机或冷却塔并联运行时，各台制冷机及冷却塔的水流量与设计流量的偏差不应大于10%。

10．答案B、C

（1）电子厂房工业洁净室的阀门安装前，应对下列管道的阀门逐个进行压力试验和严密性试验，不合格者不得使用：

① 输送可燃流体、有毒流体管道的阀门。

② 输送高纯气体、高纯水管道的阀门。

③ 输送特种气体、化学品管道的阀门。

（2）通风空调水系统的阀门安装前应进行外观检查，工作压力大于1.0MPa及在主干管上起到切断作用和系统冷、热水运行转换调节功能的阀门和止回阀，应全数进行壳体强度和阀瓣密封性能的试验，试验应合格；其他阀门可以不单独进行试验。

3.4 智能化系统工程施工技术

复习要点

主要内容：智能化系统的分部分项工程及施工程序；智能化系统的线缆和光缆施工技术；智能化系统的设备安装技术；智能化系统的调试和检测。

知识点1．智能化系统的分部分项工程

知识点2．建筑智能化系统工程的施工程序

（1）建筑设备监控系统施工程序：导管、槽盒安装→监控箱的安装→线缆敷设→监控设备的安装→设备接线→监控设备通电调试→被监控设备单项通电调试→系统联合调试→试运行→系统验收。

（2）安全技术防范系统施工程序：导管、槽盒安装→线缆敷设→设备安装→主机等设备安装→系统调试→试运行→系统验收。

知识点3．建筑设备监控系统组成

建筑设备自动监控系统主要由中央工作站计算机、外围设备、现场控制器、输入

和输出设备、相应的系统软件和应用软件组成。

知识点 4. 安全技术防范系统组成

安全技术防范系统包括：出入口控制系统、入侵报警系统、视频监控系统、电子巡查系统、停车库（场）管理系统、防爆安全检查系统等。

知识点 5. 线缆敷设要求

非屏蔽和屏蔽 4 对双绞线缆的弯曲半径不应小于电缆外径的 4 倍。

知识点 6. 光缆敷设要求

（1）2 芯或 4 芯水平光缆的弯曲半径应大于 25mm；其他芯数的水平光缆、主干光缆和室外光缆的弯曲半径不应小于光缆外径的 10 倍。

（2）敷设光缆时，牵引力应加在加强芯上，其牵引力不应超过光缆允许张力的 80%；牵引速度宜为 10～15m/min；一次牵引的直线长度不宜超过 1km，光纤接头的预留长度不应小于 8m。

知识点 7. 建筑监控设备的选择要求

应根据管理对象的特点、监控的要求以及监控点数的分布等，确定监控系统的整体结构，然后进行产品选择。各系统的设备接口必须相匹配。

知识点 8. 监控设备的安装要求

（1）风管型传感器安装应在风管保温层完成后进行。水管型传感器开孔与焊接工作必须在管道的压力试验、清洗、防腐和保温前进行。

（2）电磁阀、电动调节阀安装前，应按说明书规定检查线圈与阀体间的电阻，进行模拟动作试验和压力试验。阀门外壳上的箭头指向与水流方向一致。电动风阀控制器安装前，应检查线圈和阀体间的电阻、供电电压、输入信号等是否符合要求，宜进行模拟动作检查。

知识点 9. 安全防范工程的设备安装要求

（1）摄像机安装前应通电检测，工作应正常，在满足监视目标视场范围要求下，室内安装高度距地不宜低于 2.5m；室外安装高度距地不宜低于 3.5m，应考虑防雷、防雨措施。

（2）被动红外探测器安装应该充分注意探测背景的红外辐射情况。

知识点 10. 建筑智能化系统调试检测的条件与实施

系统检测应在系统试运行合格后进行；系统检测程序：分项工程→子分部工程→分部工程。

知识点 11. 有线电视及卫星电视接收系统检测

知识点 12. 公共广播系统检测要求

公共广播系统检测时，应打开广播分区的全部广播扬声器，测量点宜均匀布置。紧急广播具有最高级别的优先权。

知识点 13. 安全技术防范系统调试检测要求

摄像机、探测器、出入口识读设备、电子巡查信息识读器等设备抽检的数量不应低于 20%，且不应少于 3 台，数量少于 3 台时应全部检测。

知识点 14. 建筑设备监控系统调试检测要求

（1）变配电系统调试检测。

（2）锅炉机组调试检测。

（3）冷冻水和冷却水系统调试检测。

（4）通风空调设备系统调试检测。

（5）公共照明控制系统调试检测，按照明回路总数的10%抽检，数量不应少于10路，总数少于10路时应全部检测。

（6）给水排水系统调试检测，排水监控系统应抽检50%，且不得少于5套，总数少于5套时应全部检测。

（7）电梯和自动扶梯监测系统。

一　单项选择题

1．下列分项工程中，属于机房工程子分部工程的是（　　）。

A．执行器安装　　B．传感器安装

C．电磁屏蔽　　D．控制器安装

2．下列设备中，属于有线电视系统设备的是（　　）。

A．音源设备　　B．前端设备

C．放音设备　　D．扩音设备

3．下列系统中，不属于安全技术防范系统的是（　　）。

A．联动控制系统　　B．入侵报警系统

C．电子巡查系统　　D．视频监控系统

4．下列开关中，可用于空调设备过滤网阻力状态监测的是（　　）。

A．压力开关　　B．流量开关

C．压差开关　　D．空气开关

5．采用4个100Ω铂电阻温度传感器测量一个大房间的室内温度，接线方式为两个串联后再并联，其铂电阻值是（　　）。

A．50Ω　　B．100Ω

C．200Ω　　D．400Ω

6．下列设备中，不属于数字视频监控系统设备的是（　　）。

A．生物特征识别器　　B．数字摄像机

C．功能切换控制装置　　D．硬盘录像机

7．湿度传感器用于测量室内相对湿度，常用的湿度传感器不包括（　　）。

A．氧化铝湿度计　　B．镍电阻湿度传感器

C．陶瓷湿度传感器　　D．氯化锂湿度传感器

8．电动调节阀的电动执行机构和蝶阀配合工作的输出方式是（　　）。

A．直行程　　B．角行程

C．圆行程　　D．线行程

9．下列试验中，建筑智能系统的电动调节阀安装前应进行的试验是（　　）。

A．通水试验　　B．灌水试验

C．压力试验　　D．吹扫试验

10. 在光缆施工时，光缆的牵引速度宜为（　　）。
A. 5m/min　B. 10m/min
C. 18m/min　D. 20m/min

11. 在建筑设备监控工程的施工中，智能化设备供应商确定后的紧后工作是（　　）。
A. 工程承包商确定　B. 施工图深化设计
C. 管理人员的培训　D. 工程项目的施工

12. 热泵机组的控制采用非标准通信协议时，提供数据格式的应是（　　）。
A. 监控设计方　B. 设备施工方
C. 设备供应商　D. 设备采购方

13. 光缆长距离传输时，宜采用的光纤是（　　）。
A. 单模光纤　B. 双模光纤
C. 三模光纤　D. 多模光纤

14. 室内安装的视频监控摄像机高度离地不宜低于（　　）。
A. 2.2m　B. 2.5m
C. 3.0m　D. 3.5m

15. 接口技术文件内容中，不包括的是（　　）。
A. 接口通信协议　B. 接口责任边界
C. 数据流向　D. 结果评判

16. 现场控制器与温度监控点的连接中，铂温度传感器的接线电阻应小于（　　）。
A. 1Ω　B. 2Ω
C. 3Ω　D. 4Ω

17. 建筑智能化系统调试检测应在系统（　　）进行。
A. 安装合格后　B. 调试合格后
C. 验收合格后　D. 试运行合格后

18. 光缆的芯线数目确定的依据是（　　）。
A. 监控设备的要求　B. 监视点的个数
C. 使用环境的要求　D. 长距离的传输

19. 空调系统的空气质量检测，主要是检测（　　）的设定值。
A. 回风量　B. 送风量
C. 排风量　D. 新风量

20. 在安全防范系统中红外线探测器的检测主要是（　　）。
A. 功能检测　B. 性能测试
C. 盲区检测　D. 互通测试

二　多项选择题

1. 下列分项工程中，属于机房工程的有（　　）。
A. 供配电系统　B. 接地系统
C. 执行器安装　D. 电磁屏蔽

E．传感器安装

2. 下列传感信号中，属于非电量传感信号的有（　　）。

A．温度　　B．频率

C．湿度　　D．压力

E．流量

3. 下列探测器，属于安全防范系统的入侵报警探测器有（　　）。

A．红外线探测器　　B．感烟探测器

C．微波探测器　　D．超声波探测器

E．感温探测器

4. 空调设备的自动监控系统中，常用的温度传感器类型有（　　）。

A．1kΩ 铜电阻　　B．1kΩ 铝电阻

C．1kΩ 镍电阻　　D．1kΩ 铂电阻

E．1kΩ 银电阻

5. 在给水系统调试检测中，需要检测的有（　　）。

A．压力参数　　B．水泵投运切换

C．故障报警　　D．冷水温度

E．系统液位

6. 安全防范系统中，各类探测器安装位置高度的确定根据有（　　）。

A．产品尺寸　　B．产品重量

C．产品特性　　D．警戒范围

E．环境影响

7. 空调风管的风阀控制器安装前应检查线圈和阀体间的参数有（　　）。

A．电阻　　B．供电电压

C．额定电流　　D．输出信号

E．输入信号

8. 建筑设备监控信号线缆的施工中，应重点关注的有（　　）。

A．屏蔽性能　　B．敷设方式

C．接头工艺　　D．接地要求

E．电流密度

9. 下列系统调试检测内容中，属于变配电系统调试检测的有（　　）。

A．变压器超温报警　　B．配电线路直流电阻

C．储油罐液位监视　　D．应急发电机组供电电流

E．不间断电源工作状态

10. 下列检测参数中，在公共广播系统检测时应重点关注的有（　　）。

A．声场不均匀度　　B．漏出声衰减

C．系统设备信噪比　　D．播放警示信号

E．语声响应时间

【答案与解析】

一、单项选择题

1. C；　2. B；　3. A；　*4. C；　5. B；　6. A；　7. B；　*8. B；
9. C；　10. B；　11. B；　12. C；　13. A；　14. B；　*15. D；　*16. A；
17. D；　*18. B；　19. D；　20. C

【解析】

4．答案 C

压差开关是随着空气压差引起开关动作的装置。一般压差范围可在 20～4000Pa。例如，压差开关可用于监视过滤网阻力状态的监测。

8．答案 B

电动调节阀的电动执行机构输出方式有直行程、角行程和多转式类型，分别同直线移动的调节阀、旋转的蝶阀、多转的调节阀等配合工作。

15．答案 D

接口技术文件：

（1）接口技术文件应符合合同要求；接口技术文件应包括接口概述、接口框图、接口位置、接口类型与数量、接口通信协议、数据流向和接口责任边界等内容。

（2）接口测试文件应符合设计要求；接口测试文件应包括测试链路搭建、测试用仪器仪表、测试方法、测试内容和测试结果评判等内容。

16．答案 A

传感器至现场控制器之间的连接要求：镍温度传感器的接线电阻应小于 3Ω，铂温度传感器的接线电阻应小于 1Ω，并在现场控制器侧接地。

18．答案 B

光缆的芯线数目应根据监视点的个数及分布情况来确定，并留有一定的余量。

二、多项选择题

1. A、B、D；　2. A、C、D、E；　3. A、C、D；　4. C、D；
*5. A、B、C、E；　6. C、D、E；　7. A、B、E；　8. A、B、C、D；
*9. A、C、D、E；　*10. A、B、C

【解析】

5．答案 A、B、C、E

给水排水系统调试检测：给水系统、排水系统和中水系统液位、压力参数及水泵运行状态检测；自动调节水泵转速；水泵投运切换；故障报警及保护。

9．答案 A、C、D、E

变配电系统调试检测：变配电设备各高、低压开关运行状况及故障报警；电源及主供电回路电流值显示、电源电压值显示、功率因素测量、电能计量等；变压器超温报警；应急发电机组供电电流、电压、频率及储油罐液位监视，故障报警；不间断电源工作状态、蓄电池组及充电设备工作状态检测。

10．答案 A、B、C

公共广播系统检测：检查公共广播系统的扬声器位置分布合理、符合设计要求。

检测时，应打开公共广播分区的全部广播扬声器，测量点宜均匀布置。检测公共广播系统的声场不均匀度、漏出声衰减及系统设备信噪比符合设计要求。

紧急广播中包括火灾应急广播功能时还应检测的内容：紧急广播具有最高级别的优先权；紧急广播向相关广播区域播放警示信号、警报语声或实时指挥语声的响应时间；音量自动调节功能。

3.5　电梯工程安装技术

复习要点

主要内容：电梯的分部分项工程与安装验收规定；电梯设备安装技术；自动扶梯安装技术。

知识点1. 电梯的分部分项工程

知识点2. 电梯的分类

按机械驱动方式可分为曳引式电梯、强制式电梯、液压电梯和齿轮齿条电梯。

知识点3. 曳引式电梯组成

（1）从系统功能分：由曳引系统、导向系统、轿厢系统、门系统、重量平衡系统、驱动系统、控制系统和安全保护系统等组成。

（2）从空间占位分：由机房、井道、轿厢、层站四大部分组成。

知识点4. 自动扶梯的组成

自动扶梯由阶梯和扶手组成。其主要部件有梯级、牵引链条及链轮、导轨系统、主传动系统（包括电动机、减速装置、制动器及中间传动环节等）、驱动主轴、张紧装置、扶手系统、上下盖板、梳齿板、扶梯骨架、安全装置和电气系统等。

知识点5. 电梯安装前应履行的手续

（1）电梯安装前，施工单位应将拟进行安装的电梯情况书面告知相关的政府管理部门，告知后即可施工。

（2）在履行告知后、开始施工前（不包括设备开箱、现场勘测等准备工作），向规定的检验机构申请监督检验。待检验机构审查电梯制造资料完毕，检验结论为合格后，方可实施安装。

知识点6. 电梯安装资料

（1）电梯制造厂提供的资料。

（2）安装单位提供的资料。

知识点7. 曳引式电梯安装程序

设备进场验收→土建交接检验→井道照明及电气安装→井道测量放线→导轨安装→曳引机安装→限速器安装→机房电气装置安装→轿厢、安全钳及导靴安装→轿厢电气安装→缓冲器安装→对重安装→曳引钢丝绳、悬挂装置及补偿装置安装→开门机、轿门和层门安装→层站电气安装→调试→检验及试验→验收。

知识点8. 曳引式电梯安装要求

土建交接验收、电梯设备进场验收、驱动主机安装、导轨安装、轿厢及对重（平衡重）系统安装、安全部件安装、门系统安装、电气装置安装、电梯整机验收要求。

知识点 9. 液压电梯安装要求

知识点 10. 自动扶梯（或自动人行道）安装程序

设备进场验收→土建交接检验→桁架吊装就位→轨道安装→扶手带等构配件安装→安全装置安装→机械调整→电气装置安装→调试检验→试运行→验收。

知识点 11. 自动扶梯（或自动人行道）安装要求

设备进场验收，土建交接验收，桁架吊装，导轨安装，围裙板安装，内外盖板安装，梯级安装，梳齿板安装，自动扶梯（或自动人行道）整机验收。

一 单项选择题

1. 电梯工程是建筑安装工程的一个（　　）。
   A．单位工程　　B．子单位工程
   C．分部工程　　D．子分部工程
2. 下列分项工程中，不属于曳引式电梯子分部工程的是（　　）。
   A．驱动主机安装　　B．安全部件安装
   C．液压系统安装　　D．电气装置安装
3. 下列电梯中，属于中速电梯的是（　　）。
   A．$v = 2.5$m/s 的电梯　　B．$v = 3.5$m/s 的电梯
   C．$v = 4.5$m/s 的电梯　　D．$v = 5.5$m/s 的电梯
4. 液压电梯的组成内容中不包括（　　）。
   A．曳引系统　　B．泵站系统
   C．导向系统　　D．电气控制系统
5. 下列部件中，属于自动扶梯主传动系统的部件是（　　）。
   A．牵引链条　　B．减速装置
   C．牵引链轮　　D．张紧装置
6. 电梯安装单位在履行告知后、开始施工前，应向规定的检验机构申请（　　）。
   A．开箱检查　　B．现场勘测
   C．方案审查　　D．监督检验
7. 电梯安装时，安装单位应提供的资料是（　　）。
   A．安装许可证　　B．电气原理图
   C．安装说明书　　D．维护说明书
8. 电梯自检试运行结束后，负责进行校验和调试的单位是（　　）。
   A．制造单位　　B．安装单位
   C．监理单位　　D．检验单位
9. 曳引式电梯安装程序中，曳引机安装的紧前工序是（　　）。
   A．交接检验　　B．导轨安装
   C．对重安装　　D．导靴安装
10. 对电梯井道的土建工程进行检测鉴定是确定电梯安装的（　　）。

A．临时照明　　B．配管配线
C．防护栏杆　　D．位置尺寸

11．电梯安装之前的机房土建交接检验，下列需要整改的是（　　）。
A．主电源开关能切断额定电流
B．机房门口有控制照明的开关
C．电源的中性线和接地线分开
D．接地装置的接地电阻为 4Ω

12．电梯设备进场验收时，不需要型式试验证书复印件的器件是（　　）。
A．限速器　　B．选层器
C．安全钳　　D．缓冲器

13．下列导轨安装中，不符合导轨安装验收的有（　　）。
A．两列轿厢导轨顶面间距离的偏差为＋1.0mm
B．两列对重导轨顶面间距离的偏差为＋1.5mm
C．轿厢导轨与安装基准线每 5m 偏差为 1.0mm
D．导轨接头处台阶不应大于 0.05mm

14．关于悬挂装置和随行电缆的安装验收要求，错误的是（　　）。
A．绳头组合必须安装防螺母松动的装置
B．随行电缆严禁有打结和波浪扭曲现象
C．轿厢的两根钢丝绳允许有少量的异常
D．随行电缆在运行中应避免与井道内其他部件干涉

15．电梯整机验收时，对渐进式安全钳的轿厢应载有均匀分布的（　　）。
A．95% 额定载重量　　B．100% 额定载重量
C．115% 额定载重量　　D．125% 额定载重量

16．电梯安装后的运行试验时间是（　　）。
A．每天不少于 4h　　B．每天不少于 8h
C．每天不少于 12h　　D．每天不少于 16h

17．自动扶梯的梯级踏板上空，垂直净高度严禁小于（　　）。
A．2.3m　　B．2.6m
C．2.8m　　D．3.0m

18．自动扶梯安装前，土建施工单位应提供明显的（　　）。
A．水平基准线　　B．上下层标高
C．建筑装饰面　　D．预留孔尺寸

19．自动扶梯的扶手带的运行速度相对梯级的速度允许偏差为（　　）。
A．0～＋2%　　B．0～＋3%
C．0～＋4%　　D．0～＋5%

20．自动扶梯控制电路的导体对地绝缘电阻不得小于（　　）。
A．0.25MΩ　　B．0.5MΩ
C．1.0MΩ　　D．2.0MΩ

二　多项选择题

1．曳引式电梯的主要参数包括（　　）。
　A．额定曳引力　　B．轿厢尺寸
　C．额定载重量　　D．额定速度
　E．额定载人数

2．下列部件中，属于自动扶梯的部件有（　　）。
　A．牵引链条　　B．张紧装置
　C．上下盖板　　D．轿厢系统
　E．液压系统

3．电梯安装前，办理告知所需要的材料有（　　）。
　A．特种设备开工告知申请书　　B．施工人员资格证件
　C．组织机构代码证复印件　　D．电梯设备检查记录
　E．电梯安装资质证复印件

4．电梯出厂的随机文件包括（　　）。
　A．设备制造验收记录　　B．型式检验证书复印件
　C．机房及井道布置图　　D．安装使用维护说明书
　E．电梯施工技术方案

5．下列资料中，属于电梯安装单位提供的资料有（　　）。
　A．电梯安装许可证　　B．产品质量证明
　C．电梯安装告知书　　D．电梯施工方案
　E．型式试验合格证

6．关于电梯井道内设置永久性电气照明的要求，正确的有（　　）。
　A．井道照明电压采用 220V 电压　　B．井道照明照度不得小于 50lx
　C．井道最高点 0.5m 内装一盏灯　　D．井道最低点 0.5m 内装一盏灯
　E．井道中间灯的间距不超过 7m

7．下列电梯设备中，必须与其型式试验证书相符的有（　　）。
　A．选层器　　B．召唤器
　C．限速器　　D．缓冲器
　E．安全钳

8．自动扶梯的随机文件应该有（　　）。
　A．土建布置图　　B．电气原理图
　C．安装说明书　　D．出厂合格证
　E．安装方案书

9．下列工序中，属于自动扶梯安装程序的有（　　）。
　A．扶梯桁架吊装　　B．曳引绳安装
　C．设置临时盖板　　D．扶手带安装
　E．安全装置安装

10. 下列情况中，自动扶梯必须自动停止运行的有（　　）。

A．梯级过载　　　　B．梯级有垃圾

C．梯级断裂　　　　D．非操纵逆转

E．梯级下陷

【答案与解析】

一、单项选择题

1．C；　2．C；　*3．A；　*4．A；　5．B；　*6．D；　7．A；　8．A；
9．B；　10．D；　11．A；　12．B；　*13．C；　*14．C；　*15．D；　16．B；
17．A；　18．A；　*19．A；　20．A

【解析】

3．答案 A

电梯按运行速度分类：低速电梯，$v \leqslant 1.0$m/s 的电梯；中速电梯，$1.0\text{m/s} < v \leqslant 2.5$m/s的电梯；高速电梯，$2.5\text{m/s} < v \leqslant 6.0$m/s的电梯；超高速电梯，$v > 6.0$m/s的电梯。

4．答案 A

曳引式电梯通常由曳引系统、导向系统、轿厢系统、门系统、重量平衡系统、驱动系统、控制系统、安全保护系统等组成。

液压电梯一般由泵站系统、液压系统、导向系统、轿厢系统、门系统、电气控制系统、安全保护系统等组成。

6．答案 D

安装单位应当在履行告知后、开始施工前（不包括设备开箱、现场勘测等准备工作），向规定的检验机构申请监督检验。待检验机构审查电梯制造资料完毕，检验结论为合格后，方可实施安装。

13．答案 C

导轨安装要求：

（1）两列导轨顶面间距离的允许偏差：轿厢导轨 0～＋2mm；对重导轨 0～＋3mm。

（2）每列导轨工作面（包括侧面和顶面）与安装基准线每 5m 的允许偏差：轿厢导轨和设有安全钳的对重导轨不应大于 0.6mm；不设安全钳的对重导轨不应大于 1.0mm。

（3）轿厢导轨和设有安全钳的对重导轨工作面接头处不应有连续缝隙，导轨接头处台阶不应大于 0.05mm。不设安全钳的对重导轨接头处缝隙不应大于 1.0mm，导轨工作面接头处台阶不应大于 0.15mm。

14．答案 C

悬挂装置、随行电缆、补偿装置的安装验收要求：

（1）绳头组合必须安全可靠，且每个绳头组合必须安装防螺母松动和脱落的装置。

（2）钢丝绳严禁有死弯，随行电缆严禁有打结和波浪扭曲现象。

（3）当轿厢悬挂在两根钢丝绳或链条上，且其中一根钢丝绳或链条发生异常相对伸长时，为此装设的电气安全开关应动作可靠。

（4）随行电缆在运行中应避免与井道内其他部件干涉。当轿厢完全压在缓冲器上时，随行电缆不得与底坑地面接触。

15．答案 D

电梯整机验收时，对瞬时式安全钳，轿厢应载有均匀分布的额定载重量；对渐进式安全钳，轿厢应载有均匀分布的 125% 额定载重量。

19．答案 A

自动扶梯在额定频率和额定电压下，梯级、踏板或胶带沿运行方向空载时的速度与额定速度之间的允许偏差为 5%；扶手带的运行速度相对梯级、踏板或胶带的速度允许偏差为 0～＋2%。

二、多项选择题

1．C、D；　*2．A、B、C；　3．A、C、E；　4．B、C、D；
*5．A、C、D；　6．B、C、D、E；　7．C、D、E；　8．A、B、C、D；
*9．A、D、E；　*10．A、C、D、E

【解析】

2．答案 A、B、C

自动扶梯的主要部件有梯级、牵引链条及链轮、导轨系统、主传动系统（包括电动机、减速装置、制动器及中间传动环节等）、驱动主轴、张紧装置、扶手系统、上下盖板、梳齿板、扶梯骨架、安全装置和电气系统等。

5．答案 A、C、D

电梯安装单位提供的资料：电梯安装许可证和电梯安装告知书，许可证范围能够覆盖所施工电梯的相应参数；审批手续齐全的施工方案；施工现场作业人员持有的特种设备作业证。

9．答案 A、D、E

自动扶梯安装程序：设备进场验收→土建交接检验→桁架吊装就位→轨道安装→扶手带等构配件安装→安全装置安装→机械调整→电气装置安装→调试检验→试运行→验收。

10．答案 A、C、D、E

在下列情况下，自动扶梯必须自动停止运行：无控制电压；电路接地的故障；过载；控制装置在超速和运行方向非操纵逆转下动作；附加制动器（如果有）动作；直接驱动梯级、踏板或胶带的部件（如链条或齿条）断裂或过分伸长；驱动装置与转向装置之间的距离（无意性）缩短；梯级、踏板或胶带进入梳齿板处有异物夹住，且产生损坏梯级、踏板或胶带支撑结构；无中间出口的连续安装的多台自动扶梯中的一台停止运行；扶手带入口保护装置动作；梯级或踏板下陷。

3.6　消防工程施工技术

复习要点

主要内容：消防系统的分部分项工程及施工程序；消防工程施工技术要求；消防工程验收规定与实施。

知识点1．消防系统的分部分项工程

知识点2．消防系统的分类及其功能

（1）消防给水及消火栓系统。

（2）自动喷水灭火系统。

（3）水喷雾灭火系统。

（4）细水雾灭火系统。

（5）固定消防炮灭火系统。

（6）自动跟踪定位射流灭火系统。

（7）气体灭火系统。

（8）泡沫灭火系统。

（9）干粉灭火系统。

（10）防烟与排烟系统。

（11）火灾自动报警及消防联动控制系统。

知识点3．消防工程的施工程序

消防水泵（或稳压泵）施工程序，消火栓系统施工程序，自动喷水灭火系统施工程序，水喷雾灭火系统施工程序，细水雾灭火系统施工程序，消防水炮灭火系统施工程序，自动跟踪定位射流灭火系统施工程序，气体灭火系统施工程序，泡沫灭火系统施工程序，干粉灭火系统施工程序，防排烟系统施工程序，火灾自动报警及联动控制系统施工程序。

知识点4．消防给水及消火栓系统施工技术要求

知识点5．自动喷水灭火系统安装要求

知识点6．水喷雾系统安装要求

知识点7．细水雾灭火系统安装要求

知识点8．固定消防炮灭火系统安装要求

知识点9．自动跟踪定位射流灭火系统安装要求

知识点10．气体灭火系统施工技术要求

知识点11．泡沫灭火系统施工技术要求

知识点12．干粉灭火系统施工技术要求

知识点13．防烟排烟系统施工技术要求

知识点14．火灾自动报警及消防联动设备的施工技术要求

知识点15．工业项目消防系统的技术要求

知识点16．消防工程验收的相关规定

知识点17．特殊建设工程消防验收的条件和应提交的资料

特殊建设工程消防验收的条件、验收所需的资料。

知识点18．特殊建设工程消防验收的组织及程序

消防验收的组织形式，消防验收程序，局部消防验收，消防验收的时限。

知识点19．施工过程中的消防验收

知识点20．其他建设工程的消防验收备案与抽查

消防验收备案应提交的资料，抽查管理。

一　单项选择题

1. 根据供水方式及按驱动源类型可分为泵组系统和瓶组系统的是（　　）。
   A．自动喷水灭火干式系统　　B．自动喷水灭火湿式系统
   C．自动喷水灭火水幕系统　　D．高压细水雾系统
2. 特殊建设工程的消防验收由（　　）组织实施。
   A．建设单位　　B．消防设计审查验收主管部门
   C．设计单位　　D．监理单位
3. 防火分区隔墙两侧的排烟防火阀，距墙端面的最小距离是（　　）。
   A．250mm　　B．200mm
   C．150mm　　D．100mm
4. 消防工程的验收应由（　　）组织，向消防设计审查验收主管部门申报。
   A．建设单位　　B．监理单位
   C．施工单位　　D．设计单位
5. 下列泡沫灭火系统中，不是按照系统组件的安装方式划分的是（　　）。
   A．中倍数泡沫灭火系统　　B．固定式泡沫灭火系统
   C．移动式泡沫灭火系统　　D．半固定式泡沫灭火系统
6. 消防水泵及稳压泵的施工程序中，泵体安装的紧后工序是（　　）。
   A．压水管路安装　　B．泵体稳固
   C．吸水管路安装　　D．单机调试
7. 适用于在幼儿园、医院、养老院等场所的灭火系统是（　　）。
   A．自动喷水灭火系统　　B．气体灭火系统
   C．干粉灭火系统　　D．泡沫灭火系统
8. 排烟风管法兰垫片的最小厚度是（　　）。
   A．3.5mm　　B．3mm
   C．2.5mm　　D．2mm
9. 火灾自动报警及联动控制系统施工程序中，线缆连接的紧后程序是（　　）。
   A．绝缘测试　　B．线缆敷设
   C．设备安装　　D．管线敷设
10. 自动喷水灭火系统施工程序中，减压装置安装的紧前程序是（　　）。
   A．报警阀安装　　B．管道冲洗
   C．喷洒头安装　　D．干管安装
11. 火灾探测器到空调多孔送风口的水平距离不应小于（　　）。
   A．1.0m　　B．1.5m
   C．0.7m　　D．0.5m
12. 室内消火栓安装完成后，应取屋顶层（或水箱间内）试验消火栓和（　　）消火栓做试射试验，达到设计要求为合格。
   A．首层取两处　　B．首层取一处

C．中层取两处　　　　　　D．中层取一处

13．下列消火栓系统的调试内容，不包括的是（　　）。

A．减压阀及附件阀门调试　　　　B．水源的调试

C．消防水泵的振动及噪声　　　　D．消火栓调试

14．下列设备安装时，不可以采用橡胶减振装置的是（　　）。

A．冷水机组　　　　B．排风兼排烟的风机

C．空调机组　　　　D．屋面冷却塔

15．火灾自动报警系统设置一个消防控制室形式的是（　　）。

A．控制中心报警系统　　　　B．区域报警系统

C．消防联动控制系统　　　　D．集中报警系统

16．石油储备库固定顶罐区的灭火系统宜设置（　　）。

A．固定水炮灭火系统　　　　B．消火栓给水灭火系统

C．自动喷洒灭火系统　　　　D．低倍数泡沫灭火系统

17．下列不属于火灾自动报警系统调试内容的是（　　）。

A．电气火灾监控系统调试　　　　B．智能停车管理系统调试

C．消防专用电话系统调试　　　　D．自动喷水灭火系统调试

18．下列建设工程竣工后，不需要申请消防验收的是（　　）。

A．总建筑面积大于20000m^{2}的民用机场航站楼

B．总建筑面积大于1000m^{2}的养老院病房楼

C．单体建筑面积小于500m^{2}的公共建筑

D．国家广播电视楼

19．防排烟风管的漏风量测试，允许漏风量的确定标准是（　　）。

A．微压风管　　　　B．中压风管

C．低压风管　　　　D．高压风管

20．不能用于加油站灭火的系统是（　　）。

A．消火栓灭火系统　　　　B．二氧化碳灭火系统

C．干粉灭火系统　　　　D．七氟丙烷灭火系统

二　多项选择题

1．下列属于火灾自动报警系统基本形式的有（　　）。

A．单元报警系统　　　　B．集中报警系统

C．区域报警系统　　　　D．混合报警系统

E．控制中心报警系统

2．下列属于火灾探测器类型的有（　　）。

A．感烟探测器　　　　B．感温探测器

C．感火焰探测器　　　　D．感压探测器

E．可燃气体探测器

3．下列属于火灾自动报警系统组成的有（　　）。

A．火灾显示盘　B．火灾探测器
C．自动报警按钮　D．手动报警按钮
E．输入模块

4. 下列设备中，属于消火栓灭火系统的有（　　）。
A．水箱　B．泡沫液罐
C．水泵　D．洒水喷头
E．水泵接合器

5. 发生火灾报警后，需要消防联动控制的设备有（　　）。
A．电梯　B．防火卷帘门
C．排烟阀　D．火灾探测器
E．排烟风机

6. 下列属于气体灭火系统的有（　　）。
A．七氟丙烷灭火系统　B．干式喷水灭火系统
C．蒸汽灭火系统　D．二氧化碳灭火系统
E．自动启闭灭火系统

7. 下列关于消防水泵的选择和应用，正确的有（　　）。
A．消防水泵应设置自动停泵功能
B．消防水泵应采取自灌式吸水
C．消防水泵的性能应满足消防给水系统所需流量和压力的要求
D．稳压水泵的公称流量不应小于消防给水系统管网的正常泄漏量
E．零流量时的压力不应大于设计工作压力的 140%

8. 下列防烟排烟系统的主要作用，陈述正确的是（　　）。
A．发生火灾时人员的安全疏散
B．发现火情扑灭火灾
C．将火灾现场的烟和热及时排出
D．减弱火势的蔓延
E．灭火的配套措施

9. 下列属于特殊建设工程消防验收应具备的条件有（　　）。
A．完成工程消防设计和合同约定的消防各项内容
B．施工、设计、工程监理、技术服务等单位确认消防工程质量符合有关标准
C．消防设施性能、系统功能联调联试等内容检测合格
D．施工单位已进行测试
E．有完整的工程消防技术档案和施工管理资料

10. 下列属于特殊建设工程消防验收所需资料的是（　　）。
A．消防验收申报表
B．工程竣工验收报告
C．消防实战演练情况
D．消防检测单位的资质
E．涉及消防的建设工程竣工图纸

【答案与解析】

一、单项选择题

1. D;　2. B;　3. B;　4. A;　5. A;　6. C;　*7. A;　8. B;
9. A;　10. B;　11. D;　12. A;　13. C;　*14. B;　15. D;　16. D;
17. B;　*18. C;　19. B;　20. A

【解析】

7. 答案A

自动喷水灭火系统的特点是大水滴喷头的出流，水滴粒径大、穿透力更强的射流能穿透厚的火焰，到达火源中心，迅速冷却火源以达到灭火目的，主要应用于高堆架仓库；反应灵敏、动作速度更快，能在火灾初期阶段控制住火，适用于在幼儿园、医院、养老院等场所，保护幼儿或行动不便的老弱病残者的人身安全；其美观小巧的玻璃球喷头，能满足商场、宾馆、饭店等建筑物内装修美观的要求。

14. 答案B

按《建筑防烟排烟系统技术标准》GB 51251—2017的规定，防排烟风机是特定情况下的应急设备，发生火灾紧急情况，并不需要考虑设备运行所产生的振动和噪声。而减振装置大部分采用橡胶、弹簧或两者的组合，当设备在高温下运行时，橡胶会变形溶化、弹簧会失去弹性或性能变差，影响排烟风机可靠的运行，因此安装排烟风机时不宜设减振装置。若与通风空调系统合用风机时，也不应选用橡胶或含有橡胶减振装置。

18. 答案C

特殊建设工程竣工后应向住房和城乡建设主管部门申请消防验收，除此以外的其他建设工程竣工后，实行消防验收备案、抽查管理制度。

二、多项选择题

*1. B、C、E;　2. A、B、C、E;　3. A、B、D、E;　4. A、C、E;
5. A、B、C、E;　6. A、C、D;　*7. B、C、D、E;　8. A、C、D、E;
*9. A、B、C、E;　10. A、B、E

【解析】

1. 答案B、C、E

火灾自动报警系统的基本形式有：

（1）区域报警系统。由火灾探测器、手动火灾报警按钮、火灾声光警报器及火灾报警控制器等构成，适用于仅需要报警，不需要联动自动消防设备的小型建筑等单独使用。

（2）集中报警系统。由火灾探测器、手动火灾报警按钮、火灾声光警报器、消防应急广播、消防专用电话、消防控制室图形显示装置、火灾报警控制器、消防联动控制器等组成。适用于不仅需要报警，同时需要联动自动消防设备，且只设置一台具有集中控制功能的火灾报警控制器和消防联动控制器的宾馆、商务楼、综合楼等建筑使用，设置一个消防控制室。

（3）控制中心报警系统。由设置在消防控制室的集中报警控制器、消防控制设备等组成，适用于大型建筑群、超高层建筑，可对建筑中的消防设备实现联动控制和手动控制，设置两个及以上消防控制室。

7. 答案 B、C、D、E

根据《消防设施通用规范》GB 55036—2022 的规定，消防水泵应确保在火灾时能及时启动；停泵应由人工控制，不应自动停泵。消防水泵的性能应满足消防给水系统所需流量和压力的要求。消防水泵应采取自灌式吸水。第 3.0.13 条规定，稳压泵的公称流量不应小于消防给水系统管网的正常泄漏量，公称压力应满足系统自动启动和管网充满水的要求。根据《消防给水及消火栓系统技术规范》GB 50974—2014 的规定，消防水泵的流量扬程性能曲线应为无驼峰、无拐点的光滑曲线，零流量时的压力不应大于设计工作压力的 140%，且宜大于设计工作压力的 120%。

9. 答案 A、B、C、E

特殊建设工程消防验收的条件：

（1）完成工程消防设计和合同约定的消防各项内容。

（2）有完整的工程消防技术档案和施工管理资料（含涉及消防的建筑材料、建筑构配件和设备的进场试验报告）。

（3）建设单位对工程涉及消防的各分部分项工程验收合格；施工、设计、工程监理、技术服务等单位确认消防工程质量符合有关标准。

（4）消防设施性能、系统功能联调联试等内容检测合格。

第4章　工业机电工程安装技术

4.1　机械设备安装技术

微信扫一扫
在线做题+答疑

复习要点

主要内容：设备基础种类及验收；机械设备安装程序及安装方法；机械设备安装要求与精度控制；机械设备试运行。

知识点1．设备基础的种类及应用

知识点2．设备基础施工质量验收要求

（1）设备基础混凝土强度的验收。

（2）设备基础位置、标高、几何尺寸的验收。

（3）设备基础外观质量检查验收。

（4）预埋地脚螺栓检查验收。

知识点3．机械设备安装的一般程序

机械设备安装的一般程序：设备开箱检查→基础检查验收→基础测量放线→垫铁设置→设备吊装就位→设备安装调整→设备固定与灌浆→零部件清洗与装配→润滑与加油→设备试运行→验收。

知识点4．机械设备安装的主要工序

知识点5．机械设备安装的分类

机械设备安装一般分为整体安装、解体安装和模块化安装。

知识点6．机械设备典型零部件的装配

（1）螺纹连接件装配。

（2）过盈配合件装配。

（3）齿轮装配。

（4）联轴器装配。

（5）滑动轴承装配。

（6）滚动轴承装配。

知识点7．机械设备固定

（1）地脚螺栓。固定地脚螺栓、活动地脚螺栓、胀锚地脚螺栓和粘接地脚螺栓。

（2）垫铁。垫铁安装方法，垫铁种类。

知识点8．机械设备安装要求

（1）设备安装基准线和基准点的设置要求。

（2）垫铁的设置要求。

（3）设备无垫铁安装施工要求。

（4）二次灌浆的技术要求。

知识点9．机械设备安装精度控制

（1）机械设备安装精度。

（2）影响设备安装精度的因素。

（3）安装精度的控制方法。

知识点 10. 设备试运行步骤

知识点 11. 设备单机试运行

一　单项选择题

1. 下列设备基础需要做预压强度试验的是（　　）。
   A. 风机　　B. 压缩机
   C. 泵　　D. 汽轮发电机组
2. 电机安装的基础宜采用（　　）。
   A. 绝热层基础　　B. 框架式基础
   C. 箱式基础　　D. 柱基础
3. 下列适用于采用联合基础的设备是（　　）。
   A. 常减压塔　　B. 透平压缩机
   C. 轧机　　D. 发电厂的洗涤塔
4. 预埋地脚螺栓的验收要求中不包括（　　）。
   A. 标高　　B. 数量
   C. 中心距　　D. 位置
5. 设备基础混凝土强度验收的质量合格证明文件中不包括的内容是（　　）。
   A. 混凝土配合比　　B. 混凝土养护
   C. 混凝土强度　　D. 混凝土水分
6. 设备安装的平面位置和标高的测量基准是（　　）。
   A. 车间的实际位置和标高　　B. 设备的实际几何尺寸
   C. 全厂确定的基准线和基准点　　D. 土建交付的安装标高
7. 在基础测量放线时，不需设置沉降观测点要求的设备是（　　）。
   A. 斗式提升机　　B. 汽轮发电机组
   C. 大型储罐　　D. 透平压缩机组
8. 大型减速机解体安装时的一次灌浆时间应在（　　）之后。
   A. 底座就位　　B. 底座粗找正
   C. 整体精找正　　D. 底座精找正
9. T 形头地脚螺栓属于（　　）。
   A. 活动型地脚螺栓　　B. 固定型地脚螺栓
   C. 胀锚型地脚螺栓　　D. 预埋型地脚螺栓
10. 设备精度检测的内容不包括检测设备的（　　）。
    A. 位置误差　　B. 同轴度
    C. 垂直度　　D. 水平度
11. 联轴器装配时，不需测量的参数是（　　）。
    A. 轴向间隙　　B. 径向位移

C．端面间隙　　　　D．两轴线倾斜

12．关于齿轮装配要求的说法，正确的是（　　）。

A．用压铅法检查传动齿轮啮合的接触斑点

B．齿轮基准面与轴肩应靠紧贴合

C．齿顶和齿端棱边应接触

D．用着色法检查齿轮啮合间隙

13．现场组装大型设备各运动部件之间的相对运动精度一般不包括（　　）。

A．直线运动精度　　　　B．圆周运动精度

C．平面精度　　　　D．传动精度

14．设备的二次灌浆应在（　　）进行。

A．设备吊装后　　　　B．设备精找正后

C．设备粗平后　　　　D．设备装配后

15．关于影响设备安装精度的因素的说法中，错误的是（　　）。

A．设备制造对安装精度的影响主要是加工精度和装配精度

B．垫铁埋设对安装精度的影响主要是承载面积和接触情况

C．测量误差对安装精度的影响主要是仪器精度、基准精度

D．设备灌浆对安装精度的影响主要是二次灌浆层的厚度

16．设备安装质量精度调整的内容不包括（　　）。

A．设备的中心位置　　　　B．同轴度

C．水平度　　　　D．垂直度

17．安装现场主要采用的过盈配合件的装配方法是（　　）。

A．压入装配法　　　　B．加热装配法

C．低温冷装配法　　　　D．定力矩法

18．修配法是对补偿件进行补充加工，其目的是（　　）。

A．修复设备安装缺陷　　　　B．修补设备制造缺陷

C．抵消安装积累误差　　　　D．修正设计中的不足

19．施工现场过盈配合件主要采用的装配方法是（　　）。

A．机械压入装配　　　　B．低温冷装

C．液压压入装配　　　　D．加热装配法

20．安装带悬臂转动机构的设备，在安装时应该控制偏差使其悬臂轴（　　）。

A．水平　　　　B．上扬

C．向前倾斜　　　　D．向下倾斜

二　多项选择题

1．下列设备安装时，需采用深基础的设备有（　　）。

A．机械加工中心　　　　B．变压器

C．锻造水压机　　　　D．汽轮发电机组

E．换热器

2. 垫铁埋设对安装精度的影响主要有（　　）。

A．接触情况　　B．承载面积

C．沉降不均　　D．抗震性能

E．强度不够

3. 地脚螺栓孔的验收，主要检查验收地脚螺栓孔的内容有（　　）。

A．混凝土强度　　B．中心位置

C．标高　　D．深度

E．孔壁铅垂度

4. 设备找平、找正、找标高的测点宜选在（　　）。

A．设备的主要工作面　　B．部件浇注表面

C．零部件面的主要结合面　　D．支承滑动部件的导向面

E．轴颈表面

5. 滑动轴承装配时，重点检查滑动轴承的（　　）。

A．侧间隙　　B．材质

C．顶间隙　　D．承压角

E．轴肩间隙

6. 安装精度调整与检测中，属于位置误差的有（　　）。

A．圆柱度　　B．平行度

C．直线度　　D．同轴度

E．垂直度

7. 机械设备典型零部件安装的组成部分包括（　　）。

A．联轴器装配　　B．设备管路安装

C．液压元件安装　　D．螺纹连接件装配

E．自动测温装置

8. 现场组装大型设备，各运动部件之间的相对运动精度包括（　　）。

A．直线运动精度　　B．配合间隙

C．圆周运动精度　　D．过盈量

E．传动精度

9. 机械设备安装精度的要求内容包括（　　）。

A．设备合理而严密的布局　　B．整套设备的运行精度

C．单台设备重现制造精度　　D．最终形成的生产能力

E．各独立设备的位置精度

10. 设备安装的偏差及方向在技术文件无规定时，确定的原则有（　　）。

A．有利于抵消设备安装的积累误差

B．有利于抵消设备附属件安装后重量的影响

C．有利于抵消设备运转时产生作用力的影响

D．有利于抵消零部件磨损的影响

E．有利于抵消摩擦面间油膜的影响

【答案与解析】

一、单项选择题

1．D；　2．B；　3．C；　4．B；　*5．D；　*6．C；　7．A；　8．B；
*9．A；　10．D；　11．A；　12．B；　13．C；　14．B；　*15．D；　*16．B；
17．B；　18．C；　19．D；　*20．B

【解析】

5．答案D

设备基础混凝土强度的验收要求：基础施工单位应提供设备基础质量合格证明文件，主要检查验收其混凝土配合比、混凝土养护及混凝土强度是否符合设计要求，如果对设备基础的强度有怀疑时，可请有检测资质的工程检测单位，采用回弹法或钻芯法等对基础的强度进行复测。

6．答案C

工业设备往往存在工艺流程的生产线，设备相互之间存在紧密的联系，若存在标高或中心线偏差较大，将会影响整个工艺线的安装质量，甚至无法安装，对投产后的生产也会带来较大影响。因此安装时均应以全厂确定的基准线和基准点进行测量。

9．答案A

因T形头地脚螺栓属于活动型地脚螺栓，可更换或可拆卸。要使螺栓在长期使用过程中不锈蚀、不损坏，和混凝土不粘连，便于更换或拆卸，安装前必须在螺栓光杆部分和基础板涂上防锈漆。

15．答案D

影响设备安装精度的因素有设备基础等8个方面，各个方面都有其主要的因素。本题涉及的是垫铁埋设、设备灌浆、测量误差、设备制造4个方面的因素。垫铁承受载荷的有效面积不够，或垫铁与基础、垫铁与垫铁、垫铁与设备之间接触不好，会造成设备固定不牢，引起安装偏差发生变化；选用的测量仪器和检测工具精度等级过低，划定的基准线、基准点实际偏差过大，会引起安装偏差发生变化；设备制造质量达不到设计要求，对安装精度产生最直接的影响，且多数此类问题无法现场处理，因而上述3项是正确的。设备灌浆对安装精度的影响主要是强度和密实度，因为灌浆的强度不够、不密实，会造成地脚螺栓和垫铁出现松动，引起安装偏差发生变化，而二次灌浆层的厚度发生偏差，不影响安装精度，不会引起安装偏差发生变化，因而不是影响设备安装精度的主要因素，D选项是错误的说法。

16．答案B

精度调整与检测是机械设备安装工程中关键的一环，直接影响到设备的安装质量。精度调整应根据设备技术文件或规范要求的精度等级，调整设备自身和相互位置状态，如设备的中心位置、水平度、垂直度、平行度等。精度检测是检测设备、零部件之间的相对位置误差，如垂直度、平行度、同轴度等。故选B。

20．答案B

机械设备安装通常仅在自重状态下进行，设备投入运行承载后，安装精度的偏差有的会发生变化。带悬臂转动机构的设备，受力后向下和向前倾斜，安装时就应控制悬臂轴水平度的偏差方向和轴线与机组中心线垂直度的方向，使其能补偿受力引起的偏差变化。本题安装带悬臂转动机构的设备时，使其悬臂轴上扬（B 选项），是控制悬臂轴水平度偏差方向的措施，设备承载受力后向下倾斜，起到控制悬臂轴水平度偏差方向的作用，是正确选项。而 A 选项（水平）、D 选项（向下倾斜）两项，起不到控制悬臂轴水平度偏差方向的作用，甚至还加大了悬臂轴水平度偏差方向。C 选项（向前倾斜）造成了加大设备轴线与机组中心线垂直度方向的偏差的相反作用，均是错误的做法。

二、多项选择题

1. C、D；　2. A、B；　*3. B、D、E；　4. A、C、D、E；
*5. A、C；　6. B、D、E；　7. A、D；　*8. A、C、E；
9. B、C、E；　10. B、C、D、E

【解析】

3. 答案 B、D、E

第一，地脚螺栓孔是用来安放设备地脚螺栓的，而设备是根据工艺布置图的要求位置安装，因此地脚螺栓的位置应满足安装位置的需要，地脚螺栓孔的中心位置是必须检查验收的。第二，地脚螺栓设计有一定长度要求，若太短，紧固螺栓的力矩达不到设计要求，设备运转是要出问题的，因此，地脚螺栓孔的深度也必须满足设计要求，所以验收时地脚螺栓孔的深度也很重要。第三，安装好的地脚螺栓必须垂直于设备底座，否则，紧固地脚螺栓时螺母与底座成线接触，达不到紧固的要求。同时，螺栓紧固时还可能因螺栓的歪斜造成设备底座的位移，给安装质量带来影响。而螺栓的歪斜往往是因为孔壁铅垂度出了问题。所以，验收时孔壁铅垂度也很重要。而混凝土强度和标高，在整体基础验收时已重点验收了，这里不属于重点验收内容。

5. 答案 A、C

滑动轴承装配时应重点检查滑动轴承的侧间隙和顶间隙，轴颈与轴瓦的侧向间隙可用塞尺检查，单侧间隙应为顶间隙的 1/2～2/3，轴颈和轴瓦的顶间隙可用压铅法检查，铅丝直径不宜大于顶间隙的 3 倍，顶间隙计算值应符合《机械设备安装工程施工及验收通用规范》GB 50231—2009 的规定。

8. 答案 A、C、E

解体设备的装配精度包括各运动部件之间的相对运动精度、配合面之间的配合精度和接触质量。现场组装大型设备各运动部件之间的相对运动精度包括直线运动精度、圆周运动精度、传动精度等，而配合间隙、过盈量属于配合面之间的配合精度和接触质量。

4.2　工业管道施工技术

复习要点

主要内容：工业管道种类与施工程序；工业管道施工技术要求；管道工厂化预制技术；管道系统试压与吹洗技术。

知识点1. 工业管道的种类

按管道材质分类，按管道设计压力分类，按管道输送介质的设计温度分类，按管道输送介质的性质分类。

知识点2. 工业管道安装的施工程序

知识点3. 工业管道施工技术要求

工业管道的基本识别色、识别符号和危险标识，工业金属管道安装前的检验，金属管道加工、安装技术要点。

知识点4. 管道工厂化预制技术

知识点5. 管道试验前应具备的条件

知识点6. 管道压力试验技术

知识点7. 管道液压试验的试验压力计算

知识点8. 管道气压试验

知识点9. 管道泄漏性试验和真空度试验

知识点10. 管道吹扫和清洗技术

知识点11. 大管道闭式循环冲洗技术

一 单项选择题

1. 工业管道以设计压力为主要参数进行分级，当设计压力 P 为16MPa时，属于（　　）。

A．低压管道　　B．中压管道

C．高压管道　　D．超高压管道

2. 管道安装前对管道元件及材料的检查要求必须具有制造厂的（　　）。

A．质量保证手册　　B．质量体系文件

C．质量认证文件　　D．质量证明文件

3. 工作温度150℃的工业管道属于（　　）。

A．低温管道　　B．常温管道

C．中温管道　　D．高温管道

4. 材质为不锈钢的管道元件和材料，在运输及储存期间不得与（　　）接触。

A．聚丙烯　　B．低合金钢

C．有色金属　　D．有机硅

5. 不锈钢阀门试验时，水中的氯离子含量不得超过（　　）。

A．100ppm　　B．75ppm

C．50ppm　　D．25ppm

6. 管道与机械设备连接前，应在自由状态下检验法兰的（　　）。

A．垂直度和同轴度　　B．平行度和同心度

C．凹凸度和同心度　　D．垂直度和平行度

7. 大型储罐的管道与有独立基础的水泵连接，其紧前工序是（　　）。

A．充水试验　　B．基础验收

C．焊接检验　　D．外形尺寸检查

8．工业管道的阀门安装前，其安装方向确定的依据是（　　）。

A．介质流量　　B．介质流向

C．介质流速　　D．介质种类

9．蒸汽管道每段管道的最低点要设置（　　）。

A．补偿器　　B．防振装置

C．排水装置　　D．放气装置

10．蒸汽管道每段管道的最高点要设置（　　）。

A．补偿器　　B．防振装置

C．排水装置　　D．放气装置

11．工业管道的基本识别色，淡灰色代表（　　）。

A．水蒸气　　B．空气

C．可燃液体　　D．酸

12．管道吹洗的顺序应按（　　）依次进行。

A．支管→主管→疏排管　　B．主管→支管→疏排管

C．疏排管→主管→支管　　D．疏排管→支管→主管

13．管道系统在试压前，管道上的膨胀节应按试验要求（　　）。

A．设置临时约束装置　　B．处于自然状态

C．进行隔离　　D．拆除

14．实行监督检验的管道元件，产品合格证一般包括的内容有（　　）。

A．规格型号　　B．材料化学成分

C．热处理状态　　D．耐腐蚀性能

15．GC1 级非导磁性材料压力管道的管子，使用前应进行的检测是（　　）。

A．外表面磁粉检测　　B．渗透检测

C．射线检测　　D．超声波检测

16．可以使用硬印标记的管材是（　　）。

A．低合金钢　　B．低温用钢

C．不锈钢　　D．有色金属

17．镀锌钢管宜采用的切割方法是（　　）。

A．钢锯切割　　B．火焰切割

C．等离子切割　　D．电弧切割

18．进行设计压力为 5MPa 的管道系统法兰热态紧固，系统最大内压为（　　）。

A．0.3MPa　　B．0.5MPa

C．0.8MPa　　D．1.0MPa

二　多项选择题

1．工作温度为 420℃的管道系统，其热态紧固的做法，正确的有（　　）。

A．在管道温度达到 350℃时进行第一次紧固

B．在管道温度达到工作温度后进行第二次紧固
C．第二次紧固应在管道达到工作温度后立即进行
D．热紧固时，管道内必须完全卸压至常压
E．热紧固时，螺栓应对称拧紧至要求力矩

2．实行监督检验的管道元件，产品合格证一般包括的内容有（　　）。
A．产品名称　　B．材料化学成分
C．规格型号　　D．执行标准
E．焊接接头力学性能

3．管道采用螺纹连接时，做法正确的有（　　）。
A．进行密封焊的螺纹接头应使用螺纹保护剂
B．垫片密封的直螺纹接头，直螺纹上不应缠绕任何填料
C．直螺纹接头与主管焊接时，不得出现密封面变形现象
D．拧紧螺纹接头时，不得将密封材料挤入管内
E．垫片密封的直螺纹接头，在拧紧和安装后，不得产生任何扭矩

4．根据《工业管道的基本识别色、识别符号和安全标识》GB 7231—2003，工业管道的识别符号组成内容有（　　）。
A．使用性能　　B．物质名称
C．介质流向　　D．工艺参数
E．安全图例

5．管道与动设备最终连接时，监视动设备的位移，应在联轴器上架设（　　）。
A．百分表　　B．游标卡尺
C．千分表　　D．螺旋测微器
E．钢板尺

6．管道进行压力试验前应将待试管道上的（　　）拆下或加以隔离。
A．调节阀　　B．安全阀
C．闸阀　　D．爆破板
E．仪表元件

7．管道气压试验可以根据输送介质的要求，以选用（　　）。
A．空气　　B．氮气
C．氧气　　D．天然气
E．CO

8．管道采用法兰连接时，正确的有（　　）。
A．法兰密封面及密封垫片不得有划痕、斑点等缺陷
B．大直径密封垫片需要拼接时，应采用平口对接
C．法兰螺栓孔应跨中布置
D．法兰连接应与钢制管道同心，螺栓应能自由穿入
E．法兰连接应使用同一规格螺栓，螺栓应对称紧固

【答案与解析】

一、单项选择题

1. C；　*2. D；　3. C；　4. B；　5. D；　6. B；　*7. A；　8. B；
*9. C；　10. D；　11. B；　12. B；　*13. A；　14. A；　15. B；　16. A；
17. A；　18. A

【解析】

2. 答案 D

管道元件及材料应具有合格的制造厂产品质量证明文件，质量证明文件是管道元件及材料符合入场的基本条件之一。不需要检查制造厂的质量保证手册、质量体系文件和质量认证文件。

7. 答案 A

大型储罐的管道与泵或其他有独立基础的设备连接最重要的质量隐患是储罐基础发生沉降。因此，规范规定了大型储罐的管道与泵或其他有独立基础的设备连接应在储罐液压（充水）试验合格后安装。目的是经过这个过程，储罐基础沉降完成，避免了安装后由于基础沉降甚至不均匀沉降，致使已连接的管道发生位移、变形等质量损害事件。正确选项是 A。

9. 答案 C

蒸汽管道的坡度与介质流向相同，以避免噪声。每段管道最低点要设排水装置，最高点应设放气装置，二者不能混淆。

13. 答案 A

管道膨胀节是利用有效伸缩变形来吸收由于热胀冷缩等原因而产生的变形的补偿装置，在对系统进行压力试验时，试验压力比正常运行压力大，很容易损坏膨胀节，所以，为了防止试压过程中膨胀节过度伸缩超出极限范围造成损坏，要对膨胀节做临时约束。

二、多项选择题

1. A、B、E；　2. A、C、D；　3. B、C、D、E；　4. B、C、D；
*5. A、C；　6. B、D、E；　*7. A、B；　8. A、C、D、E

【解析】

5. 答案 A、C

管道与动设备最终连接时，监视动设备的位移，应在联轴器上架设百分表。一般来说，允许的位移量都是微米级的，所以，千分表也能用于此处的测量，而且更加准确。游标卡尺和螺旋测微器都是测量工件几何尺寸的量具，不能用于测量位移。钢板尺的精度过低，不能用于测量微米级的位移。

7. 答案 A、B

根据管道输送介质的要求，气压试验应选用空气或惰性气体作为介质进行压力试验，因此，通常试验选用的气体为干燥洁净的空气、氮气或其他不易燃和无毒的气体。而氧气、天然气、CO 为可燃和有毒的气体，因此不能选用。

4.3 电气装置安装技术

复习要点

主要内容：变配电装置安装技术；电动机设备安装技术；输配电线路施工技术；防雷与接地装置施工技术。

知识点1．变压器运输与就位

（1）变压器在装卸和运输过程中，不应有严重冲击和振动。

（2）变压器吊装时，索具必须检查合格，钢丝绳必须挂在油箱的吊钩上，变压器顶盖上部的吊环仅作吊芯检查用，严禁用此吊环吊装整台变压器。

知识点2．变压器交接试验

（1）绝缘油试验或 SF_6 气体试验。

（2）测量绕组连同套管的直流电阻。

（3）检查所有分接的电压比。

（4）检查变压器的三相连接组别。

（5）测量铁芯及夹件的绝缘电阻。

（6）测量绕组连同套管的绝缘电阻、吸收比。

（7）绕组连同套管的交流耐压试验。

（8）额定电压下的冲击合闸试验。

（9）检查变压器的相位。

知识点3．变压器送电前的检查及试运行

知识点4．配电装置柜体的安装要求

柜体安装垂直度允许偏差不应大于1.5‰，相互间接缝不应大于2mm，成列盘面偏差不应大于5mm。

知识点5．配电装置试验及调整要求

知识点6．配电装置送电运行验收

知识点7．电动机安装前的检查

知识点8．电动机安装与接线

知识点9．电动机试运行

知识点10．架空线路施工程序

线路测量→基础施工→杆塔组立→放线架线→导线连接→线路试验→竣工验收检查。

知识点11．架空线路施工内容

（1）线路测量。

（2）基础施工。

（3）杆塔施工。

（4）放线架线。

（5）导线连接。

（6）线路试验。

（7）竣工验收。

知识点 12. 电缆线路敷设要求

（1）直埋电缆敷设要求。

（2）排管电缆敷设要求。

（3）电缆沟内电缆敷设要求。

知识点 13. 电缆线路绝缘电阻测量和耐压试验

知识点 14. 防雷措施

（1）输电线路的防雷措施。

（2）发电厂和变电站的防雷措施。

（3）工业建筑物和构筑物防雷措施。

知识点 15. 接闪器安装要求与试验

知识点 16. 接地装置的安装要求

（1）接地极安装。

（2）接地线安装。

一　单项选择题

1. 充氮气的变压器在运输过程中应保持正压的气体压力应为（　　）。
   A．0.01～0.03MPa　　B．0.03～0.06MPa
   C．0.06～0.09MPa　　D．0.09～0.12MPa
2. 进入变压器油箱内部，进行器身检查的要求是（　　）。
   A．油箱内含氧量达到 5%　　B．油箱内含氧量达到 10%
   C．油箱内含氧量达到 15%　　D．油箱内含氧量达到 20%
3. 分接电压比小于 3 的 10kV 变压器，电压比允许偏差应为（　　）。
   A．±1.0%　　B．±3.0%
   C．±5.0%　　D．±10.0%
4. 110kV 电力变压器新装注油后，可以进行耐压试验的是（　　）。
   A．静置了 5h　　B．静置了 6h
   C．静置了 10h　　D．静置了 12h
5. 装有电器的配电柜门与柜体框架可靠连接的导线最小应采用（　　）。
   A．2.5mm^2 裸铜软线　　B．4.0mm^2 裸铜软线
   C．6.0mm^2 裸铜软线　　D．10.0mm^2 裸铜硬线
6. 下列试验项目中，SF_6 气体断路器不需要试验的项目有（　　）。
   A．关断能力试验　　B．绝缘油试验
   C．峰值耐受电流　　D．含水率检查
7. 下列整定内容，属于配电装置过电流保护整定的是（　　）。
   A．合闸元件整定　　B．温度元件整定
   C．方向元件整定　　D．时间元件整定
8. 下列检查内容，不属于开关柜送电前检查的内容是（　　）。
   A．开关柜的型号、规格　　B．开关柜的电器接线

C．开关柜的机械联锁 D．开关柜的接地装置

9．测量10kV电动机的绝缘电阻应使用（ ）。

A．250V兆欧表 B．500V兆欧表

C．1000V兆欧表 D．2500V兆欧表

10．在电动机干燥中测量温度，不允许使用的温度计是（ ）。

A．酒精温度计 B．电阻温度计

C．水银温度计 D．温差热电偶

11．下列检查内容中，属于电动机运行中检查的内容是（ ）。

A．接地线是否连接可靠 B．联轴器安装是否良好

C．电动机转向是否正确 D．电动机温度是否过热

12．下列钢筋混凝土电杆检查中，合格的是（ ）。

A．电杆纵向裂缝宽度0.01mm B．电杆横向裂缝宽度0.03mm

C．电杆纵向裂缝宽度0.05mm D．电杆横向裂缝宽度0.06mm

13．关于架空导线的连接要求，错误的是（ ）。

A．不同绞制方向的架空导线严禁在一个耐张段内连接

B．架空导线的连接应使用配套接续管及耐张线夹进行

C．架空地线的连接强度应与架空导线连接强度相对应

D．液压握着强度不得小于导线设计使用拉断力的90%

14．下列压接方法中，架空线的压接不能采用（ ）。

A．钳压连接 B．液压连接

C．敲压连接 D．爆压连接

15．在人行道下直接敷设电缆的埋深应不小于（ ）。

A．0.5m B．0.7m

C．0.9m D．1.0m

16．关于400m长度的电力电缆采用机械施放的说法，错误的是（ ）。

A．不得把电缆放在地上拖拉 B．一般速度不超过25m/min

C．牵引头应加装钢丝套牵引 D．可直接绑住电缆线芯牵引

17．电缆线路在进行直流耐压试验的同时，应在高压侧测量三相（ ）。

A．额定电流 B．空载电流

C．泄漏电流 D．试验电流

18．220kV电压等级输电线路应全线装设（ ）。

A．接闪器 B．接闪针

C．接闪线 D．双接闪线

19．变电站限制入侵雷电波的过电压幅值是采用（ ）。

A．接闪针 B．接闪线

C．接闪器 D．接闪带

20．关于金属储罐设备防静电的接地要求，错误的是（ ）。

A．应单独与接地干线相连 B．可采用共用接地装置

C．连接螺栓不应小于M10 D．接地线可以串联连接

二　多项选择题

1. 关于变压器送电试运行的说法，正确的有（　　）。
   A. 变压器第一次投入时可全压冲击合闸
   B. 变压器应进行 5 次空载全压冲击合闸
   C. 第一次受电的持续时间不应少于 10min
   D. 变压器试运行要注意短路电流和空载电流
   E. 变压器空载运行 12h 后方可投入负荷运行
2. 成套配电装置开箱检查应注意的事项有（　　）。
   A. 设备型号、规格符合设计要求
   B. 柜内绝缘瓷瓶无损伤和裂纹
   C. 安装说明及技术文件应齐全
   D. 电器设备和元件均应有合格证
   E. 有关键部件制造许可证原件
3. 高压真空开关的试验内容有（　　）。
   A. 关断能力试验　　B. 机械试验
   C. 漏电试验　　D. 温升试验
   E. 峰值耐受电流试验
4. 电动机干燥时，要定时测定并记录的参数有（　　）。
   A. 绝缘电阻　　B. 绕组温度
   C. 电源电压　　D. 电源电流
   E. 电源功率
5. 下列测量项目中，交流电动机需要测量的项目有（　　）。
   A. 吸收比的测量　　B. 泄漏电流测量
   C. 空载电流测量　　D. 励磁电流测量
   E. 直流电阻测量
6. 机电工程中，电缆排管施工的要求有（　　）。
   A. 排管孔径不应小于 80mm
   B. 排管通向井坑应有不小于 0.1% 的坡度
   C. 排管顶部距地面不宜小于 0.5m
   D. 在排管转弯处设置排管电缆井
   E. 在排管分支处设置排管电缆井
7. 10kV 电缆线路敷设后的电缆绝缘电阻测量方法，正确的有（　　）。
   A. 使用 2500V 兆欧表测量　　B. 测量前将电缆接地放电
   C. 放电时间不得少于 1min　　D. 测量时间应不少于 10min
   E. 测量后电缆应再次接地放电
8. 机电工程中，接闪器的试验内容有（　　）。
   A. 测量接闪器的直流电阻

B．测量接闪器的泄漏电流

C．测量磁吹接闪器的交流电导电流

D．测量金属氧化物接闪器的持续电流

E．测量金属氧化物接闪器的工频参考电压

9．在火灾危险环境中的电气设备，其接地要求有（　　）。

A．电气设备的金属外壳应可靠接地

B．接地干线应采用铜芯绝缘导线

C．接地支线的最小截面应为 1.5mm^2

D．接地干线应有两处与接地体连接

E．接闪针的接地应与电气接地合并

10．金属储罐等防静电的接地要求有（　　）。

A．防静电的接地装置应单独设置

B．接地线应单独与接地干线相连

C．接地线的连接螺栓不应小于 M10

D．防静电的接地装置可共同设置

E．并列防静电接地可以串联连接

【答案与解析】

一、单项选择题

1．A；　*2．D；　3．A；　*4．D；　5．B；　6．B；　7．D；　*8．A；　9．D；　*10．C；　11．D；　12．B；　13．D；　14．C；　15．B；　16．B；　*17．C；　18．D；　19．C；　20．D

【解析】

2．答案 D

进行器身检查时，当油箱内的含氧量未达到 18% 以上时，人员不得进入。内检过程中，必须向箱体内持续补充干燥空气，以保持含氧量不得低于 18%，相对湿度不应大于 20%。进入油箱内部检查应以制造厂服务人员为主，现场施工人员配合；进行内检的人员不宜超过 3 人，内检人员应明确内检的内容、要求及注意事项。

4．答案 D

电力变压器新装注油以后，大容量变压器必须经过静置 12h 以上才能进行耐压试验。10kV 以下小容量的变压器，一般静置 5h 以上才能进行耐压试验。

8．答案 A

开关柜送电前的检查包括：

（1）检查开关柜内电器设备和接线是否符合图纸要求，线端是否标有编号，接线是否整齐。

（2）检查所安装的电器设备接触是否良好。

（3）检查机械联锁的可靠性。

（4）检查抽出式组件动作是否灵活。

（5）检查开关柜的接地装置是否牢固，有无明显标志。

（6）检查开关柜的安装是否符合要求。

（7）检查并试验所有表计及继电器动作是否正确。

10．答案 C

电动机干燥时的烘干温度缓慢上升，一般每小时的温升控制在 5～8℃；干燥中要严格控制温度，在规定范围内，干燥最高允许温度应按绝缘材料的等级来确定，一般铁芯和绕组的最高温度应控制在 70～80℃。干燥时不允许用水银温度计测量温度，应用酒精温度计、电阻温度计或温差热电偶。

17．答案 C

在进行直流耐压试验的同时，用接在高压侧的微安表测量三相泄漏电流。三相泄漏电流最大不对称系数一般不大于 2。对于 10kV 及以上的电缆，若泄漏电流小于 20μA，其三相泄漏电流最大不对称系数不作规定。

二、多项选择题

*1．A、B、C；　*2．A、B、C、D；　3．A、B、D、E；　4．A、B、C、D；
5．B、C、D、E；　6．B、D、E；　7．A、B、C、E；　*8．B、C、D、E；
9．A、D；　10．B、C、D

【解析】

1．答案 A、B、C

变压器送电试运行：变压器第一次投入时，可全压冲击合闸，冲击合闸宜由高压侧投入。变压器应进行 5 次空载全压冲击合闸，应无异常情况；第一次受电后，持续时间不应少于 10min；全电压冲击合闸时，励磁涌流不应引起保护装置的误动作。变压器试运行要注意冲击电流，空载电流，一、二次电压及温度，并做好试运行记录。变压器空载运行 24h，无异常情况，方可投入负荷运行。

2．答案 A、B、C、D

成套配电装置开箱检查应注意事项：设备和部件的型号、规格、柜体几何尺寸应符合设计要求。柜内电器及元部件、绝缘瓷瓶齐全，无损伤和裂纹等缺陷。安装说明及技术文件应齐全。所有的电器设备和元件均应有合格证。关键或贵重部件应有产品制造许可证的复印件。

8．答案 B、C、D、E

接闪器的试验内容包括：测量接闪器的绝缘电阻；测量接闪器的泄漏电流、磁吹接闪器的交流电导电流、金属氧化物接闪器的持续电流；测量金属氧化物接闪器的工频参考电压或直流参考电压，测量 FS 型阀式接闪器的工频放电电压。

4.4　自动化仪表工程安装技术

复习要点

主要内容： 自动化仪表设备安装技术；自动化仪表管线施工技术；自动化仪表系统调试要求。

知识点1．取源部件安装要求

温度取源部件、压力取源部件、流量取源部件、物位取源部件、分析取源部件安装要求。

知识点2．仪表设备安装要求

温度检测仪表安装、压力检测仪表安装、流量检测仪表安装、物位检测仪表安装、机械量检测仪表安装、成分分析和物性检测仪表安装以及执行器安装的相关要求。

知识点3．控制仪表和综合控制系统设备安装

控制仪表和综合控制系统设备安装前条件、安装过程及安装就位后保证产品要求的供电条件、温度和湿度，保持室内清洁要求。

知识点4．自动化仪表线路施工要求

仪表线路施工的一般要求；电缆导管安装，电缆、电线及光缆敷设，仪表配线，爆炸和火灾危险环境的仪表线路及仪表设备安装内容。

知识点5．自动化仪表管路施工要求

仪表管路施工的一般要求，测量管道安装，气动信号管道安装，气源管道安装，盘、柜、箱内仪表管道安装，仪表管路管道试验要求。

知识点6．仪表设备接地要求

热工仪表设备接地、DCS系统接地要求。

知识点7．自动化仪表调试的一般要求

仪表在安装前要求，仪表试验的电源电压，仪表试验的气源，校准和试验用的标准仪器仪表，仪表工程在系统投用前的回路试验，仪表校准和试验的条件、项目、方法要求及单台仪表的校准点。

知识点8．单台仪表的校准和试验要求

涉及数字式显示仪表，浮筒式液位计，称重仪表及其传感器，测量位移、振动、转速等机械量的仪表，控制阀和执行机构的试验，分析仪表、单元组合仪表及组装式仪表、单台仪表校准和试验，变送器及转换器的内容要求。

知识点9．仪表电源设备试验

电源设备的带电部分与金属外壳之间的绝缘电阻；对电源设备进行输出特性检查：不间断电源应进行自动切换性能试验。

知识点10．综合控制系统的试验

综合控制系统应在回路试验和系统试验前，在控制室内对系统本身进行试验。

知识点11．回路试验和系统试验

检测回路试验、控制回路试验、报警系统试验、程序控制系统和联锁系统试验的内容。

一 单项选择题

1. 自动化仪表中的取源部件不包括（　　）。

A．温度取源部件　　B．压力取源部件

C．电流取源部件　　D．流量取源部件

2. 锅炉设备上的压力取源部件装配时段是（　　）。

A．制造时安装　　B．组装时安装

C．清洗后安装　　D．试压后安装

3. 下列管道上的取源部件安装，错误的是（　　）。

A．用机械加工的方法在管道上开孔

B．取源阀门与管道连接用焊接接头

C．在焊缝及其边缘上开孔和焊接

D．取源部件与管道同时进行压力试验

4. 有毒气体检测器安装位置确定的根据是（　　）。

A．所测气体的性质　　B．所测气体的密度

C．所测环境的温度　　D．所测环境的风速

5. 直接安装在管道上的自动化仪表，宜在（　　）。

A．管道吹扫后、压力试验后安装

B．管道吹扫前、压力试验前安装

C．管道吹扫前、压力试验后安装

D．管道吹扫后、压力试验前安装

6. 分析取源部件的安装位置应选在（　　）能灵敏反映真实成分变化和取得具有代表性的分析样品的位置。

A．压力稳定　　B．流束变化

C．压力变化　　D．流束稳定

7. 分析取源部件在水平和倾斜的管道上安装的方位与（　　）的要求相同。

A．物位取源部件　　B．温度取源部件

C．压力取源部件　　D．流量取源部件

8. 涡轮流量计的信号线应采用的线缆是（　　）。

A．塑铜线　　B．屏蔽线

C．控制电缆　　D．裸铜线

9. 仪表电缆线路敷设前应进行绝缘测试，其绝缘电阻值（　　）。

A．不应小于 0.5MΩ　　B．不应小于 1MΩ

C．不应小于 2MΩ　　D．不应小于 5MΩ

10. 自动化工程的工作仪表精度等级是 1.0 级，校准仪表的精度等级应是（　　）。

A．1.5 级　　B．1.0 级

C．0.5 级　　D．0.2 级

11. 下列仪表管道的弯曲半径，错误的是（　　）。

A．高压钢管的弯曲半径宜大于管子外径的 5 倍

B．不锈钢管的弯曲半径宜大于管子外径的 3 倍

C．紫铜管的弯曲半径宜大于管子外径的 3.5 倍

D．塑料管的弯曲半径宜大于管子外径的 4.5 倍

12. 单台仪表的校准点应在仪表全量程范围内均匀选取，一般不应少于（　　）。

A．3 点　　B．4 点

C．5点　　D．6点

13. 下列管道材质，不能用于气动信号管道的是（　　）。

A．不锈钢管　　B．紫铜管

C．镀锌钢管　　D．尼龙管

14. 下列物位取源部件安装，描述正确的是（　　）。

A．双室平衡容器应垂直安装

B．单室平衡容器应水平安装

C．静压液位计取源部件的安装应在液体进、出口附近

D．重锤料位计取源部件的安装应在容器中心位置

二 多项选择题

1. 关于取源部件安装的要求，正确的有（　　）。

A．在高压管道上开孔采用机械加工的方法

B．在焊缝及其边缘上开孔及焊接取源部件

C．取源阀门与设备的连接采用卡套式接头

D．管道上安装的取源部件应露出绝热层外

E．把管道上的取源部件取下进行压力试验

2. 关于流量取源部件安装的要求，正确的有（　　）。

A．取压孔的直径为8mm

B．上、下游侧取压孔直径相等

C．取压孔轴线与管道轴线垂直相交

D．上游侧取压孔与孔板距离为16mm

E．下游侧取压孔与孔板距离为16mm

3. 关于气源管道的安装要求，正确的有（　　）。

A．气源管道可采用镀锌钢管

B．气源管道可采用无缝钢管

C．气源管道末端和集液处应有排气阀

D．水平干管上的支管引出口应在干管的下方

E．气源系统吹扫顺序，先吹总管，再吹干管、支管及接至各仪表的管道

4. 下列自动化仪表线路的敷设，正确的有（　　）。

A．敷设在高温管道上方200mm

B．与排水管道之间距离150mm

C．与绝热的设备之间距离300mm

D．与管道绝热层之间距离200mm

E．敷设在腐蚀性液体管道下方300mm

5. 关于仪表线路安装的要求，正确的有（　　）。

A．补偿导线中间有接头时，应采用压接

B．线路不得敷设在强磁场和强静电场干扰的位置

C. 当线路周围环境温度超过 85℃时应采取隔热措施

D. 同轴电缆和高频电缆中间有接头时，应采用压接或焊接方式

E. 线路不得敷设在易受机械损伤、腐蚀性物质排放、潮湿的位置

6. 下列测量管道的安装，正确的有（　　）。

A. 在管道的集气处安装排液装置

B. 薄壁测量管道严禁使用钢印作标识

C. 测量管道与工艺管道距离不得小于 150mm

D. 测量管道水平敷设有 1：100～1：10 的坡度

E. 测量管道与高温设备连接应采取热膨胀补偿措施

7. DCS 系统的接地包括（　　）。

A. 系统电源接地　　B. 信号屏蔽接地

C. 机柜安全接地　　D. 线路重复接地

E. 系统防雷接地

8. 适用于浮筒式液位计校准的方法有（　　）。

A. 干校法　　B. 湿校法

C. 直观法　　D. 补偿法

E. 差压法

9. 回路试验和系统试验的内容包括（　　）。

A. 检测回路试验　　B. 控制回路试验

C. 报警系统试验　　D. 仪表电源设备的试验

E. 单台仪表设备的校准和试验

【答案与解析】

一、单项选择题

1. C；　2. A；　3. C；　*4. B；　*5. D；　6. A；　7. C；　8. B；
9. D；　10. D；　11. B；　12. C；　13. C；　14. A

【解析】

4. 答案 B

有毒气体检测器的安装位置应根据所测气体的密度确定，其密度大于空气时，检测器应安装在距地面 200～300mm 处，其密度小于空气时，检测器应安装在泄漏区域的上方。

5. 答案 D

直接安装在管道上的自动化仪表，宜在管道吹扫后安装，当必须与管道同时安装时，在管道吹扫前应将仪表拆下。直接安装在设备或管道上的仪表在安装完毕后应进行压力试验。

二、多项选择题

*1. A、D；　*2. A、B、C；　3. A、B、E；　4. B、C、D；
5. A、B、E；　6. B、D、E；　*7. A、B、C；　8. A、B；

9. A、B、C

【解析】

1. 答案A、D

取源部件安装的一般规定：

（1）在高压、合金钢、有色金属设备和管道上开孔时，应采用机械加工的方法。

（2）安装取源部件时，不应在设备或管道的焊缝及其边缘上开孔及焊接。

（3）取源阀门与设备或管道的连接不宜采用卡套式接头。

（4）当设备及管道有绝热层时，安装的取源部件应露出绝热层外。

（5）取源部件安装完毕后，应与设备和管道同时进行压力试验。

2. 答案A、B、C

本题考查流量取源部件的安装要求。孔板或喷嘴采用单独钻孔的角接取压时，应符合下列要求：上、下游侧取压孔轴线，分别与孔板或喷嘴上、下游侧端面间的距离，应等于取压孔直径的1/2；取压孔的直径宜为4～10mm，上、下游侧取压孔直径应相等；取压孔轴线应与管道轴线垂直相交。

7. 答案A、B、C

DCS系统的接地有三部分：系统电源接地、信号屏蔽接地、机柜安全接地，在DCS机柜内安装有三块接地铜排，分别与三个接地对应。三根铜排在DCS系统内互相绝缘。每根铜排要求各自独立连接到电气全厂接地网上，中间无其他系统的地线接入。

4.5　防腐蚀工程施工技术

复习要点

主要内容：防腐蚀措施和施工方法；设备及管道防腐蚀施工技术。

知识点1. 金属腐蚀的分类和特点

（1）按腐蚀的破坏形式，金属腐蚀可以分为全面腐蚀、局部腐蚀。

（2）按腐蚀的机理，金属腐蚀可以分为化学腐蚀、电化学腐蚀、物理腐蚀。

知识点2. 金属材料防腐蚀措施

（1）介质处理：改变介质的腐蚀性；添加缓蚀剂。

（2）覆盖层：涂料涂层；金属涂层；衬里。

（3）电化学保护。

（4）添加缓蚀剂。

知识点3. 防腐蚀施工方法

（1）表面处理：清洗（化学处理）、动力除锈、喷（抛）射除锈、酸洗等。

（2）各种表面处理的要点。

（3）涂料涂层防腐施工方法：刷涂法；滚涂法；空气喷涂法；高压无气喷涂法。

知识点4. 金属涂层防腐施工方法

知识点 5. 衬里防腐施工方法

块材衬里；纤维增强塑料衬里；橡胶衬里；塑料衬里；铅衬里；氯丁乳胶水泥砂浆衬里。

知识点 6. 阴极保护施工方法

强制电流阴极保护系统；牺牲阳极阴极保护系统。

知识点 7. 设备及管道防腐蚀施工技术

（1）防腐蚀施工的基本要求。

（2）地上设备及管道涂层施工。

（3）衬里施工。

一 单项选择题

1. 下列腐蚀类别中，属于按照金属腐蚀的机理分类的是（　　）。
   A. 高温腐蚀　　B. 大气腐蚀
   C. 化学腐蚀　　D. 土壤腐蚀
2. 下列通过介质处理降低设备腐蚀的做法，错误的是（　　）。
   A. 除去介质中促进腐蚀的有害成分
   B. 调节介质的 pH 值
   C. 降低介质的湿度
   D. 减少介质的流量
3. 防腐蚀的覆盖层常采用的形式不包括（　　）。
   A. 涂料涂层　　B. 金属涂层
   C. 隔热保温层　　D. 衬里
4. 宜选择采用阳极保护技术的金属设备是（　　）。
   A. 磷酸储罐　　B. 蒸汽管网
   C. 硫酸设备　　D. 石油管道
5. 盛放熔融锌的钢容器被腐蚀，这种腐蚀称为（　　）。
   A. 化学腐蚀　　B. 电化学腐蚀
   C. 物理腐蚀　　D. 局部腐蚀
6. 适用于面积较小且不规则设备的涂装方法是（　　）。
   A. 高压无气喷涂　　B. 空气喷涂
   C. 刷涂　　D. 滚涂
7. 选用空气喷涂法进行防腐施工，该方法的缺点在于（　　）。
   A. 涂料利用率低　　B. 适用于各种涂料
   C. 涂层光滑平整度好　　D. 涂层厚度均匀
8. 输送硫酸的管道常采用的衬里是（　　）。
   A. 块材衬里　　B. 塑料衬里
   C. 橡胶衬里　　D. 铅衬里
9. 强制电流阴极保护系统施工时，其阳极四周应填充（　　）。

A．沙土　　B．焦炭

C．碎石　　D．木屑

10．采用牺牲阳极阴极保护系统，其牺牲阳极不能采用（　　）。

A．铜与铜合金阳极　　B．镁与镁合金阳极

C．锌与锌合金阳极　　D．镁锌复合式阳极

11．橡胶衬里不包括（　　）。

A．预硫化橡胶衬里　　B．免硫化橡胶衬里

C．自然硫化橡胶衬里　　D．加热硫化橡胶衬里

12．不适宜作金属热喷涂热源的是（　　）。

A．电弧　　B．等离子弧

C．过热蒸汽　　D．燃烧火焰

13．下列选项中，不符合采用敞开式喷射除锈要求的是（　　）。

A．相对湿度80%

B．基体表面温度高于现场露点温度3℃

C．要求除锈后的基体能呈现均匀粗糙面

D．密封面与基体一同进行喷射除锈处理

14．纤维增强塑料衬里施工时，其胶粘剂是（　　）。

A．树脂　　B．沥青

C．水泥砂浆　　D．水玻璃

15．铅衬里不适于的场合是（　　）。

A．常压设备

B．温度较低状态下工作的设备

C．真空操作的设备

D．静载荷作用下工作的设备

16．管道防腐蚀施工的基本要求，不正确的是（　　）。

A．施工环境温度宜为10～30℃

B．相对湿度不宜大于90%

C．被涂覆的基体表面温度应比露点温度高3℃

D．按照规定的时间养护后方可交付使用

17．高压无气喷涂，漆膜产生流挂的原因是（　　）。

A．喷嘴与被喷面垂直　　B．喷嘴过小

C．压力过大　　D．枪嘴离被喷面太近

18．防腐质量检查时，干膜厚度的检测仪器是（　　）。

A．放大镜　　B．磁性测厚仪

C．拉力计　　D．电火花检测仪

19．块材衬里施工，操作不正确的是（　　）。

A．衬砌时，顺序应由低到高

B．阴角处立面块材应压住平面块材

C．阳角处立面块材应压住平面块材

D．一次衬砌的高度应以不变形为限

二　多项选择题

1. 按照金属腐蚀过程的机理，可以划分为（　　）。
   A．化学腐蚀　　B．电化学腐蚀
   C．土壤腐蚀　　D．高温腐蚀
   E．大气腐蚀
2. 下列纤维增强塑料衬里的操作，正确的有（　　）。
   A．手工糊制封底层自然固化时间不宜少于 12h
   B．手工糊制修补层自然固化时间不宜少于 24h
   C．间断法施工时，上一层固化 12h 后，应修整表面，再铺衬以下各层
   D．连续法施工时，平面 1 次连续铺衬的层数不宜超过 3 层
   E．连续法施工时，立面 1 次连续铺衬的层数不宜超过 4 层
3. 防腐工程中，阴极保护技术通常应用于（　　）。
   A．水下钢质管道　　B．埋地钢管
   C．管网　　D．储罐
   E．硫酸设备
4. 下列关于高压无气喷涂优点的说法，正确的有（　　）。
   A．无回弹　　B．污染小
   C．工作效率高　　D．适用于小面积防腐
   E．涂膜质量好
5. 喷射除锈能达到的质量等级有（　　）。
   A．Sa1 级　　B．Sa1.5 级
   C．Sa2 级　　D．Sa2.5 级
   E．Sa3 级
6. 阳极保护施工时，被保护的基体与电缆连接时宜选用（　　）。
   A．螺栓连接　　B．铝热焊
   C．锡焊　　D．铜焊
   E．铆接
7. 金属局部腐蚀的特点有（　　）。
   A．金属的表面比较均匀地减薄
   B．腐蚀发生在金属的某一特定部位
   C．阳极区与阴极区可以截然分开
   D．腐蚀次生产物在阴阳极交界的第三点形成
   E．金属表面的腐蚀允许有一定程度的不均匀性
8. 适合采用阴极保护进行防腐的有（　　）。
   A．原油长输管道　　B．城市热力管网
   C．硫酸存储设备　　D．厂区埋地冷却水管道

E．大型成品油储罐

9．强制电流阴极保护系统的组成有（　　）。

A．电源设备　　B．辅助阳极

C．牺牲阳极　　D．被保护管道

E．附属设施

【答案与解析】

一、单项选择题

1．C；　*2．D；　3．B；　4．C；　5．C；　6．C；　7．A；　*8．D；

9．B；　10．A；　11．B；　*12．C；　13．D；　14．A；　15．C；　16．B；

17．D；　18．B；　19．C

【解析】

2．答案 D

介质处理的内容包括：除去介质中促进腐蚀的有害成分、调节介质的 pH 值、改变介质的湿度，因为不符合规定的介质中促进腐蚀的有害成分、介质的 pH 值及介质的湿度均可能对基体产生腐蚀，与改变介质的流量与装置的工艺要求和产品处理量相关，不能为减少腐蚀而减产。故此题应选 D。

8．答案 D

硫酸是腐蚀性较强的化学物品，铅在常温下比较稳定，不会与硫酸起化学反应，也不会被腐蚀，而其他几个选项不能满足，故应选 D。

12．答案 C

所为金属热喷涂，即利用热源将丝状或粉末状的金属涂层材料加热到熔融或半熔融状态，然后借助焰流本身的动力或外加动力喷涂到经清洁后的基体表面，以达到防腐的效果。选项中，A、B、D 均可满足题意要求。而 C 选项的温度，显然不能满足熔化金属的条件，因此不宜作热源。

二、多项选择题

1．A、B；　2．B、D；　*3．B、C、D；　*4．A、B、C、E；

5．A、C、D、E；　6．B、D；　7．B、C、D；　8．A、B、D、E；

9．A、B、D、E

【解析】

3．答案 B、C、D

防腐材料和施工方法的选择，主要是根据基体及其所输送（储存）的物料性质、所处的环境、位置等选择。而本题中，A 选项水下钢质管道宜选用防腐层施工，如聚乙烯防腐层、环氧粉末防腐层等，E 选项硫酸设备宜选用阳极保护技术，而 B、C、D 选项则宜选用阴极保护技术。

4．答案 A、B、C、E

无气喷涂是目前涂料涂层较先进的喷涂技术，与空气喷涂比较，其优点很多，尤其是回弹情况和污染情况基本消失，工作效率大大优于空气喷涂技术，涂膜质量也好。

适宜于大面积防腐喷涂，小面积时，设备和管道内会残存涂料，用后还要及时清洗设备和管道，小面积防腐时选用该方法不合算。

4.6　绝热工程施工技术

复习要点

主要内容： 绝热结构和施工方法；设备及管道绝热施工技术。

知识点 1. 绝热结构组成

常用的绝热材料：保温材料和保冷材料。

保冷结构由保冷层、防潮层、保护层组成，保温结构由保温层、保护层组成。

知识点 2. 绝热层施工方法

嵌装层铺法、捆扎法、拼砌法、缠绕法、填充法、粘贴法、浇注法、喷涂法、涂抹法、可拆卸式绝热层、金属反射绝热结构等施工方法。

知识点 3. 防潮层施工方法

涂抹法、捆扎法。

知识点 4. 保护层施工方法

金属保护层安装方法和非金属保护层安装方法。

知识点 5. 设备和管道绝热施工的一般规定

知识点 6. 嵌装层铺法施工要求

知识点 7. 捆扎法施工要求

捆扎间距和捆扎方式。

知识点 8. 拼砌法施工要求

知识点 9. 缠绕法施工要求

拉紧、压缝、反向、搭接宽度。

知识点 10. 填充法施工要求

分层填充，层间应均匀、对称及每层填充高度宜为 400～600mm。

知识点 11. 粘贴法施工要求

知识点 12. 浇注法施工要求

知识点 13. 喷涂法施工要求

知识点 14. 涂抹法施工要求

知识点 15. 可拆卸式绝热层施工要求

知识点 16. 金属反射绝热结构施工要求

知识点 17. 伸缩缝及膨胀间隙的留设要求

伸缩缝留设要求、伸缩缝留设宽度要求、伸缩缝填充要求、膨胀间隙留设要求。

知识点 18. 防潮层施工要求

知识点 19. 保护层施工要求

一 单项选择题

1. 管廊上工艺管道保温结构的组成中一般不包括（　　）。
   A．防腐层　　B．保温层
   C．保护层　　D．防潮层
2. 能够阻止外部环境的热流进入，减少冷量损失，维持保冷功能的核心层是(　　)。
   A．防腐层　　B．保冷层
   C．防潮层　　D．保护层
3. 保温结构在埋地状况下需要增设（　　）。
   A．防锈层　　B．绝热层
   C．防潮层　　D．保护层
4. 属于保冷材料的是（　　）。
   A．复合硅酸盐制品　　B．岩棉制品
   C．泡沫玻璃制品　　D．矿渣棉制品
5. 适用于软质毡、板、半硬质板等各类绝热材料制品的施工方法是（　　）。
   A．捆扎法　　B．粘贴法
   C．浇注法　　D．填充法
6. 高温炉墙的保温采用（　　）施工。
   A．捆扎法　　B．粘贴法
   C．浇注法　　D．拼砌法
7. 需要使用模具的保温层施工方法是（　　）。
   A．喷涂法　　B．浇注法
   C．涂抹法　　D．拼砌法
8. 金属反射绝热结构主要采用的施工方法是（　　）。
   A．咬口连接　　B．螺栓连接
   C．粘接　　D．焊接
9. 捆扎法施工时，分层施工的内层宜采用的捆扎材料是（　　）。
   A．镀锌铁丝　　B．包装钢带
   C．胶粘带　　D．不锈钢丝
10. 泡沫玻璃保温层宜使用的固定材料是（　　）。
    A．镀锌铁丝　　B．钢铆钉
    C．感压捆带　　D．不锈钢丝
11. 不适宜作金属反射绝热结构的金属材料是（　　）。
    A．铝箔　　B．紫铜板
    C．抛光不锈钢板　　D．电镀板
12. 保冷设备及管道上的附件，不需要保冷的是（　　）。
    A．支座　　B．吊耳
    C．仪表盘　　D．裙座

13. 关于喷涂法过程控制要求的说法，错误的是（　　）。

A．喷涂应由上而下

B．应连续均匀喷射

C．喷涂方向应垂直于受喷面

D．喷枪应不断地进行螺旋式移动

14. 垂直管道绝热施工时，应在（　　）留设伸缩缝。

A．管道最底部　　B．与设备连接附近

C．管道中部　　D．管道法兰下面

15. 防潮层采用聚氯乙烯卷材施工宜采用（　　）。

A．涂抹法　　B．捆扎法

C．平铺法　　D．填充法

16. 采用粘贴法进行绝热施工，对胶粘剂的要求，不正确的是（　　）。

A．使用温度必须符合常温施工要求

B．对所用绝热材料表面没有腐蚀

C．对被绝热的材料表面没有腐蚀

D．有相当强的粘结性

17. 设备上适宜采用可拆卸式绝热层施工方法的部位不包括（　　）。

A．观察孔　　B．吊耳处

C．检测点　　D．维修处

18. 关于保冷层厚度 100mm 的硬质材料的保冷层施工，正确的做法是（　　）。

A．拼缝宽度≤ 5mm　　B．每层及层间接缝不应错开

C．搭接的长度宜≥ 50mm　　D．分为两层或多层逐层施工

19. 当绝热层外采用活络铁丝网时，错误的说法是（　　）。

A．活络铁丝网应张紧

B．活络铁丝网接口处应连接牢固并压平

C．活络铁丝网下料尺寸应大于实际安装尺寸

D．活络铁丝网应紧贴绝热层

二　多项选择题

1. 一般情况下保温结构由（　　）组成。

A．防腐层　　B．保温层

C．防火层　　D．防潮层

E．保护层

2. 保冷结构中，保护层的主要功能有（　　）。

A．防止基体因受潮而腐蚀　　B．防止火灾

C．防止外力破坏　　D．阻止热流进入

E．保护保冷机构免遭水分侵入

3. 在施工现场配料、现场成型的绝热施工方法有（　　）。

A．捆扎法　　　　B．粘贴法
C．浇注法　　　　D．填充法
E．喷涂法

4. 常用的防潮层施工方法有（　　）。

A．捆扎法　　　　B．粘贴法
C．浇注法　　　　D．涂抹法
E．填充法

5. 粘贴法是用各类胶粘剂将绝热材料制品直接粘贴在设备及管道表面，最适宜的轻质绝热材料有（　　）。

A．泡沫塑料　　　　B．泡沫玻璃
C．软质毡　　　　D．硬质板
E．半硬质板

6. 下列关于绝热层施工技术要求的说法，正确的有（　　）。

A．当采用一种制品时不得分层施工
B．硬质绝热制品做保温层时，拼缝宽度不应大于 5mm
C．绝热层施工时，同层不得错缝
D．分层施工时，上下应压缝，其搭接长度不宜小于 100mm
E．水平管道的纵向接缝位置不得布置在管道垂直中心线 45° 范围内

7. 下列关于捆扎法中捆扎方式的说法，正确的有（　　）。

A．不得采用螺旋式缠绕捆扎
B．每块绝热制品上的捆扎件宜为 1 道
C．双层或多层绝热制品应逐层捆扎
D．钉钩位置不得布置在制品的拼缝处
E．钻孔穿挂的硬质绝热制品，其孔缝应采用矿物棉填塞

8. 下列关于伸缩缝留设规定的说法，正确的有（　　）。

A．采用硬质绝热制品时，应预留伸缩缝
B．两固定管架间，水平管道绝热层应至少留设两道伸缩缝
C．垂直管道伸缩缝应留设在法兰下面
D．弯头两端的直管段上可各留一道伸缩缝
E．保冷层各层伸缩缝最少应错开 80mm

9. 下列关于粘贴法施工要求的说法，正确的有（　　）。

A．胶粘剂在使用前应进行实地试粘
B．绝热制品临时固定用的卡具和橡胶带，应在胶粘剂干固后拆除
C．保冷制品的缺棱掉角部分应在制品粘贴时填补
D．球形容器保冷层宜采用预制成型的弧形板粘贴
E．采用泡沫玻璃制品粘贴时，不得在制品的端面涂抹胶粘剂

10. 下列天气条件中，不宜在户外采用喷涂法喷涂绝热的有（　　）。

A．冬天　　　　B．阴天
C．四级风的晴天　　　　D．酷暑天

E. 雾天

【答案与解析】

一、单项选择题

1. D;　*2. B;　3. C;　4. C;　5. A;　6. D;　7. B;　8. D;
9. C;　10. C;　11. B;　12. C;　*13. A;　14. D;　15. C;　16. A;
17. B;　18. D;　19. C

【解析】

2. 答案 B

从各选项的功能分析：A. 防腐层主要用于防止基体受潮而腐蚀；B. 保冷层是保冷结构的核心层，其主要功能是阻止外部环境热流的进入，减少冷量损失，维持保冷功能；C. 防潮层是保冷结构的维护层，用于阻止外部环境水蒸气的渗入，防止保冷层材料受潮后降低保冷功效乃至破坏保冷功能；D. 保护层也是保冷结构的维护层，使其内部免遭水分侵入和外力破坏，从而延长保冷结构的使用年限。因此应选 B。

13. 答案 A

喷涂法过程控制的全部要求是：

（1）喷涂时应连续均匀喷射，喷涂面上不应出现干料或流淌现象。喷涂方向应垂直于受喷面，喷枪应不断地进行螺旋式移动。

（2）可在伸缩缝嵌条上划出标志或用硬制绝热制品拼砌边框等方法控制喷涂层厚度。

（3）喷涂时应由下而上，分层进行。大面积喷涂时，应分段分层进行。接槎处必须结合良好，喷涂层应均匀。

二、多项选择题

1. A、B、E;　*2. C、E;　3. C、E;　4. A、D;
5. A、B、C、E;　6. B、D、E;　7. A、C、E;　*8. A、C、D;
9. A、B、D;　10. C、D、E

【解析】

2. 答案 C、E

保冷结构中保护层是保冷结构的维护层，将保护层材料敷设在保冷层或防潮层外部，保护保冷结构内部免遭水分侵入或外力破坏，使保冷结构外形整洁、美观，延长保冷结构的使用年限。防腐层有防止基体因受潮而遭腐蚀的功能，阻止外部环境的热流进入是保冷层的主要功能，均不属保护层的功能，且保护层若不采取特殊措施，也无明显防火功能。故此题选项是 C、E。

8. 答案 A、C、D

（1）伸缩缝留设规定：

① 设备或管道采用硬质绝热制品时，应留设伸缩缝。

② 两固定管架间水平管道的绝热层应至少留设一道伸缩缝。

③ 立式设备及垂直管道，应在支承件、法兰下面留设伸缩缝。

④ 弯头两端的直管段上，可各留一道伸缩缝；当两弯头之间的间距较小时，其直管段上的伸缩缝可根据介质温度确定仅留一道或不留设。

⑤ 当方形设备壳体上有加强筋板时，其绝热层可不留设伸缩缝。

⑥ 球形容器的伸缩缝，必须按设计规定留设。当设计对伸缩缝的做法无规定时，浇注或喷涂的绝热层可用嵌条留设。

⑦ 多层绝热层伸缩缝的留设：中、低温保温层的各层伸缩缝，可不错开。保冷层及高温保温层的各层伸缩缝，必须错开，错开距离应大于100mm。

（2）伸缩缝留设宽度：

① 设计温度等于或大于350℃时，伸缩缝的宽度宜为25mm；设计温度小于350℃时，伸缩缝的宽度宜为20mm。

② 绝热层为双层或多层时，各层均应留设伸缩缝，并应错开，错开间距不宜小于100mm。

4.7　石油化工设备安装技术

复习要点

主要内容：塔器设备安装技术；储罐制作与安装技术；金属球罐安装技术；设备钢结构制作与安装技术；长输管道施工技术。

知识点1．塔器的结构、工艺作用和到货状态

知识点2．塔器设备安装技术

准备工作包括设备随机资料和施工技术文件、开箱检验、基础验收、到货设备的保护。

塔器安装技术包括整体安装、现场分段组焊、焊接试板的检测。

知识点3．耐压试验

水压试验、气压试验、内件安装与清洗、封闭和气密性试验。

知识点4．金属储罐的分类及其结构特点

知识点5．气柜分类及结构特点

知识点6．金属储罐的安装方法和施工要求

金属储罐正装法和程序要求，金属储罐倒装法和程序要求。

知识点7．金属储罐的焊接工艺及顺序

金属储罐焊接顺序，罐底焊接工艺，罐壁焊接工艺，罐顶焊接工艺，预防焊接变形的技术措施，矫正焊接变形的技术措施。

知识点8．储罐试验

焊缝质量检查、罐底严密性试验、罐壁严密性和强度试验、固定顶稳定性试验和强度及严密性试验、浮顶升降试验。

知识点9．球形罐的构造及形式

知识点10．球壳和零部件的检查和验收

质量证明文件检查，球壳板及零部件检查，产品试板检查。

知识点 11．球形罐组装与焊接

散装法，分带组装法，焊接。

知识点 12．球形罐焊后整体热处理

整体热处理前的条件，热处理工艺实施，整体热处理后质量检验。

知识点 13．球形罐耐压和泄漏性试验

知识点 14．钢结构组成与施工一般规定

知识点 15．钢结构构件制作

金属结构制作内容、金属结构制作程序和要求。

知识点 16．钢结构安装工艺技术与要求

金属结构安装一般程序，基础验收及处理，框架和管廊安装，高强度螺栓连接，质量检验要求。

知识点 17．长输管道的分类和要求

GA1、GA2 级长输管道、人员配备要求、机具设备配备要求、质保工程师要求、无损探伤人员配备要求。

知识点 18．长输管道施工程序和主要工作内容

线路交桩、测量放线、施工作业带清理、施工便道修筑、防腐管运输与保管、布管、管口组对和焊接、焊口检测与返修、防腐补口、管沟开挖及管道下沟及回填、管道试压、三桩埋设。

一　单项选择题

1. 整体到货的塔器安装，垫铁点焊固定后的后续工作是（　　）。
   A．基础验收　　B．吊装塔器
   C．二次灌浆　　D．紧固地脚螺栓
2. 分两段到货的塔器采用正装法，下列工艺程序正确的是（　　）。
   A．吊装下段、找正→基础验收、设置垫铁→吊装上段、找正→组焊段间环焊缝→整体找正
   B．基础验收、设置垫铁→吊装下段、找正→吊装上段、找正→组焊段间环焊缝→整体找正
   C．基础验收、设置垫铁→吊装上段、找正→吊装下段、找正→组焊段间环焊缝→整体找正
   D．下段吊装、找正→吊装上段、找正→组焊段间环焊缝→基础验收、设置垫铁→整体找正
3. 钢制压力容器产品焊接试件力学性能试验的检验项目是（　　）。
   A．扭转试验　　B．射线检测
   C．耐压试验　　D．弯曲试验
4. 下列塔器水压试验程序，正确的是（　　）。
   A．充液后缓慢升至设计压力，确认无泄漏→升压至试验压力，保压 30min →压力降至设计压力的 80% →检查

B．充液后缓慢升至设计压力，确认无泄漏→升压至试验压力，保压 30min→压力降至试验压力的 80%→检查

C．充液后缓慢升至试验压力，确认无泄漏→保压 30min→压力降至试验压力的 80%→检查

D．充液后缓慢升至设计压力，确认无泄漏→升压至试验压力，保压 10min→压力降至操作压力的 80%→检查

5. 浮顶储罐是罐顶盖浮在敞口的圆筒形罐壁内的液面上并随液面升降的立式圆筒形储罐，其优点是（　　）。

A．罐体稳定性好

B．方便施工作业

C．便于观测罐内油面

D．可减少或防止罐内液体蒸发损失

6. 架设正装法适合于大型和特大型储罐，尤其便于（　　）。

A．罐板组对作业　　B．吊装作业

C．手工焊接作业　　D．自动焊接作业

7. 关于内挂脚手架正装法施工技术要求，正确的是（　　）。

A．在壁板内侧挂设移动小车进行内侧施工

B．一台储罐施工宜用 2 层至 3 层脚手架，脚手架从下至上交替使用

C．罐体起吊过程应平稳，各起吊点应同步上升

D．壁板组装前、组装过程中、组装后按设计规定进行沉降观测

8. 罐底边缘板与中幅板之间的收缩缝采用手工焊接，下列控制焊接变形的工艺措施，正确的是（　　）。

A．焊工均匀分布对称施焊　　B．第一层焊接采用分段退焊法

C．先焊短焊缝后焊长焊缝　　D．焊工均匀分布沿同方向施焊

9. 钢制储罐充水试验前，所有附件及其他与罐体焊接的构件全部完工并（　　）。

A．完成中间交接　　B．检验合格

C．质量评定合格　　D．经监理确认

10. 球形罐到货的检查和验收中，对于球壳板的成型和尺寸检查的数量要求是（　　）。

A．检查张数不少于球壳板总数的 40%

B．按每带球壳板不少于 2 张抽查

C．逐张进行检查

D．赤道带全数检查，其余各带检查的球壳板不少于 2 张

11. 下列球形罐环带组装工艺的作业程序，错误的是（　　）。

A．平台上画出组装带下口基准圆

B．将不带支柱的赤道带板吊起，插入两块带支柱的赤道带板之间，并用卡具固定

C．基准圆内侧设置胎具，外侧点焊定位板

D．调整接缝间隙、定位焊

12. 球形罐焊后整体热处理应在（　　）前进行。

A．与球形罐壳体连接受压件的焊缝焊接

B．无损检测完成

C．压力试验

D．气密性试验

13. 400m^3 球形罐进行焊后整体热处理，国内一般采用的方法是（　　）。

A．电热板加热法　　B．内燃法

C．炉内热处理法　　D．盘管火焰外热法

14. 下列钢结构安装程序，正确的是（　　）。

A．钢柱安装→支撑安装→梁安装→平台板、钢梯、栏杆安装→其他构件安装

B．钢柱安装→梁安装→平台板、钢梯、栏杆安装→支撑安装→其他构件安装

C．支撑安装→钢柱安装→梁安装→平台板、钢梯、栏杆安装→其他构件安装

D．钢柱安装→支撑安装→平台板、钢梯、栏杆安装→梁安装→其他构件安装

15. 钢结构安装施工中，已安装的框架结构应具有（　　）。

A．下挠度　　B．稳固的外加支撑

C．空间刚度　　D．遮盖设施

16. 钢结构制作安装单位应按规定分别进行高强度螺栓连接摩擦面的（　　）试验和复验，合格后方可进行安装。

A．扭矩系数　　B．紧固轴力

C．弯矩系数　　D．抗滑移系数

17. 长输管道防腐管的保管，不符合规定的是（　　）。

A．管子与地面的最小距离为 0.2m

B．管子两端及中部用沙袋衬垫

C．防腐管的最大堆放层数为 5 层

D．管子露天存放时间不应超过 3 个月

18. 长输管道管子组对，不符合规定的是（　　）。

A．管子坡口面与管子中心线应垂直

B．管口清理与组对焊接的间隔时间不宜超过 5h

C．管子坡口加工之前应用钢板尺检查管口的椭圆度

D．每天下班前在管口安装具有防水功能的临时管帽

二　多项选择题

1. 分片到货塔器现场壳体组装的分段原则有（　　）。

A．接口宜设在同一材质、厚度的直筒段

B．减少分段数量

C．符合设计图样工艺段规定

D．避开接管位置

E．减少高空作业

2. 塔容器类设备耐压试验前应确认的条件有（　　）。

A. 试验方案已经编制

B. 设备本体及与本体相焊的内件、附件焊接和检验工作全部完成

C. 在基础上进行耐压试验的设备，基础二次灌浆达到要求强度的75%

D. 焊后热处理的设备，其热处理工作已经完成

E. 开孔补强圈焊接接头质量检查合格

3. 根据储罐顶部结构特点，金属立式圆筒形钢制焊接储罐可分为（　　）。

A. 拱顶罐

B. 固定顶储罐

C. 浮顶储罐

D. 支撑式锥顶储罐

E. 网壳顶储罐

4. 采用边柱液压提升倒装法安装金属储罐的程序与要求有（　　）。

A. 罐壁板内侧沿周向均匀设置提升架，提升架上设置液压千斤顶

B. 提升架高度应比最大提升高度大1000mm左右

C. 设置罐壁移动小车或弧形吊篮，进行罐壁外侧作业

D. 千斤顶的总额定起重量应大于提升罐体的最大重量及附加重量

E. 起吊过程应平稳，各起吊点应同步上升

5. 金属储罐中幅板搭接采用手工焊接时，控制焊接变形的主要工艺措施有（　　）。

A. 先焊短焊缝，后焊长焊缝

B. 焊工均匀分布，同向分段焊接

C. 焊工均匀分布，对称施焊

D. 初层焊道采用分段退焊法

E. 初层焊道采用跳焊法

6. 金属储罐的浮顶及内浮顶升降试验的合格标准有（　　）。

A. 浮顶升降平稳

B. 导向机构、密封装置无卡涩现象

C. 扶梯转动灵活

D. 浮顶无异常变形

E. 浮顶与液面接触部分无渗漏

7. 球形罐制造单位提供的产品质量证明书应有（　　）。

A. 制造竣工图样

B. 压力容器产品合格证

C. 焊后整体热处理报告

D. 耐压试验记录

E. 特种设备制造监督检验证书

8. 下列选项中，属于球形罐采用分片法组焊工艺的赤道带板组装工作有（　　）。

A. 环带组装在平台上进行

B. 吊装第一块带支柱的赤道带板，就位后用拖拉绳固定

C. 测量支柱垂直度

D. 将不带支柱的赤道带板吊起，插入两块带支柱的赤道带板之间，并用卡具

固定

E．组成环带并立即进行找正

9．关于球形罐焊后整体热处理测温点的布置，符合要求的有（　　）。

A．在球壳外表面均匀布置

B．相邻测温点间距小于 4.5m

C．上下人孔法兰各设置 1 个测温点

D．柱脚板各设置 1 个测温点

E．每个产品焊接试板设置 1 个测温点

10．关于高强度螺栓紧固施工工艺技术要求的表述中，正确的有（　　）。

A．紧固高强度螺栓的扭矩扳手使用前应进行校正

B．现场安装高强度螺栓穿入不畅时，可以对高强度螺栓孔进行气割扩孔

C．高强度螺栓的拧紧宜在同 24h 内完成

D．高强度螺栓施拧宜由螺栓群一侧向另一侧顺序拧紧

E．高强度螺栓的拧紧分为初拧、复拧和终拧

【答案与解析】

一、单项选择题

*1．C；　*2．B；　3．D；　*4．B；　5．D；　6．D；　*7．B；　8．B；
9．B；　*10．C；　11．B；　*12．C；　13．B；　14．A；　15．C；　*16．D；
17．C；　18．B

【解析】

1．答案 C

塔器安装程度为：设备验收、基础验收、吊耳吊索准备、整体吊装、找正、紧固地脚螺栓、垫铁点焊固定、二次灌浆。因此，C 为正确选项。

2．答案 B

本题有两个关键点：一是塔器在基础上组装，应在基础验收合格后进行，所以“基础验收、设置垫铁”是第一个工序；二是“由下至上”，应按“下段→上段”的顺序，违反了这两个关键点都是不正确的。按照排除错误的方法，A、D 违反了关键点一，C 违反了关键点二，B 符合要求。

4．答案 B

本题有两个关键的考核点：一是水压试验的各个“压力”之间关系的问题；二是保压（停止升压或降压）检查点。第一个停止升压点是设计压力，第二个停止升压（保压）点是试验压力，第三个是降至试验压力的 80%。三个点的要求：第一个点确认无泄漏（需要进行检查），第二个点需要保压 30min（仍需检查无泄漏），第三个点是全面检查。这里有两个很重要的数字：保压 30min 和试验压力的 80%。根据上述进行对照，正确答案为 B。选项 A 中压力降至设计压力的 80% 错误，选项 C 中直接升至试验压力，未在设计压力下停留检查，选项 D 中保压 10min、压力降至操作压力的 80%，均是错误项。

7．答案B

本题的考点是内挂脚手架正装法施工技术要求。脚手架从下至上交替使用是该组装方法的优势。一台储罐施工只需用2层至3层脚手架，可以大大减少脚手架材料的使用和周转。在脚手架材料、配件的使用上内挂脚手架正装比外搭脚手架正装要节省很多，因为外搭脚手架正装法是随罐壁板升高，脚手架最后要搭设到罐壁的顶端。正确选项是B。内挂脚手架正装法施工的移动小车是挂设在罐壁外侧，进行罐壁外侧施工，题中的A项是外搭脚手架正装法的施工方法；由于施工过程中罐内不充水，无须进行沉降观测。罐体起吊同步上升是倒装法的要求；A、C、D都不是本题的正确选项。

10．答案C

球形罐的球壳板工厂制造质量是保证现场组装球形罐整体质量的重要条件。球壳板的成型和尺寸的偏差对球形罐的组装成型的质量（包括圆度、尺寸偏差等）影响极大，对于分片法组焊的球形罐更是如此。必须保证成型和尺寸符合要求，规范要求逐张进行球壳板的成型（检查曲率）和几何尺寸（测量弦长）检查（即全数检验），不符合这个要求都是错误的。

12．答案C

A、B、C、D四个选项实际是球形罐的四个施工过程，它们的先后顺序是：与球形罐壳体连接受压件的焊缝焊接、无损检测完成、压力试验、气密性试验。根据球形罐整体热处理的条件，要求整体热处理前，与球形罐受压件连接的焊接工作全部完成，各项无损检测工作全部完成，因此，应排除A、B两个选项。气密性试验是在压力试验之后，若选择此项，也就是允许球形罐焊后整体热处理在压力试验之后进行，与规定不符，因此，唯一的正确项是C。

16．答案D

抗滑移系数是高强度螺栓连接的主要参数之一，直接影响构件的承载力。因此，高强度螺栓连接摩擦面无论由制造厂处理还是由现场处理，均应进行抗滑移系数测试。在安装现场局部采用砂轮打磨摩擦面时，打磨范围不小于螺栓孔径的4倍，打磨方向应与构件受力方向垂直。连接摩擦面抗滑移系数试验报告、复试报告必须合法有效，且试验结果符合设计要求，合格后方可进行安装。

二、多项选择题

*1．A、D、E；　2．B、D、E；　*3．B、C；　4．A、B、D、E；
5．A、D、E；　6．A、B、C、E；　*7．A、B、E；　8．B、C、D、E；
*9．A、B、E；　10．A、C、E

【解析】

1．答案A、D、E

分片到货塔器现场壳体组装的分段原则是按照保证组对质量和作业安全的要求形成的，但其中B选项，分段的数量与现场施工条件、吊装能力等相关，有时无法按施工单位的意图确定；C选项，设计图样工艺段指按照生产流程的分段，与塔器现场组装的分段指的是不同的对象，是不相同的概念，因而不应是正确选项。A、D、E符合保证组对质量和作业安全的要求。

3. 答案 B、C

按照《立式圆筒形钢制焊接储罐施工规范》GB 50128—2014，根据储罐顶部结构，分为固定顶储罐、浮顶储罐（包括浮顶储罐和内浮顶储罐）。拱顶罐、支撑式锥顶储罐只是固定顶储罐中的两种形式，但不能包含所有的固定顶储罐，因此二者不应混同，而网壳顶储罐通常又是拱顶罐中按照拱顶结构特点的一个分支，所以 A、D、E 都不应是正确答案。因而从分类的角度来说，只能选 B、C。

7. 答案 A、B、E

球形罐的工厂制造，包括球壳板及其零部件的制造，与球形罐的现场组焊不是一个连续的制造过程，而且相当数量的球形罐其工厂制造和现场安装不是由同一个单位完成。因此球形罐球壳板及其零部件进入现场时，施工单位应进行现场到货验收，包括对制造单位提供的产品质量证明书等技术、质量文件进行检查。这部分检查的内容是工厂制造范围内的质量证明文件。本题的 C、D 两个选项是球形罐的现场组焊的文件，应予排除。

9. 答案 A、B、E

根据《球形储罐施工规范》GB 50094—2010，A、B、E 三项符合球形罐焊后整体热处理测温点布置的要求。关于上下人孔附近的测温点设置，规范是要求对“距上下人孔与球壳板环焊缝边缘 200mm”的位置，即测温点应在球壳板上，在人孔上设置不正确。柱脚板不在整体热处理范围，不需设置测温点。

4.8 发电设备安装技术

复习要点

主要内容：电厂锅炉设备安装技术；汽轮发电机安装技术；风力发电设备安装技术；太阳能发电设备安装技术。

知识点 1. 电厂锅炉设备的组成

包括电厂锅炉系统主要设备、电站机组容量等内容。

知识点 2. 电厂锅炉主要设备的安装技术

内容涉及电厂锅炉安装一般程序、锅炉钢架安装、锅炉受热面组合安装、燃烧器安装、锅炉密封、锅炉水压试验、回转式空气预热器安装等内容。

知识点 3. 电厂锅炉热态调试与试运行

包括：锅炉化学清洗、锅炉蒸汽吹管、蒸汽严密性试验及安全阀调整、锅炉试运行等内容。

知识点 4. 汽轮发电机系统设备组成

包括汽轮机设备组成和发电机设备组成两部分内容。

知识点 5. 汽轮机主要设备的安装技术要求

（1）汽轮机设备安装程序。

（2）电站汽轮机的安装。

包括：基础和设备的验收，汽缸和轴承座安装，转子安装，隔板的安装，汽封及通流间隙的检查与调整，上、下汽缸闭合，凝汽器安装及轴系对轮中心的找正等内容。

知识点6. 发电机设备的安装技术要求

（1）发电机设备安装程序。

（2）发电机定子安装技术要求。

包括：发电机定子的卸车要求、发电机定子的吊装技术要求及发电机转子安装技术要求。

知识点7. 风力发电设备的安装程序

知识点8. 风力发电设备的安装技术要求

包括：预应力锚栓、基础平台、变频器、塔基柜的安装要求，塔筒安装、机舱安装及叶轮安装要求。

知识点9. 光伏发电设备的安装程序

知识点10. 光伏发电设备安装技术要求

包括：支架安装、光伏组件安装、流箱安装、逆变器安装和设备及系统调试的要求。

知识点11. 光热发电设备安装技术

（1）光热发电设备的安装程序

包括槽式光热发电设备和塔式光热发电设备安装程序。

（2）光热发电设备安装技术要求

包括槽式光热发电设备集热器安装和塔式光热发电集热设备安装技术要求。

1. 光伏发电设备安装时，使用的支架不包括（　　）。

A．固定支架　　B．滑动支架

C．跟踪支架　　D．可调支架

2. 下列系统中，不属于直驱式风力发电机组组成系统的是（　　）。

A．变速系统　　B．控制系统

C．测风系统　　D．防雷系统

3. 关于低压外上缸组合安装的过程，正确的是（　　）。

A．先检查水平、垂直结合面间隙，试组合，密封焊接，正式组合

B．先试组合，检查水平、垂直结合面间隙，密封焊接，正式组合

C．先试组合，检查水平、垂直结合面间隙，正式组合，密封焊接

D．先检查水平、垂直结合面间隙，试组合，正式组合，密封焊接

4. 下列关于汽轮机油系统阀门安装的说法，错误的是（　　）。

A．阀门应为明杆阀门　　B．门杆应水平布置

C．门杆应向上布置　　D．门杆应向下布置

5. 1000MW发电机定子重量可达400t以上，卸车方式主要采用的方法是（　　）。

A．液压提升垂直方法　　B．液压顶升垂直方法

C．液压顶升平移方法　　D．液压提升旋转方法

6. 发电机转子穿装前应单独进行的试验是（　　）。
A. 通水试验　　B. 真空试验
C. 气压试验　　D. 气密性试验

7. 发电机设备的安装程序中，发电机穿转子的紧后工序是（　　）。
A. 定、转子水压试验　　B. 氢冷器安装
C. 氢冷器安装　　D. 整体气密性试验

8. 下列设备属于电站锅炉辅助设备的是（　　）。
A. 水冷壁　　B. 省煤器
C. 空气预热器　　D. 吹灰设备

9. 锅炉本体不包括的部件是（　　）。
A. 水冷壁　　B. 送引风机
C. 过热器　　D. 空气预热器

10. 凝汽器组装完毕后，汽侧应进行的试验是（　　）。
A. 真空试验　　B. 压力试验
C. 气密性试验　　D. 灌水试验

11. 300MW 的机组，锅炉满负荷试运行应连续完成的时间是（　　）。
A. 68h　　B. 100h
C. 168h　　D. 200h

12. 锅炉受热面施工中直立式组合方式的缺点是（　　）。
A. 钢材耗用量大　　B. 可能造成设备变形
C. 不便于组件的吊装　　D. 占用场地面积多

13. 锅炉受热面安装程序中，“通球试验与清理”的紧前工序是（　　）。
A. 设备清点检查　　B. 联箱找正划线
C. 合金部件光谱复查　　D. 管子对口焊接

14. 锅炉受热面施工中横卧式组合方式的缺点是（　　）。
A. 钢材耗用量大　　B. 可能造成设备变形
C. 不便于组件的吊装　　D. 安全状况较差

15. 风力发电机组塔筒就位紧固后，可用于塔筒内侧法兰缝隙填充的垫片材料是（　　）。
A. 不锈钢　　B. 紫铜
C. 青壳纸　　D. 合金钢

16. 下列设备中只属于塔式光热发电设备的是（　　）。
A. 定日镜　　B. 汽轮机、发电机
C. 热交换器　　D. 汽水分离器及储水箱

17. 槽式光热发电设备集热器试验旋转角度是（　　）。
A. 90°　　B. 120°
C. 180°　　D. 360°

二 多项选择题

1. 电站汽轮机的主要组成有（　　）。
   A．汽轮机本体设备　　B．再热器
   C．其他辅助设备　　D．空气预热器
   E．蒸汽系统设备
2. 发电机按冷却介质分类，可划分的类型有（　　）。
   A．气体冷却发电机　　B．气液冷却发电机
   C．外冷式发电机　　D．液体冷却发电机
   E．内冷式发电机
3. 轴系对轮中心找正，主要有（　　）。
   A．高中压对轮中心找正
   B．中压对轮中心找正
   C．中低压对轮中心找正
   D．低压对轮中心找正
   E．低压转子 - 电转子对轮中心找正
4. 在高、中压缸的轴系找正中，正确的做法有（　　）。
   A．汽缸与汽缸同步调整
   B．转子与汽缸同步调整
   C．测量运输环径向定位尺寸
   D．需要通流间隙调整
   E．两端轴封的径向间隙符合要求
5. 发电机转子穿装前应单独进行的试验有（　　）。
   A．气密性试验　　B．磁道通路试验
   C．漏气量试验　　D．试验压力符合制造厂规定
   E．允许漏气量符合业主要求
6. 凝汽器组装完毕后，汽侧灌水试验的工作内容有（　　）。
   A．灌水高度应充满整个冷却管　　B．维持 24h 无渗漏
   C．增加临时支撑　　D．及时将水放净
   E．水放净后烘干
7. 隔板安装找中心的方法有（　　）。
   A．假轴找中心　　B．定子找中心
   C．转子找中心　　D．拉钢丝找中心
   E．激光准直仪找中心
8. 锅炉本体设备主要包括（　　）。
   A．空气预热器　　B．送引风机
   C．给煤制粉设备　　D．燃烧器
   E．汽水分离器

9. 锅炉受热面施工形式有（ ）。

A．直立式　　B．倾斜式

C．旋转式　　D．翻转式

E．横卧式

10. 下列安装程序中，属于风力发电设备安装程序的有（ ）。

A．变频器安装　　B．逆变器安装

C．汇流箱安装　　D．电器柜安装

E．发电机安装

11. 锅炉蒸汽管路冲洗吹洗的对象包括（ ）。

A．过热器　　B．过热蒸汽管道

C．再热器　　D．凝汽器

E．减温水管系统

12. 关于槽式光热发电设备安装技术要求，正确的有（ ）。

A．随动轴与轴承座间隙满足技术要求

B．集热器应从驱动端到末端进行安装

C．吸热器管屏单面安装应不多于 2 组

D．集热器单元应达到设计旋转极限点 ±120°

E．单元集热器试验转动角度应在 -180° ～180°

【答案与解析】

一、单项选择题

1. B；　2. A；　*3. C；　4. C；　5. C；　6. D；　7. B；　*8. D；
9. B；　10. D；　11. C；　*12. A；　13. C；　14. B；　15. A；　16. A；
17. B

【解析】

3. 答案 C

低压外上缸组合安装中，密封焊接工作通常是在低压缸组合好后进行，所以选项 A、B 不正确；低压外上缸组合首先应是试组合，然后对其组合的水平和垂直结合面间隙进行检查，故选项 D 也不正确。

8. 答案 D

电站锅炉系统主要设备由锅炉本体设备和锅炉辅助设备组成，其中引风机、吹灰设备和除尘设备属于电站锅炉辅助设备，过热器、水冷壁、再热器、省煤器、空气预热器等属于电站锅炉本体设备，所以选项 D 是正确的。

12. 答案 A

锅炉受热面施工形式有直立式和横卧式两种，前者占用场地面积少，便于组件的吊装，但钢材耗用量大，安全状况较差。所以选项 A 是正确的。

二、多项选择题

*1. A、C、E；　2. A、B、D；　*3. A、C、D、E；　4. B、E；

*5. A、C、D;　　6. B、C、D;　　*7. A、D、E;　　8. A、D、E;
9. A、E;　　10. A、D、E;　　11. A、B、C、E;　　12. A、B、D、E

【解析】

1. 答案A、C、E

再热器和空气预热器属于电站锅炉本体设备的范畴，故这两个选项是错误的；汽轮机本体设备、其他辅助设备和蒸汽系统设备属于电站汽轮机的组成设备，所以这三个选项是正确答案。

3. 答案A、C、D、E

在电站汽轮机轴系对轮中心找正中，仅有高中压对轮中心、中低压对轮中心、低压对轮中心和低压转子 – 电转子对轮中心找正。中压对轮中心找正是不存在的，故该选项是错误的。

5. 答案A、C、D

发电机转子穿装前要进行单独气密性试验，消除泄漏后应经漏气量试验，试验压力和允许漏气量应符合制造厂规定。所以符合业主要求是不对的，而磁道通路试验与其无关。

7. 答案A、D、E

定子是发电机设备，转子找中心方法是低压缸找中心方法的一种，均与汽机隔板无关，所以不是正确的答案；而假轴找中心、拉钢丝找中心和激光准直仪找中心才是正确答案。其中拉钢丝找中心是最常用的方法之一。

4.9 冶炼设备安装技术

复习要点

主要内容：炼铁设备安装技术；炼钢设备安装技术；轧机设备安装技术；空分与制氧设备安装技术；炉窑砌筑施工技术。

知识点1. 高炉本体结构安装技术

（1）高炉炉体框架安装程序：基础检查放线→下部框架柱→框架梁下部→平台梁、板→上部框架柱→柱间支撑→上部平台梁、板→炉顶平台→炉顶框架柱→炉顶框架梁→炉顶悬臂吊车梁。

（2）正装法炉壳安装程序：炉底钢结构安装→炉底板铺设→炉底板压力灌浆→炉缸段炉壳安装→风口段炉壳安装→炉腹段炉壳安装→炉腰段炉壳安装→炉身段炉壳安装→炉喉直段炉壳安装→炉顶封板段炉壳安装→炉顶法兰安装。

知识点2. 高炉本体主要设备的安装技术

高炉无料钟炉顶设备安装程序：炉顶法兰安装→布料溜槽齿轮箱安装→波纹管阀箱安装→炉顶设备支撑钢架安装→称量料罐安装→下密封阀安装→上料阀门安装→固定受料罐安装→受料斗下料阀箱安装→布料溜槽安装。

知识点3. 热风炉安装技术

热风炉炉壳安装程序：基础验收→铺垫干砂→炉底板安装→直筒段炉壳（下部）安

装→底座托圈安装→炉箅子安装→炉底耐材砌筑→直筒段炉壳（上部）安装→炉顶炉壳安装→耐材砌筑→气密性试验→烘炉。

知识点 4. 转炉炼钢设备安装技术

吊装方法主要有“台车法”“滑移法”。

知识点 5. 转炉本体安装技术

转炉本体设备安装程序：基础交接验收→基准线、点的设置→坐浆垫板设置→转炉支撑装置安装→托圈与轴承座装配→托圈吊装找正→炉壳组对→整体移动就位→倾动装置安装→炉体附属管道配管→调整、试车。

知识点 6. 连铸机安装技术

连续铸钢设备安装程序：基础交接验收→基准线、点的设置→坐浆垫板设置→扇形段支撑框架安装→扇形段更换导轨安装→扇形段→结晶器振动装置安装→结晶器及“0”段安装→在线对中→机体配管→附件安装→单体试车。

知识点 7. 轧钢设备

轧机由工作机座、传动装置（接轴、齿轮座、减速机、联轴器）及主电机组成。

知识点 8. 轧钢主机设备安装技术

安装程序：基础验收→基准点、线设置→垫板安装→轧机底座安装→机架安装→上下横梁安装→轧辊调整装置安装→轧辊平衡装置安装→换辊装置安装→轧机主传动装置安装→设备机体配管→二次灌浆→支撑辊、工作辊安装→试运行。

知识点 9. 轧钢辅助设备安装

知识点 10. 制氧设备安装技术

安装程序：基础交接验收→基准线、点的设置→坐浆垫板设置→冷箱下部结构安装→塔器安装→冷箱上部结构安装→大口径管道就位→冷箱结构封顶→管道安装→系统吹扫试压→工艺检查→裸冷试验→珠光砂充填。

知识点 11. 冷箱安装技术要求

管道脱脂宜设专用的脱脂场所，所有阀门和管道及管道附件应进行脱脂处理，脱脂剂宜选用四氯乙烯或三氯乙烯等溶剂，严禁使用四氯化碳溶剂。

知识点 12. 炉窑及砌筑材料的分类与性能

知识点 13. 炉窑砌筑施工技术要求

动态炉窑的施工程序：从热端向冷端（或从低端向高端）→分段作业划线→选砖→配砖→分段砌筑→分段进行修砖及锁砖→膨胀缝的预留及填充。

知识点 14. 一般工业炉的施工技术要求

知识点 15. 耐火砖底和墙砌筑施工技术要求

知识点 16. 耐火砖拱和拱顶砌筑技术要求

知识点 17. 不定形耐火材料施工技术要求

耐火浇注料的施工程序：材料检查验收→施工面清理→锚固钉焊接→模板制作安装→防水剂涂刷→浇注料搅拌并制作试块→浇注并振捣→拆除模板→膨胀缝预留及填充→成品养护。

知识点 18. 耐火喷涂料施工技术要求

知识点 19. 耐火陶瓷纤维施工技术要求

知识点20. 炉窑砌筑冬期施工的技术要求

知识点21. 烘炉的技术要求

一 单项选择题

1. 高炉炉体框架安装程序中，框架梁下部安装的紧后工序是（　　）。
   A．下部框架柱　　B．平台梁、板
   C．上部框架柱　　D．炉顶框架柱
2. 高炉炉壳的安装，采用正装法的要求是（　　）。
   A．炉壳与框架同步安装　　B．框架应先于炉壳的安装
   C．炉壳应先于框架安装　　D．炉壳与框架应分开安装
3. 关于炉体冷却壁设备的安装要求，错误的有（　　）。
   A．炉体冷却壁安装前进行通球试验
   B．先进行压力试验后进行通球试验
   C．试验压力应为工作压力的1.5倍
   D．发生严重碰撞后应再次进行水压试验
4. 转炉本体垫板组底面积总和的确定不包括（　　）。
   A．生产时的荷载　　B．转炉设备重量
   C．地脚螺栓长度　　D．基础抗压强度
5. 转炉支撑装置安装找正的基准线是轴承座底座上水平面的（　　）。
   A．水平中心线　　B．横向中心线
   C．纵向中心线　　D．十字中心线
6. 转炉的倾动装置一次减速器正反向单独运转不应少于（　　）。
   A．1h　　B．2h
   C．4h　　D．6h
7. 下列轧机设备中，安装精度等级可划分为Ⅰ级的是（　　）。
   A．棒材轧机　　B．开坯机
   C．钢坯轧机　　D．穿孔机
8. 关于轧机试运行的说法，正确的是（　　）。
   A．高速压下装置往返运行均不应少于3次
   B．主传动电动机空载试运行不应少于0.5h
   C．轧机滚动轴承温升不超过70℃
   D．按额定转速50%试运行不应少于1h
9. 钢坯剪切机换刃装置安装以机架中心线为基准，轨道中心线的允许偏差为（　　）。
   A．0.3mm　　B．0.5mm
   C．0.6mm　　D．1.0mm
10. 空分塔压力试验介质宜采用（　　）。
    A．净水　　B．氮气
    C．油　　D．氩气

11. 空分设备的管道吹扫流速不应小于（　　）。

A. 10m/s　　B. 15m/s

C. 18m/s　　D. 20m/s

12. 下列耐火材料中，属于碱性耐火材料的是（　　）。

A. 硅砖　　B. 白云石砖

C. 刚玉砖　　D. 高铝砖

13. 回转窑耐火砖若采用干法砌筑时，其砖缝处理的常用方法是（　　）。

A. 陶瓷纤维填塞　　B. 耐火泥填塞

C. 干耐火粉填满　　D. 钢板塞满塞牢

14. 耐火材料锚固件选用时应考虑（　　）。

A. 砌体的温度　　B. 砌体的伸缩缝隙

C. 砌筑的方法　　D. 砌体的结构特点

15. 炉窑拱和拱顶的砌筑程序是（　　）。

A. 从一侧拱脚开始，依次砌向另一侧拱脚

B. 从顶部中心开始，同步向两侧拱脚砌筑

C. 从两侧拱脚开始，同时向拱顶对称砌筑

D. 拱脚砌筑到拱顶，再从拱顶砌筑到拱脚

16. 气温在 8℃时，不宜进行砌筑施工的是（　　）。

A. 耐火泥浆　　B. 耐火可塑料

C. 水玻璃耐火浇注料　　D. 耐火喷涂料

二　多项选择题

1. 下列高炉炼铁设备中，属于高炉本体设备的有（　　）。

A. 炉体框架　　B. 冷却设备

C. 焦槽设备　　D. 炉喉钢砖

E. 炉前设备

2. 高炉炉壳的安装方法有（　　）。

A. 上部正装法　　B. 正装法

C. 下部倒装法　　D. 倒装法

E. 线外拼装整体滑移法

3. 下列连铸生产主要设备中，属于浇注设备的有（　　）。

A. 中间罐　　B. 推钢机

C. 烘烤器　　D. 翻钢机

E. 钢包回转台

4. 下列轧机中，按用途可分为（　　）。

A. 板带轧机　　B. 开坯轧机

C. 架式轧机　　D. 型钢轧机

E. 钢管轧机

5. 下列辅助设备中，设备精度等级划分为Ⅰ级的有（ ）。

A．酸连轧机组　　B．酸洗涂层机组

C．热镀机组　　D．连续退火机组

E．热连轧地下机组

6. 下列制氧设备中，属于空气分离系统设备的有（ ）。

A．膨胀机　　B．水冷塔

C．精馏塔　　D．液体泵

E．过冷器

7. 制氧设备的冷箱内铝镁合金管道的清洗脱脂检验方法有（ ）。

A．靶向检测法　　B．樟脑检查法

C．滤纸擦拭法　　D．溶剂分析法

E．紫光灯照射检查法

8. 工业炉窑砌筑工程工序交接证明书中，炉子坐标位置的控制记录应包括（ ）。

A．标高　　B．进出风口中心线

C．炉子中心线　　D．进出料口中心线

E．必要的沉降观测点

9. 耐火砖砌筑时，膨胀缝应避开的位置有（ ）。

A．低温部位　　B．受力位置

C．炉体骨架部位　　D．砌体中的孔洞

E．焊缝位置

10. 工业炉窑烘炉前应先烘干的部位有（ ）。

A．进风管道　　B．烟道

C．进料通道　　D．出料通道

E．烟囱

【答案与解析】

一、单项选择题

*1. B；　2. A；　*3. B；　4. C；　5. D；　6. A；　*7. A；　8. B；

9. A；　10. B；　11. D；　12. B；　13. D；　14. D；　15. C；　16. C

【解析】

1. 答案B

高炉炉体框架安装程序：基础检查放线→下部框架柱→框架梁下部→平台梁、板→上部框架柱→柱间支撑→上部平台梁、板→炉顶平台→炉顶框架柱→炉顶框架梁→炉顶悬臂吊车梁。

3. 答案B

炉体冷却壁设备的安装要求：

（1）炉体冷却壁设备安装前，须进行通球试验。球的材质一般为木球或尼绒球，球径为水管内径的76%±0.2mm，用水为动力，球从一头进另一头出，不能有堵塞现象。

（2）冷却壁通球试验合格后应进行压力试验，试验压力应为工作压力的 1.5 倍，应稳压 10min，再将压力降至工作压力，应停压 30min，以压力不降、无渗漏为合格。

（3）冷却壁在现场安装过程中，不得碰撞。在吊装过程中发生严重碰撞并留有伤痕时，应单独再次进行水压试验并合格。

7. 答案 A

轧机设备安装精度等级可划分为Ⅰ、Ⅱ两级：

（1）Ⅰ级精度项目应包含板带轧机、粗轧与精轧的带材连轧机、平整机、管材连轧机、高速线材轧机、棒材轧机、型材连轧机、中厚板成品轧机等。

（2）Ⅱ级精度项目应包含开坯机、钢坯轧机、穿孔机、焊管轧机等。

二、多项选择题

*1. A、B、D;　2. B、D、E;　*3. A、C、E;　4. A、B、D、E;
5. A、B、C、D;　*6. A、C、E;　*7. B、C、D、E;　8. A、C、E;
9. B、C、D;　10. B、E

【解析】

1. 答案 A、B、D

高炉炼铁设备组成：

（1）高炉本体：炉体框架、炉壳、冷却设备、炉喉钢砖、炉顶保护板、炉顶装料设备等。

（2）原料系统：矿槽设备、焦槽设备、中间料仓设备、料车上料设备、上料主皮带机等。

（3）送风系统：鼓风设备、热风炉设备、风口装置等。

（4）煤气系统：煤气除尘器设备、环缝洗涤塔设备等。

（5）渣铁系统：炉前设备、铸铁机、水力冲渣设备等。

3. 答案 A、C、E

连铸生产主要设备组成：

（1）浇注设备：钢包回转台、中间罐、烘烤器。

（2）连续铸钢设备：结晶器及振动装置、二次冷却装置、拉矫机、扇形段更换装置、引锭杆装置。

（3）出坯和精整设备：输送辊道、剪切机、喷印机、推钢机、翻钢机等设备。

6. 答案 A、C、E

制氧设备组成：

（1）空气预冷及净化系统主要设备：空冷塔、水冷塔、分子筛吸附器。

（2）空气分离系统主要设备：膨胀机、低温液体泵、主换热器、精馏塔、冷凝蒸发器、粗氩塔、精氩塔、过冷器等。

（3）低温液体储备系统主要设备：低温液体储罐、液体泵、蒸发器等。

7. 答案 B、C、D、E

冷箱内铝镁合金管道的清洗脱脂检验方法：

（1）滤纸擦拭法，用清洁干燥的白色滤纸擦抹脱脂件表面，纸上无油脂痕迹为合格。

（2）紫光灯照射检查法，脱脂后用波长 320～380nm 的紫外光检查脱脂件表面，无油脂荧光为合格。

（3）樟脑检查法，用蒸汽吹扫脱脂时，盛少量蒸汽冷凝液于器皿内，并放入数颗粒度小于 1mm 的纯樟脑，以樟脑不停旋转为合格。

（4）溶剂分析法，用有机溶剂脱脂时，取样检查合格后的脱脂剂，油脂含量不超过 $125mg/m^2$ 为合格。

第2篇　机电工程相关法规与标准

第5章　相关法规

5.1　计量的规定

微信扫一扫
在线做题+答疑

复习要点

主要内容：计量器具的使用管理规定；计量检定的相关规定。

知识点1. 计量器具

知识点2. 计量基准器具

知识点3. 计量标准器具

知识点4. 计量检定

知识点5. 计量监督

一　单项选择题

1. 下列条件中，不属于计量基准器具使用必备条件的是（　　）。

A. 经国家鉴定合格

B. 具有称职的保存、维护、使用人员

C. 具有完善的管理制度

D. 具有丰富的业绩

2. 计量基准器具的使用需经审批并颁发计量基准证书的部门是（　　）。

A. 国务院计量行政部门

B. 省级人民政府计量行政部门

C. 地市级人民政府计量行政部门

D. 县级人民政府计量行政部门

3. 企事业单位进行计量工作时应用的计量器具是（　　）。

A. 计量基准器具　　B. 计量标准器具

C. 标准计量器具　　D. 工作计量器具

4. 我国计量基准的量值应当与（　　）的量值保持一致。

A. 所在市　　B. 所在省

C. 国家　　D. 国际上

5. 计量标准器具使用时，除应具备称职的保存、使用人员外，还应具备称职的（　　）。

A．质量监督人员　　B．维护人员

C．档案管理人员　　D．检定人员

6. 使用实行强制检定的计量标准器具，应当申请的检定是（　　）。

A．后续检定　　B．使用中检定

C．周期检定　　D．仲裁检定

7. 施工单位计量器具可送交检定的法定计量检定机构中，首选（　　）。

A．公司所在地　　B．工程所在地

C．制造单位所在地　　D．销售单位所在地

8. 下列计量器具中，属于A类计量器具的是（　　）。

A．钢直尺　　B．兆欧表

C．温度计　　D．压力表

9. 控制计量器具使用状态的检定是（　　）。

A．修理后检定　　B．使用中检定

C．后续检定　　D．周期检定

10. 下列属于企业C类计量器具的是（　　）。

A．卡尺　　B．塞尺

C．钢直尺　　D．温度计

11. 下列计量器具中，不属于国家强制管理的是（　　）。

A．水表　　B．压力表

C．兆欧表　　D．电能表

12. 县级以上地方人民政府计量行政部门对计量器具监督时，被监督单位不包括（　　）。

A．制造单位　　B．销售单位

C．检定单位　　D．使用单位

13. 关于A类计量器具的管理办法，正确的是（　　）。

A．送法定计量检定机构周期检定

B．由所属企业计量管理部门校正

C．经检查及验证合格后可以使用

D．用检定合格仪表直接对比核准

14. 产品质量检验机构计量认证的内容不包括（　　）。

A．计量检定、测试设备的工作性能

B．计量检定、测试设备的工作环境和人员的操作技能

C．保证量值统一、准确的措施及检测数据公正、可靠的管理制度

D．计量检定、测试设备的工作完整记录

二　多项选择题

1. 关于计量器具分类的说法，正确的有（　　）。

A．国家计量基准器具是用以复现和保存计量单位量值的计量器具

B．计量基准器具是经国务院计量行政部门批准的全国统一的计量器具
C．计量标准器具是用于检定其他计量标准或工作计量的计量器具
D．计量标准器具是准确度高于国家计量基准器具的工作计量器具
E．工作计量器具是企业或事业单位进行计量工作时用的计量器具

2. 计量标准器具的使用，必须具备的条件有（　　）。
A．具有质量安全环境体系认证
B．经计量检定合格
C．具有正常工作所需要的环境条件
D．具有称职的保存、维护、使用人员
E．具有完善的管理制度

3. 衡量计量器具质量和水平的主要指标有（　　）。
A．准确度等级　　B．灵敏度
C．鉴别率　　D．超然性
E．溯源性

4. 计量检定按其检定的目的和性质包括（　　）。
A．首次检定　　B．后续检定
C．使用中检定　　D．末期检定
E．仲裁检定

5. 下列计量设备中，属于B类计量设备的有（　　）。
A．兆欧表　　B．百分表
C．接地电阻测量仪　　D．焊接检验尺
E．压力表

6. 关于计量器具强制检定的说法，正确的有（　　）。
A．强制检定是由政府计量行政主管部门强制实行
B．施工企业使用实行强制检定的计量器具，使用单位可自行选择检定点送检
C．使用强制检定的计量器具的单位和个人，都必须按照规定申请检定
D．施工企业使用实行强制检定的计量器具，可自行周期检定
E．强制检定的检定周期由执行强制检定的技术机构按照计量检定规程确定

7. 任何单位和个人不准在工作岗位上使用（　　）。
A．被认定为C类的计量器具
B．无检定合格印、证的计量器具
C．超过检定周期的计量器具
D．经检定不合格的计量器具
E．未做仲裁检定的计量器具

8. 县级以上人民政府计量行政部门依法设置的计量检定机构的职责有（　　）。
A．负责研究建立计量基准、社会公用计量标准
B．进行量值传递
C．执行强制检定和法律规定的其他检定、测试任务
D．为实施计量监督提供技术保证

E. 审批技术规范

【答案与解析】

一、单项选择题

*1. D;　2. A;　3. D;　4. D;　5. B;　6. C;　7. B;　8. B;
9. B;　10. C;　*11. C;　12. C;　13. A;　*14. D

【解析】

1. 答案 D

计量基准器具的使用必须具备的条件：

（1）经国家鉴定合格。

（2）具有正常工作所需要的环境条件。

（3）具有称职的保存、维护、使用人员。

（4）具有完善的管理制度。

业绩不属于计量基准器具的使用必须具备的条件。

11. 答案 C

根据《市场监管总局关于发布实施强制管理的计量器具目录的公告》（2019 年第 48 号），水表、压力表、电能表属于国家强制管理的计量器具，兆欧表不在其中。因此本题只有 C 选项符合题干要求。

14. 答案 D

为社会提供公证数据的产品质量检验机构，必须经省级以上人民政府计量行政部门计量认证。产品质量检验机构计量认证的内容包括：

（1）计量检定、测试设备的工作性能。

（2）计量检定、测试设备的工作环境和人员的操作技能。

（3）[illegible]证量值统一、准确的措施及检测数据公正、可靠的管理制度。

二、多[illegible]选择题

1. A、[illegible]C、E;　2. B、C、D、E;　*3. A、B、C、D;　4. A、B、C、E;
5. B、D、[illegible]　6. A、C、E;　7. B、C、D;　*8. A、B、C、D

【解析】

3. 答案 A、[illegible]C、D

衡量计量器具[illegible]量和水平的主要指标是它的准确度等级、灵敏度、鉴别率（分辨率）、稳定度、超然[illegible]以及动态特性等，是合理选用计量器具的重要依据。

8. 答案 A、B[illegible]C、D

县级以上人民政[illegible]计量行政部门依法设置的计量检定机构，为国家法定计量检定机构。其职责是：负[illegible]究建立计量基准、社会公用计量标准，进行量值传递，执行强制检定和法律规定的其[illegible]定、测试任务，起草技术规范，为实施计量监督提供技术保证，并承办有关计量监[illegible]A、B、C、D 选项正确，E 选项不正确，因为不是审批技术规范而是起草技术[illegible]

5.2 建设用电及施工的规定

复习要点

主要内容：工程建设用电的规定；电力设施保护区内施工作业的规定。

知识点 1．工程建设用电办理

（1）工程建设用电申请内容。

（2）工程建设用电申请资料。

（3）工程建设用电办理手续。

知识点 2．供用电协议内容和双方责任

（1）供用电协议内容。

（2）供用电协议双方责任。

知识点 3．工程建设临时用电相关规定

（1）工程建设临时用电准用程序。

（2）工程建设临时用电施工组织设计编制。

（3）工程建设临时用电检查。

知识点 4．工程建设用电计量的规定

用电计量装置包括计费电能表和电压、电流互感器及二次连接线导线。

知识点 5．用电安全规定

（1）施工单位安全用电行为规定。

（2）施工单位安全用电事故报告规定。

（3）中止施工单位用电的规定。

知识点 6．电力设施的保护范围

（1）发电厂、变电站（所）设施的保护范围。

（2）电力线路设施的保护范围。

知识点 7．电力设施保护区

（1）架空电力线路保护区。

（2）电力电缆线路保护区。

知识点 8．电力设施保护区内施工应遵守的规定

1．下列内容中，属于用户用电申请内容的是（　　）。

A．用电地点　　B．竣工检验

C．用电规划　　D．用电设备清单

2．下列施工用电的变化，不需要变更用电合同的是（　　）。

A．改变用电类别减少　　B．更换大容量变压器

C．合同约定的用电量　　D．增加两个二级配电箱

3. 在电力设施保护区进行吊装作业，吊装方案的批准人是（　　）。

A．总监理工程师　　B．建设单位项目负责人

C．施工企业技术负责人　　D．电力管理部门负责人

4. 关于在电力杆塔周围取土的说法，正确的是（　　）。

A．110kV 杆塔的 3m 外可以取土

B．220kV 杆塔的 4m 外可以取土

C．330kV 杆塔的 7m 外可以取土

D．500kV 杆塔的 8m 外可以取土

5. 编制临时用电施工组织设计的根据是（　　）。

A．设备最大容量　　B．设备过载容量

C．电设备总容量　　D．设备计算容量

6. 工程建设临时用电方案的审批单位是（　　）。

A．电力部门　　B．建设单位

C．监理单位　　D．施工单位

7. 下列原因中，供电企业不用向用户退补相应电量电费的是（　　）。

A．用电装置功率因数较低　　B．用电计量装置保险熔断

C．用电计量装置倍率不符　　D．用电计量装置接线错误

8. 关于用电计量装置安装位置的说法，正确的是（　　）。

A．公用线路的高压用户在变压器输入

B．专线供电的高压用户在变压器输入

C．公用线路的高压用户在变压器输出

D．用电计量装置应装在供电设施的产权分界处

9. 未经供电企业许可，施工单位允许的用电行为是（　　）。

A．引入外来电源　　B．将现有电源迁移

C．自备电源扩容　　D．将自备电源并网

10. 临时用电中施工单位未装用电计量装置时，计收电费的内容不包括（　　）。

A．用电容量　　B．设备功率

C．规定电价　　D．使用时间

11. 下列关于临时用电计量装置管理的说法，正确的是（　　）。

A．由建设单位专设的动力管理部门进行管理

B．施工单位设专人进行管理

C．由当地供电部门进行维护管理

D．由用电计量装置的产权单位进行维护管理

12. 110kV 的架空电力线路的导线边缘向外侧延伸的距离为（　　）。

A．5m　　B．10m

C．15m　　D．20m

13. 临时用电工程安装完毕后，由（　　）组织检查验收。

A．安全部门　　B．工程部门

C．供电部门　　D．质量部门

14．临时用电施工组织设计主要内容不包括（　　）。

A．工程概况　　B．资源配置计划

C．配电装置安装　　D．用电施工管理组织机构

二 多项选择题

1．下列资料中，属于工程建设用电申请资料的有（　　）。

A．用电负荷　　B．用电性质

C．用电线路　　D．用电规划

E．用电地点

2．下列内容中，属于供用电协议应具有的内容包括（　　）。

A．供电方式　　B．供电质量

C．违约责任　　D．用电规划

E．供电时间

3．下列电气器件中，属于线路相关设施保护的有（　　）。

A．互感器　　B．避雷针

C．断路器　　D．绝缘子

E．变压器

4．施工现场临时用电中，属于变更用电内容的有（　　）。

A．用户更名或过户　　B．减少约定用电容量

C．工程暂停半年用电　　D．超计划的电量用电

E．临时更换大容量变压器

[illegible]

C．[illegible]

E．重要设备损坏

7．下列情形中，经事后报告就可中止供电的情况有（　　）。

A．私自向外转供电力者　　B．受电装置检查不合格

C．拒不拆除私增用电者　　D．可能发生电气火灾的

E．可能造成停电行为的

8．在架空电力线路保护区取土时，应遵守的规定内容有（　　）。

A．取土范围　　B．取土时间

C．取土坡度　　D．预留通道

E．取土土质

9．临时用电工程检查设施包括（　　）。

A．架空线路　　B．电缆线路

C．消防装置　　D．照明装置

E．接地与防雷

【答案与解析】

一、单项选择题

*1．B；　2．D；　3．D；　4．D；　5．C；　6．A；　*7．A；　8．D；
9．C；　10．B；　11．C；　12．B；　13．A；　14．B

【解析】

1．答案 B

工程建设用电申请内容包括：用电申请书的审核、供电条件勘查、供电方案确定及批复、有关费用收取、受电工程设计的审核、施工中间检查、竣工检验、供用电合同（协议）签约、装表接电等项业务。

7．答案 A

工程建设退补相应电量的电费规定：由于计费计量的互感器、电能表的误差及其连接线电压降超出允许范围或其他人为原因致使计量记录不准时，以及用电计量装置接线错误、保险熔断、倍率不符等原因，使电能计量或计算出现差错时，供电企业应按《中华人民共和国电力法》相关规定向用户退补相应电量的电费。

二、多项选择题

*1．A、B、D、E；　2．A、B、C、E；　3．A、B、C；　4．A、B、C、E；
5．A、C、D、E；　*6．A、B、C、E；　*7．A、C；　8．A、C、D；
9．A、B、C、E

【解析】

1．答案 A、B、D、E

工程建设申请用电时，应向供电企业提供用电工程项目批准的文件及有关的用电资料，用电地点、电力用途、用电性质、用电设备清单、用电负荷、保安电力、用电规划等，并依照供电企业规定的格式如实填写用电申请书及办理所需手续。

6．答案 A、B、C、E

施工过程中对于出现人身触电死亡、导致电力系统停电、电力专线掉闸或全厂停电、电气火灾、重要或大型电气设备损坏、停电期间向电力系统倒送电等事故的，施工单位应及时向供电部门报告。

7．答案 A、C

有下列情形之一的，经批准或事后报告就可中止供电：

（1）危害供用电安全，扰乱供用电秩序，拒绝检查者。

（2）受电装置经检查不合格，在指定期间未改善者。

（3）拒不在限期内拆除私增用电容量者。

（4）私自向外转供电力者。

（5）违反安全用电、计划用电有关规定，拒不改正者。

（6）不可抗力和紧急避险。

（7）确有窃电行为。

5.3 特种设备的规定

复习要点

主要内容：特种设备的分类；特种设备制造、安装、改造及维修的规定；特种设备的监督检验。

知识点 1. 特种设备的范围

锅炉、压力容器（含气瓶）、压力管道、电梯、起重机械、客运索道、大型游乐设施、场（厂）内专用机动车辆，以及法律、行政法规规定适用《中华人民共和国特种设备安全法》的其他特种设备。

知识点 2. 特种设备生产的许可制度

（1）压力管道设计、安装许可。

（2）固定式压力容器制造、安装、修理、改造许可。

（3）锅炉安装（散装锅炉除外）、修理、改造许可。

（4）电梯制造（含安装、修理、改造）许可。

（5）起重机械制造、安装、修理、改造许可。

知识点 3. 特种设备制造、安装、改造单位应当具备的条件

（1）有与生产相适应的专业技术人员。

（2）有与生产相适应的设备、设施和工作场所。

（3）有健全的质量保证、安全管理和岗位责任等制度。

（4）电梯的安装、改造、修理，必须由电梯制造单位或者其委托的依照本法取得相应许可的单位进行。

知识点 4. 特种设备的施工告知

（1）特种设备安装、改造、修理施工前告知的规定。

（2）告知方式和内容。

知识点 5. 特种设备安装、改造、修理单位提供竣工资料的规定

知识点 6. 特种设备监督检验要求

锅炉、压力容器、压力管道元件等特种设备的制造过程和锅炉、压力容器、压力管道、电梯、起重机械、客运索道、大型游乐设施的安装、改造、重大修理过程，应当经特种设备检验机构按照安全技术规范的要求进行监督检验；未经监督检验或者监督检验不合格的，不得出厂或者交付使用。

知识点 7. 起重机械的首检与定期检验

（1）首次检验。

（2）定期检验。

（3）定期检验周期。

知识点 8. 起重机械的监督检验

（1）起重机械安装（包括新装、移装）、改造、重大修理监督检验，是指起重机械施工过程中，在施工单位自检合格的基础上，由国家市场监督管理总局核准的检验机构对施工过程进行的强制性、验证性检验。

（2）如果采取整机滚装形式出厂，不实施安装监督检验，实施使用前的首次检验。

（3）塔式起重机、施工升降机在安装监督检验结束后，塔式起重机的爬升和施工升降机的加节作业过程不实施安装监督检验。

（4）对于流动作业的通用门式起重机、架桥机，出厂后首次安装时，应当实施安装监督检验。经拆卸后再次安装时不再实施安装监督检验，实施定期检验。对定期检验有效期内未进行拆装的，按照正常检验周期进行后续的定期检验；对定期检验有效期内拆装的，拆装后即应进行定期检验。

一　单项选择题

1. 下列起重机械在安装前，不需要办理安装告知手续的是（　　）。
   A．履带起重机　　B．桥式起重机
   C．立体车库　　D．塔式起重机
2. 在产地和使用单位之间输送油气的管道属于（　　）。
   A．动力管道　　B．工业管道
   C．公用管道　　D．长输管道
3. 下列管道中，属于公用管道的是（　　）。
   A．城市供水管道　　B．动力管道
   C．污水管道　　D．热力管道
4. 对压力管道元件的制造单位实施许可的部门是（　　）。
   A．规划行政主管部门
   B．建设行政主管部门
   C．安全生产监督的部门
   D．特种设备安全监督管理的部门
5. 下列安装资格中，可从事 GCD 级压力管道安装的是（　　）。
   A．GA1 级压力管道　　B．GC1 级压力管道
   C．GB2 级压力管道　　D．A 级锅炉安装
6. 安装分段到货的甲醇装置中低压容器，施工单位应取得的施工许可是（　　）。
   A．GC1 级压力管道安装　　B．D 级压力容器制造
   C．GA1 级压力管道安装　　D．A 级锅炉安装
7. 下列条件中，非特种设备生产单位必须具备的是（　　）。
   A．资金和业绩
   B．专业技术人员
   C．设备、设施和工作场所

D．质量保证、安全管理和岗位责任制度

8. 接受压力容器安装告知的单位是（　　）。

A．压力容器使用单位

B．压力容器质量检测机构

C．设区的市级市场监督管理部门

D．安装单位所在地的安全监督管理部门

9. 负责特种设备制造和安装、改造、重大修理过程监督检验的单位是（　　）。

A．建设行政主管部门　　B．特种设备检验检测机构

C．质量监督管理机构　　D．特种设备安全监督管理部门

10. 特种设备检验检测机构对特种设备实施监督检验的依据是（　　）。

A．设备制造检验标准　　B．施工合同的质量条款

C．质量验收评定标准　　D．特种设备安全技术规范

11. 下列压力管道施工许可中，可覆盖 GC2 级管道安装的是（　　）。

A．GA2 级　　B．GB1 级

C．GB2 级　　D．GCD 级

12. 新购置的履带起重机，在办理使用登记前必须进行的检验是（　　）。

A．安装检验　　B．定期检验

C．首次检验　　D．监督检验

二 多项选择题

1. 特种设备制造、安装、改造单位应当具备与特种设备生产相适应的（　　）。

A．专业技术人员　　B．检验检测手段

C．质量保证体系　　D．安全管理制度

E．生产加工车间

2. 特种设备目录中的压力管道包括（　　）。

A．长输管道　　B．地下管道

C．工业管道　　D．公用管道

E．动力管道

3. 取得 A 级锅炉设备安装资格的单位，可从事的安装项目有（　　）。

A．D 级压力容器安装　　B．GC2 级压力管道安装

C．GB1 级压力管道安装　　D．GA1 级压力管道安装

E．B 级锅炉设备安装

4. 取得 A2 级压力容器制造许可的单位，可以制造（　　）。

A．中压容器　　B．低压容器

C．超高压容器　　D．球形储罐现场组焊

E．大型高压容器

5. 下列压力管道中，由省级市场监督管理部门负责受理、审批、发证的有（　　）。

A．GC1 级　　B．GC2 级

C．GCD 级　　D．GB2 级
E．GA2 级

6. 起重机械安装单位申请监督检验应提交的资料包括（　　）。
A．施工合同和施工方案
B．三年内的经营财务状况
C．特种设备制造许可证复印件
D．安全保护装置型式试验证明
E．特种设备安装改造维修告知书

7. 下列起重机安装完成后，需申请监督检验的有（　　）。
A．通用桥式起重机　　B．通用门式起重机
C．履带起重机　　D．桅杆起重机
E．缆索起重机

8. 下列检验或鉴定，属于特种设备检验检测机构工作内容的有（　　）。
A．定期检验　　B．成品性能鉴定
C．监督检验　　D．原材料检验
E．为特种设备提供检测服务

【答案与解析】

一、单项选择题

1．A；　2．D；　*3．D；　4．D；　5．D；　6．B；　7．A；　*8．C；
9．B；　*10．D；　11．D；　12．C

【解析】

3．答案 D

按照压力管道安装许可类别划分，有长输（油气）管道（GA 类）、公用管道（G 类）、工业管道（GC 类）和动力管道（GD 类）等类，每一类又分为若干级别。其中公用管道分为燃气管道（GB1 级）、热力管道（GB2 级），选项应为 D。城市供水管道和污水管道因为其工作压力或传输的介质不属于压力管道规定的范围，不属于压力管道，而动力管道类别为 GD 类，不是公用管道类别，故均为非选择项。

8．答案 C

《中华人民共和国特种设备安全法》规定，特种设备安装、改造、修理的施工单位应当在施工前将拟进行的特种设备安装、改造、修理情况书面告知直辖市或者设区的市级人民政府负责特种设备安全监督管理的部门。本题特指压力容器安装施工，在有关压力容器的专门规定中，是当地市场监督管理部门，这里，当地是“直辖市或者设区的市”的具体化，市场监督管理部门即指“市级人民政府负责特种设备安全监督管理的部门”。

10．答案 D

本题的考点为特种设备制造或安装、改造、重大维修过程中监督检验的依据。特种设备是特定的有确定范围的设备或设施，由《中华人民共和国特种设备安全法》制约

和规范，由国家负责特种设备安全监督管理的部门专门管理。因此，监督检验必须按照安全技术规范，即经国家负责特种设备安全监督管理的部门制定并公布的安全技术规范进行。而其他的产品标准、质量标准（无论是国家标准、行业标准或地方标准）以及合同质量条款，都不能替代安全技术规范。因而D是唯一选项。

二、多项选择题

1. A、B、C、D；　*2. A、C、D、E；　*3. A、B、E；　*4. A、B；

5. A、B、C、D；　6. A、C、D、E；　7. A、B；　8. A、C、E

【解析】

2. 答案A、C、D、E

按照压力管道安装许可类别划分，有长输（油气）管道（GA类）、公用管道（G类）、工业管道（GC类）和动力管道（GD类）等类。A、C、D、E项各是上述类别之一，为正确选项。地下管道为安装在地下或埋地的管道，包含的管道种类十分复杂，可能有属于上述4类压力管道中一种或多种的，也可能有不属于压力管道的，如污水管道。因而从分类上来看，与压力管道的类别划分不一致，故应为错误项。

3. 答案A、B、E

任一级别安装资格的锅炉设备安装单位或压力管道安装单位均可以进行压力容器安装；A级锅炉安装覆盖GC2、GCD级压力管道安装；锅炉安装A级覆盖B级。根据上述规定，A、B、E是正确选项。

4. 答案A、B

本题的主要考核点是压力容器制造许可资格的向下包含性，即具有A2级压力容器制造许可资格覆盖D级，即具备D级压力容器制造许可资格。题中取得A2级压力容器制造许可的单位，即规定可以制造其他高压容器，同时包含中压容器、低压容器，但不能制造A级的其他类型的压力容器，如超高压容器、大型高压容器等。

第6章 相关标准

6.1 建筑机电工程设计与施工标准

微信扫一扫
在线做题+答疑

复习要点

主要内容：建筑电气及智能系统工程设计与施工标准；建筑给水排水与供暖工程设计和施工标准；通风与空调工程设计和施工标准；消防和人防工程设计与施工标准。

知识点1．建筑电气及智能系统工程相关设计标准

《供配电系统设计规范》GB 50052—2009、《民用建筑电气设计标准》GB 51348—2019、《入侵报警系统工程设计规范》GB 50394—2007、《智能建筑设计标准》GB 50314—2015、《建筑机电工程抗震设计规范》GB 50981—2014。

知识点2．建筑电气及智能系统工程相关施工标准

《建筑电气工程施工质量验收规范》GB 50303—2015、《智能建筑工程质量验收规范》GB 50339—2013。

知识点3．建筑给水排水与供暖工程相关设计标准

《建筑给水排水与节水通用规范》GB 55020—2021、《建筑给水排水设计标准》GB 50015—2019。

知识点4．建筑给水排水与供暖工程相关施工标准

《建筑给水排水与节水通用规范》GB 55020—2021、《建筑给水排水及采暖工程施工质量验收规范》GB 50242—2002、《自动喷水灭火系统施工及验收规范》GB 50261—2017、《民用建筑节水设计标准》GB 50555—2010。

知识点5．通风与空调工程相关设计标准

《民用建筑供暖通风与空气调节设计规范》GB 50736—2012、《锅炉房设计标准》GB 50041—2020。

知识点6．通风与空调工程相关施工标准

《通风与空调工程施工质量验收规范》GB 50243—2016、《通风与空调工程施工规范》GB 50738—2011。

知识点7．通风与空调工程与净化空调相关的设计施工标准

《洁净厂房设计规范》GB 50073—2013、《医药工业洁净厂房设计标准》GB 50457—2019、《医院洁净手术部建筑技术规范》GB 50333—2013、《洁净室施工及验收规范》GB 50591—2010、《洁净厂房施工及质量验收规范》GB 51110—2015。

知识点8．通风与空调工程与节能相关的设计施工标准

《建筑节能与可再生能源利用通用规范》GB 55015—2021、《建筑碳排放计算标准》GB/T 51366—2019。

知识点9．消防和人防工程相关设计标准

《建筑设计防火规范（2018年版）》GB 50016—2014、《自动喷水灭火系统设计规范》

GB 50084—2017、《火灾自动报警系统设计规范》GB 50116—2013、《泡沫灭火系统技术标准》GB 50151—2021、《二氧化碳灭火系统设计规范（2010年版）》GB 50193—93、《水喷雾灭火系统技术规范》GB 50219—2014、《固定消防炮灭火系统设计规范》GB 50338—2003、《干粉灭火系统设计规范》GB 50347—2004、《气体灭火系统设计规范》GB 50370—2005、《细水雾灭火系统技术规范》GB 50898—2013、《消防给水及消火栓系统技术规范》GB 50974—2014、《消防应急照明和疏散指示系统技术标准》GB 51309—2018、《消防设施通用规范》GB 55036—2022、《人民防空地下室设计规范》GB 50038—2005、《人民防空工程设计防火规范》GB 50098—2009、《人民防空工程设计规范》GB 50225—2005。

知识点10. 消防和人防工程相关施工标准

《火灾自动报警系统施工及验收标准》GB 50166—2019、《自动喷水灭火系统施工及验收规范》GB 50261—2017、《气体灭火系统施工及验收规范》GB 50263—2007、《固定消防炮灭火系统施工及验收规范》GB 50498—2009、《人民防空工程施工及验收规范》GB 50134—2004。

一 单项选择题

1. 关于供配电系统设计的说法，正确的是（　　）。
   A. 应急电源与非应急电源之间，可以并列运行
   B. 消防和非消防负荷可以共用柴油发电机组
   C. 低压配电室至楼层配电箱宜采用放射配电
   D. 备用电源可低于用电设备供电容量的要求
2. 下列电气末端器具，适合专用蓄电池室采用的是（　　）。
   A. 普通型开关　　B. 吸顶灯具
   C. 常规型插座　　D. 防爆灯具
3. 建筑周界设置入侵探测器时，每个独立防区的最大长度是（　　）。
   A. 100m　　B. 300m
   C. 200m　　D. 400m
4. 下列检测资质证书，不属于智能建筑工程专业检测机构资质证书的是（　　）。
   A. 防雷检测资质证书　　B. 智能建筑计量认证证书
   C. 实验室认可证书　　D. 检查机构认可证书
5. 下列排水管道中，可以与污水管道直接连接的是（　　）。
   A. 中水箱的泄水管　　B. 生活饮用水池的溢流管
   C. 卫生器具排水管　　D. 雨水清水池的泄水管道
6. 居住建筑集中热水循环供应系统，热水配水点达到最低出水温度的最长时间不应超过（　　）。
   A. 10s　　B. 15s
   C. 20s　　D. 25s
7. 下列位置，不适合设置锅炉房的是（　　）。

A．疏散通道旁边　　B．首层靠建筑处墙部位

C．室外独立建筑　　D．地下一层建筑外墙处

8. 洁净室送风量的计算中，不包括的送风量是（　　）。

A．按洁净度等级计算的送风量

B．按规范要求计算的送风量

C．按热湿负荷计算的送风量

D．按净化机组计算的送风量

9. 下列净化空调系统设置的说法，错误的是（　　）。

A．净化空调与一般空调系统可以合并设置

B．无菌与非无菌区的净化空调应分别设置

C．运行班次不同的净化空调系统宜分开设置

D．温湿度控制参数差别大的净化系统分开设置

10. 下列净化空调系统空气处理机组的选型技术要求，错误的是（　　）。

A．净化空调的空气处理机组应有良好的气密性

B．净化空气处理机组内表面应易于清洁、耐腐蚀

C．净化空气处理机组内风机的风量应等于计算风量

D．净化空气处理机组各级过滤器的阻力按初阻力的1.8倍计算

11. 下列疏散指示标志设置的位置，错误的是（　　）。

A．疏散门正上方　　B．疏散走道墙面上

C．疏散走道转角天花上　　D．安全出口正上方

12. 下列适合设置自动喷水灭火系统的场所是（　　）。

A．民用建筑变电所

B．与水发生化学反应的物品库房

C．民用建筑办公区

D．存放文物典籍的博物馆

13. 下列适合扑救封闭空间内火灾的气体灭火系统是（　　）。

A．泡沫灭火系统　　B．局部应用干粉灭火系统

C．细水雾灭火系统　　D．全淹没二氧化碳灭火系统

14. 消防水泵从接到启泵信号到水泵正常运转，自动启动时间最长是（　　）。

A．1min　　B．2min

C．3min　　D．5min

15. 下列火灾，适合采用气体灭火系统扑灭的是（　　）。

A．钠金属火灾　　B．硝化纤维火灾

C．氢化钾火灾　　D．电气火灾

16. 消防给水与灭火设施中的供水管道，安装后应进行的试验或后续工作不包括（　　）。

A．强度试验　　B．真空度试验

C．系统冲洗　　D．严密性试验

17. 气体灭火系统灭火剂储存容器宜涂的标识色是（　　）。

A．黄色　　B．绿色
C．蓝色　　D．红色

18. 下列关于自动喷水灭火系统报警阀组的安装，不正确的是（　　）。
A．报警阀组的安装高度，宜距地面 1.2m
B．安装报警阀组的室内地面应有组织排水
C．报警阀组安装完成后，应和管道一起进行冲洗
D．应先安装报警阀，再进行报警阀辅助管道的连接

19. 智能建筑的设备监控系统中，在主系统与第三方子系统有联动要求的场合，宜选择的产品要求是（　　）。
A．可互通信　　B．可互操作
C．可互冗余　　D．可互换用

20. 景观用水的水源不能采用的是（　　）。
A. 市政自来水　　B．中水回用水
C．废水回用水　　D．雨水回用水

二 多项选择题

1. 电气照明设计方案应合理考虑的因素有（　　）。
A．节能控制　　B．抗震性能
C．自然采光　　D．负荷性质
E．视觉要求

2. 入侵报警系统应设置视频监控摄像机设防的位置有（　　）。
A．办公区域　　B．首层大堂
C．主要通道　　D．电梯轿厢
E．停车库出入口

3. 下列管道的标识色，符合规范要求的有（　　）。
A．中水管道为蓝色环　　B．给水管道为蓝色环
C．雨水回用管道为淡绿色环　　D．热水供水管道为黄色环
E．排水管道为淡绿色环

4. 下列风管，应采取热补偿措施的有（　　）。
A．空调风管　　B．锅炉的烟囱管
C．排风风管　　D．直燃机烟气管
E．排烟风管

5. 建筑运行期间，碳排放计算范围包括的有（　　）。
A. 材料运输的碳排放量　　B．锅炉生产的碳排放量
C. 暖通空调的碳排放量　　D．照明系统的碳排放量
E．可再生能源的碳排放量

6. 下列风管的材料，必须采用不燃材料的有（　　）。
A．玻璃钢风管的支架

B．复合材料风管内层的绝热材料

C．金属风管法兰垫片

D．空调风管的绝热材料

E．穿过防火墙的风管与其套管间的封堵材料

7. 在工业洁净室内，应单独设置局部排风系统的情况有（　　）。

A．会议室内的排风介质　　B．排风介质会交叉污染

C．排风介质含易爆气体　　D．排风介质含有毒气体

E．文印室内的排风介质

8. 下列净化空调与通风系统的风管，应设置防火阀的情况有（　　）。

A．净化机组送风管分叉处

B．穿越变形缝防火隔墙的风管

C．进入洁净室的空调风管

D．穿越空气调节机房隔墙处的风管

E．垂直风管与水平风管交接的水平管段

9. 下列属于自动喷水灭火系统末端试水装置组成部分的有（　　）。

A．喷洒头　　B．试水阀

C．压力表　　D．试水接头

E．减压阀

10. 下列火灾探测器，对于火灾发展迅速，可产生大量热、烟和火焰辐射的场所，可选择的有（　　）。

A．感温火灾探测器　　B．一氧化碳火灾探测器

C．感烟火灾探测器　　D．可燃气体火灾探测器

E．火焰探测器

【答案与解析】

一、单项选择题

*1. B；　2. D；　3. C；　*4. A；　5. C；　6. B；　7. A；　*8. D；
9. A；　10. C；　11. C；　12. C；　13. D；　14. B；　15. D；　16. B；
17. D；　18. C；　*19. B；　20. A

【解析】

1. 答案 B

当民用建筑的消防负荷和非消防负荷共用柴油发电机组时，应具备火灾时切除非消防负荷的功能，消防负荷应设置专用的回路，应具备储油量低位报警或显示的功能。

4. 答案 A

根据《智能建筑工程质量验收规范》GB 50339—2013，智能建筑工程专业检测机构的资质目前有几种：

（1）通过智能建筑工程检测的计量认证，取得计量认证证书。

（2）省（市）以上政府建设行政主管部门颁发的智能建筑工程检测资质证书。

（3）中国合格评定国家认可委员会实验室认可评审的实验室认可证书和检查机构认可证书，通过认可的检查机构既可以出具智能建筑工程检测报告，也可以出具智能建筑工程检查 / 鉴定报告。

8. 答案 D

按照《洁净厂房设计规范》GB 50073—2013 的要求，洁净室的送风量应取下列三项中的最大值：

（1）满足空气洁净度等级要求的送风量。

（2）根据热湿负荷计算确定的送风量。

（3）按规范要求向洁净室内供给的新鲜空气量。

而净化机组选型确定的送风量是根据洁净室内送风量确定的，故此答案不选。

19. 答案 B

根据《智能建筑设计标准》GB 50314—2015，智能建筑设备监控系统的设计要求有：

（1）系统应支持开放式系统技术，宜建立分布式控制网络。

（2）系统与产品的开放性宜满足可互通信、可互操作、可互换用的要求。

（3）在主系统对第三方子系统只监视不控制的场所，也可选择只满足可互通信的产品。

（4）在主系统与第三方子系统有联动要求的场合，宜选择能满足可互操作的产品。

故答案选 B。

二、多项选择题

1. A、C、E；	2. B、C、D、E；	*3. B、C、D；	4. B、D；
5. C、D、E；	6. B、E；	7. B、C、D；	*8. B、D、E；
9. B、C、D；	10. A、C、E		

【解析】

3. 答案 B、C、D

根据《建筑给水排水与节水通用规范》GB 55020—2021，给水、排水、中水、雨水回用及海水利用管道应有不同的标识，并应符合下列规定：给水管道应为蓝色环；热水供水管道应为黄色环、热水回水管道应为棕色环；中水管道、雨水回用和海水利用管道应为淡绿色环；排水管道应为黄棕色环。

8. 答案 B、D、E

根据《洁净厂房设计规范》GB 50073—2013，下列情况之一的通风系统、净化空调系统的风管应设防火阀：

（1）风管穿越防火分区的隔墙处，穿越变形缝的防火隔墙的两侧。

（2）风管穿越通风、空气调节机房的隔墙和楼板处。

（3）垂直风管与每层水平风管交接的水平管段上。

而净化机组送风管分叉处和进入洁净室的空调风管上一般会设置的是调节阀，故答案 A、C 不选。

6.2 工业机电工程设计与施工标准

复习要点

主要内容：石油化工工程设计与施工标准；电力工程设计与施工标准；冶炼工程设计与施工标准。

知识点1．石油化工工程相关设计标准

《钢结构设计标准》GB 50017—2017、《压力容器 第3部分：设计》GB/T 150.3—2011和《工业金属管道设计规范（2008年版）》GB 50316—2000。

知识点2．石油化工工程相关施工标准

《钢结构工程施工质量验收标准》GB 50205—2020、《石油化工有毒、可燃介质钢制管道工程施工及验收规范》SH/T 3501—2021、《石油化工静设备安装工程施工质量验收规范》GB 50461—2008和《石油化工大型设备吊装工程施工技术规程》SH/T 3515—2017。

知识点3．电力工程相关设计标准

《大中型火力发电厂设计规范》GB 50660—2011、《风力发电场设计规范》GB 51096—2015、《光伏发电站设计规范》GB 50797—2012、《槽式太阳能光热发电站设计标准》GB/T 51396—2019和《塔式太阳能光热发电站设计标准》GB/T 51307—2018。

知识点4．电力工程相关施工标准

《电力建设施工技术规范 第2部分：锅炉机组》DL 5190.2—2019、《风力发电工程施工与验收规范》GB/T 51121—2015和《光伏发电站施工规范》GB 50794—2012。

知识点5．炼铁工程相关设计标准

《钢铁企业原料场工程设计标准》GB/T 50541—2019、《烧结厂设计规范》GB 50408—2015、《铁矿球团工程设计标准》GB/T 50491—2018、《炼焦工艺设计规范》GB 50432—2007和《高炉炼铁工程设计规范》GB 50427—2015。

知识点6．炼钢工程相关设计标准

《炼钢工程设计规范》GB 50439—2015和《连铸工程设计规范》GB 50580—2010。

知识点7．轧钢工程相关设计标准

《板带轧钢工艺设计规范》GB 50629—2010、《板带精整工艺设计规范》GB 50713—2011和《冷轧带钢工厂设计规范》GB 50930—2013。

知识点8．冶炼工程节能、资源综合利用与环境保护相关设计标准

《钢铁工业资源综合利用设计规范》GB 50405—2017、《钢铁企业节能设计标准》GB/T 50632—2019和《钢铁工业环境保护设计规范》GB 50406—2017。

知识点9．炼铁工程相关施工标准

《烧结机械设备工程安装验收标准》GB/T 50402—2019、《烧结机械设备安装规范》GB 50723—2011、《焦化机械设备安装验收规范》GB 50390—2017、《焦化机械设备安装规范》GB 50967—2014、《炼铁机械设备工程安装验收规范》GB 50372—2006和《炼铁机械设备安装规范》GB 50679—2011。

知识点 10. 炼钢工程相关施工标准

《炼钢机械设备工程安装验收规范》GB 50403—2017 和《炼钢机械设备安装规范》GB 50742—2012。

知识点 11. 轧钢工程相关施工标准

《轧机机械设备工程安装验收规范》GB 50386—2016 和《轧机机械设备安装规范》GB/T 50744—2011。

知识点 12. 炉窑砌筑相关施工标准

《工业炉砌筑工程质量验收标准》GB 50309—2017 和《工业炉砌筑工程施工与验收规范》GB 50211—2014。

一 单项选择题

1. 承重结构所用的钢材合格保证中不包括（　　）。

A. 屈服强度　　B. 抗拉强度

C. 断后伸长率　　D. 碳含量

2. 压力容器加强圈每侧间断焊接的总长度应不少于圆筒外圆周长的（　　）。

A. 1/5　　B. 1/4

C. 1/3　　D. 1/2

3. 大幅度温度频繁循环条件下的管道应采用（　　）。

A. 螺纹法兰连接　　B. 平焊法兰连接

C. 承插法兰连接　　D. 对焊法兰连接

4. 天然气管道预制加工应按现场审查确认的（　　）进行。

A. 单线图　　B. 管线号

C. 焊口编号　　D. 焊口位置

5. 下列管道中，连接法兰或螺纹连接接头需要设计安装防静电跨接线的是（　　）。

A. 冷却水管道　　B. 锅炉燃油管道

C. 压缩空气管道　　D. 辅助蒸气管道

6. 石油化工静设备安装前对基础的要求，描述错误的是（　　）。

A. 基础施工单位在交付的基础上应装有沉降观测点

B. 基础施工单位应在交付的基础上画出标高基准线和纵横中心线

C. 卧式设备滑动端基础预埋板的上表面应光滑平整，水平度为 2mm/m

D. 设备基础交付安装时，基础混凝土强度不得低于设计强度的 75%

7. 下列关于设备吊耳的描述内容，正确的是（　　）。

A. 吊点在底座环上或分段设备的顶部宜采用外部支撑法

B. 现场焊接的吊耳，其与设备焊接部位应做表面渗透检测

C. 设备到场后，吊耳外观质量检查和焊口无损检测不需再做

D. 设备出厂前应按设计要求做吊耳检测，不必出具检测报告

8. 下列关于吊车吊装的描述，正确的是（　　）。

A. 吊装过程中，吊钩侧偏角应小于 1.5°

B. 设备与吊臂之间的安全距离宜大于 550mm

C. 立式吊装设备时，吊梁上部吊索与水平夹角大于等于 60°

D. 两台起重机抬吊时，每台起重机的吊装载荷不得超过其额定起重能力的 85%

9. 风力发电设备的塔架、机舱、风轮、叶片等部件的吊装作业，对风速的要求描述正确的是（　　）。

A. 塔架安装风速不宜超过 6m/s

B. 风轮安装风速不宜超过 7m/s

C. 叶片安装风速不宜超过 8m/s

D. 机舱安装风速不宜超过 9m/s

10. 必须设置固定式一氧化碳检测及报警装置的是采用贫煤气加热的（　　）。

A. 焦炉配电室　　B. 焦炉地下室

C. 焦炉控制室　　D. 焦炉交换机室

11. 中厚板生产工艺中，不包括（　　）。

A. 控制轧制　　B. 热机轧制

C. 冷机轧制　　D. 轧后快速冷却

12. 无须进行水冷系统水压试验和通水试验的是（　　）。

A. 结晶器

B. 设备的安全保护装置

C. 钢包精炼转炉的炉盖

D. 循环真空脱气精炼炉设备脱气室

13. 下列关于砌筑工程的描述，说法不正确的是（　　）。

A. 接缝料未硬化前，炉体可以轻微地倾动

B. 焦炉同一炭化室的机、焦侧干燥床和封墙不得同时拆除

C. 承重模板应在耐火浇注料达到设计强度的 70% 以上后拆除

D. 焦炉炭化室跨顶砖除长度方向的端面外，其他面均不得加工

二 多项选择题

1. 当钢结构可能受到短时间的火焰直接作用时，应采用的防护措施包括（　　）。

A. 加热辐射屏蔽　　B. 水套隔热降温

C. 用砌块做隔热层　　D. 加耐热隔热涂层

E. 用耐热固体材料做隔热层

2. 下列管道设计条件中，属于工艺条件的有（　　）。

A. 环境　　B. 压力

C. 温度　　D. 荷载

E. 流体

3. 石油化工静设备采用垫铁找平找正，下列对垫铁的要求，正确的是（　　）。

A. 相邻两垫铁组的中心距不应大于 500mm

B. 支柱式设备每组垫铁的块数不应超过 5 块

C. 有加强筋的设备支座，垫铁应垫在加强筋下

D. 裙式支座每个地脚螺栓近旁应至少设置1组垫铁

E. 斜垫铁应成对相向使用，搭接长度不应小于全长的1/2

4. 设备吊装作业时，常用的地基处理方法包括（ ）。

A. 碾压法　　B. 换填法

C. 强夯法　　D. 桩基法

E. 压重法

5. 焦化机械设备安装后，必须在试运行中完成调试的有（ ）。

A. 压力继电器　　B. 液控安全阀

C. 温度控制器　　D. 中间继电器

E. 电磁接触器

6. 按照现行《板带精整工艺设计规范》GB 50713的要求，特厚板的精整工序包括（ ）。

A. 修磨　　B. 压平

C. 车削　　D. 轧后冷却

E. 内部缺陷检测

【答案与解析】

一、单项选择题

1. D；　2. D；　3. D；　4. A；　5. B；　6. A；　7. B；　8. C；　9. C；　*10. B；　11. C；　*12. B；　*13. A

【解析】

10. 答案B

《炼焦工艺设计规范》GB 50432—2007规定，采用贫煤气加热的焦炉地下室必须设置固定式一氧化碳检测及报警装置。焦炉交换机室、控制室和配电室等场所必须设置火灾检测及报警装置，故选择B。

12. 答案B

根据《炼钢机械设备工程安装验收规范》GB 50403—2017和《炼钢机械设备安装规范》GB 50742—2012，以下设备须进行水冷系统水压试验和通水试验：

（1）转炉炉体水冷炉口、副枪机余热锅炉安装完成后必须按设计技术文件的规定进行水压试验和通水试验。

（2）电弧炉水冷系统、电极臂及电极夹持头水冷系统必须按设计技术文件的规定进行水压试验和通水试验。

（3）钢包精炼转炉的炉盖水冷系统、电极夹持头水冷系统必须按设计技术文件的规定进行水压试验和通水试验。

（4）钢包真空精炼炉及真空吹氧脱碳炉设备安装罐盖水冷系统必须按设计技术文件的规定进行水压试验和通水试验。

（5）循环真空脱气精炼炉设备脱气室水冷系统必须按设计技术文件的规定进行水

压试验和通水试验。

（6）结晶器必须按设计技术文件的规定进行水压试验和工作压力下的通水试验。

设备的安全保护装置必须按设计技术文件的规定安装完毕，在试运行中需调试的装置，应在试运行中完成调试，其功能必须符合设计技术文件的规定。所以答案为B。

13．答案A

根据《工业炉砌筑工程施工与验收规范》GB 50211—2014的规定，有：

（1）承重模板应在耐火浇注料达到设计强度的70%以上后拆除。

（2）焦炉炭化室跨顶砖除长度方向的端面外，其他面均不得加工。

（3）焦炉同一炭化室的机、焦侧干燥床和封墙不得同时拆除。

（4）接缝料未硬化前，炉体不得倾动。

故选择A。

二、多项选择题

*1．A、D；　2．B、C、E；　3．A、C、D；　4．A、B、C、D；
5．A、B、C；　*6．A、B、D、E

【解析】

1．答案A、D

根据《钢结构设计标准》GB 50017—2017的规定，有：

（1）当钢结构可能受到炽热熔化金属的侵害时，应采用砌块或耐热固体材料做成的隔热层加以保护。

（2）当钢结构可能受到短时间的火焰直接作用时，应采用加耐热隔热涂层、热辐射屏蔽等隔热防护措施。

（3）当高温环境下钢结构的承载力不满足要求时，应采取增大构件截面或采用耐火钢或采用加耐热隔热涂层、热辐射屏蔽、水套隔热降温措施等隔热降温措施。

所以选择A、D。

6．答案A、B、D、E

根据《板带精整工艺设计规范》GB 50713—2011，特厚板的精整工序宜包括轧后冷却、表面检查、修磨、切头、切尾、切边、定尺和试样切割、内部缺陷检测、压平、标记、成品入库等工序。

第 3 篇　机电工程项目管理实务

第 7 章　机电工程企业资质与施工组织

复习要点

微信扫一扫
在线做题＋答疑

主要内容：设计企业资质；施工企业资质；施工项目的类型及建设程序；施工项目管理的任务及施工特点；施工项目的组织结构模式和承包模式；施工组织设计的编制与实施；施工方案的编制与实施；施工技术交底；设计变更管理；施工资料及信息化管理。

知识点 1．工程设计企业资质

（1）工程设计资质划分。

（2）工程设计资质级别划分。

知识点 2．工程设计资质标准

工程设计综合资质、行业资质、专业资质、专项资质。

知识点 3．工程设计资质承担业务范围

知识点 4．机电工程施工总承包资质标准及承包工程范围

（1）机电、石油化工、电力、冶金工程施工总承包资质分为特级、一级、二级、三级。

（2）施工总承包资质标准要求：企业的净资产；企业主要人员的配置；企业的工程业绩。

（3）承包工程范围。

知识点 5．建筑机电安装工程专业承包资质标准及承包工程范围

知识点 6．输变电工程专业承包资质标准及承包工程范围

知识点 7．机电工程项目的类型

（1）机电工程建设项目的内容。

（2）机电工程专业组成。

（3）机电工程项目的建设类型。

知识点 8．机电工程项目的建设程序

知识点 9．设计阶段项目管理的任务

（1）初步设计阶段的管理任务。

（2）施工图设计阶段的管理任务。

知识点 10．采购阶段项目管理的任务

知识点 11．施工阶段项目管理的任务

知识点 12．试运行及验收阶段项目管理的任务

知识点 13．项目的组织结构模式

知识点 14. 项目的承包模式

知识点 15. 施工组织设计的类型

表 7-1 施工组织设计的分类

序号	分类依据	分类	
1	按编制阶段分类	标前施工组织设计	标前施工组织设计又称施工组织设计纲要，是项目投标阶段依据初步设计和招标文件编制，对投标项目的施工布局做出总体安排以满足投标需要，是原则性的施工组织规划
		标后施工组织设计	标后施工组织设计是项目实施阶段依据施工组织设计纲要、施工图设计和合同文件编制，对实施项目的施工过程做出全面安排以满足履约需要，是可操作的施工组织规划
2	按编制对象分类	施工组织总设计	是以整体工程或若干个单位工程组成的群体工程为主要对象编制，对整个项目的施工全过程起统筹规划和重点控制作用，是编制单位工程施工组织设计和专项工程施工组织设计的依据
		单位工程施工组织设计	是以单位（子单位）工程为主要对象编制，对单位（子单位）工程的施工过程起指导和制约作用的技术经济文件，是施工组织总设计的进一步细化，能直接指导单位（子单位）工程的施工管理和技术经济活动
		专项工程施工组织设计	又称分部（分项）工程施工组织设计，是以分部（分项）工程或专项工程为主要对象编制，对分部（分项）工程或专项工程的施工过程起指导作用的技术经济文件。对于施工工艺复杂或特殊的施工过程，如施工技术难度大、工艺复杂、质量要求高、采用新工艺或新产品应用的分部（分项）工程或专项工程都需要编制专项工程施工组织设计，因此专项工程施工组织设计也称为施工方案

知识点 16. 施工组织设计编制依据

知识点 17. 施工组织设计编制内容

工程概况、编制依据、施工部署、施工进度计划、施工准备与资源配置计划、主要施工方法、主要施工管理措施、施工现场平面布置。

知识点 18. 施工组织设计的编制与审批

施工组织设计实施前应严格执行编制、审核、审批程序。

知识点 19. 施工组织设计交底

交底的内容：工程特点、难点；主要施工工艺及施工方法；施工进度安排；项目组织机构设置与分工；质量、安全技术措施等。

知识点 20. 施工组织设计的实施

知识点 21. 施工方案的类型

（1）专业工程施工方案。

（2）安全专项施工方案。

知识点 22. 施工方案编制依据

知识点 23. 施工方案的编制内容

施工方案的编制内容主要包括：工程概况、编制依据、施工安排、施工进度计划、施工准备与资源配置计划、施工方法及工艺要求、质量和安全环境保证措施等。

知识点 24. 专项施工方案的编制要求

知识点 25. 施工方案优化

知识点 26．施工方案交底

交底内容：施工程序和顺序、施工工艺、操作方法、要领、质量控制、安全措施等。

知识点 27．设计变更的分类

表 7-2　设计变更的分类

<table>
<tr><th>序号</th><th>分类依据</th><th colspan="2">分类</th></tr>
<tr><td rowspan="2">1</td><td rowspan="2">按照引起设计变更的责任方分类</td><td>设计原因的变更</td><td>（1）设计原因的变更是指设计单位对设计存在的设计缺陷、设计漏项、设计错误、设计改进等方面而提出的设计变更。
（2）针对设计原因的变更，应编制设计变更单，应对变更造成的工程费用变化做出测算</td></tr>
<tr><td>非设计原因的变更</td><td>（1）非设计原因的变更是指建设单位、监理单位或施工单位根据施工条件的变化（地质或水文实际情况与勘察报告资料不符等）、设计条件的变化（投资及项目整体规划、工程规模、工程范围、工期的调整，主要工程规范或主要工艺标准的变化）、物资供应的情况或上级部门的要求等原因提出的合理变更。
（2）针对非设计原因的变更，应编制工程联络单（工作联系单），工程联络单除描述变更事项及其原因外，还应对变更引起的费用和工期变化做出说明</td></tr>
<tr><td rowspan="2">2</td><td rowspan="2">按照设计变更的内容性质分类</td><td>重大设计变更</td><td>重大设计变更是指变更对项目实施总工期和里程碑产生影响，或改变工程质量标准、整体设计功能，或增加的费用超出批准的基础设计概算，或增加了已批准概算中没有列入的单项工程，或工艺方案变化、扩大设计规模、增加主要工艺设备等改变基础设计范围等原因提出的设计变更。重大设计变更应按照有关规定办理审批手续</td></tr>
<tr><td>一般设计变更</td><td>一般设计变更是指在不违背批准的基础设计文件的前提下，对原设计的局部改进、完善。一般设计变更不改变工艺流程，不会对总工期和里程碑产生影响，对工程投资影响较小</td></tr>
</table>

知识点 28．设计变更程序和要求

知识点 29．项目施工技术资料与竣工档案的特征

知识点 30．建设工程项目资料的分类

表 7-3　工程项目资料分类

<table>
<tr><th>序号</th><th>名称</th><th>分类</th></tr>
<tr><td rowspan="4">1</td><td rowspan="4">建设工程文件（建设工程资料）</td><td>工程准备阶段文件：在立项、审批、用地、勘察、设计、招标投标等工程准备阶段形成的文件</td></tr>
<tr><td>监理文件：监理管理文件、进度控制文件、质量控制文件、造价控制文件、合同管理文件和竣工验收文件</td></tr>
<tr><td>施工文件：施工单位在施工过程中形成的文件，包括：施工管理文件、施工技术文件、施工进度及造价文件、施工物资文件、施工记录、施工试验记录及检测报告、施工质量验收记录、竣工验收文件</td></tr>
<tr><td>竣工验收文件：建设工程项目竣工验收活动中形成的文件，包括：竣工验收文件、竣工决算文件、竣工交档文件、竣工总结文件</td></tr>
<tr><td>2</td><td>机电工程项目施工技术文件</td><td>（1）机电工程项目施工技术文件是施工单位用以指导、规范和科学化施工的文件，是施工资料的重要组成部分。
（2）施工技术文件内容包括：工程技术文件报审表、施工组织设计及施工方案、危险性较大的分部分项工程施工方案、技术交底记录、图纸会审记录、设计交底记录、设计变更通知单、工程洽商记录、技术核定单等</td></tr>
</table>

知识点 31. 施工技术资料的编制、审批与填写要求
知识点 32. 施工技术资料管理要求
知识点 33. 项目竣工档案的主要内容
知识点 34. 机电工程项目竣工档案编制要求
知识点 35. 机电工程项目竣工档案管理要求
知识点 36. 项目信息化管理

一 单项选择题

1. 下列工程专业中，属于工业机电工程专业的是（　　）。
A. 给水排水工程　　B. 建筑电气工程
C. 设备安装工程　　D. 通风空调工程

2. 关于施工方案编制对象的说法，正确的是（　　）。
A. 质量要求高的分部工程
B. 工艺复杂的关键工序
C. 多个单位工程组成的单项工程
D. 单位或子单位工程

3. 下列工程中，需编制专项方案并组织专家论证的是（　　）。
A. 25t 桥式起重机的安装工程
B. 单件最重 8t 的吊装工程
C. 基础标高为 50m 的塔式起重机安装工程
D. 跨度 40m 的钢结构安装工程

4. 机电工程施工总承包资质标准要求不包括（　　）。
A. 企业技术工人　　B. 企业净资产
C. 企业主要人员　　D. 企业工程业绩

5. 施工中发生以下变化后，不需要重新编制或修订施工组织设计的是（　　）。
A. 重大设计修改　　B. 施工方法调整
C. 项目技术负责人变更　　D. 主要施工机械调整

6. 下列交底内容中，不属于施工组织设计交底内容的是（　　）。
A. 组织机构设置与人员分工　　B. 施工进度安排
C. 主要施工工艺及施工方法　　D. 施工程序和顺序

7. 下列起重工程中，属于超危大工程的是（　　）。
A. 非常规起重设备、非常规吊装方法、单件起重量 150kN
B. 非常规起重设备、常规吊装方法、单件起重量 80kN
C. 非常规起重设备、方法，单件起重量 80kN
D. 常规起重设备、方法，单件起重量 150kN

二　多项选择题

1. 机电工程项目施工图设计阶段管理的内容有（　　）。
   A．设计方案　　B．工程采购
   C．工艺布置　　D．结构布置
   E．造价结算
2. 机电工程项目试运行准备的内容有（　　）。
   A．技术准备　　B．组织准备
   C．物资准备　　D．生产准备
   E．人员准备
3. 施工方案优化时，经济合理性比较的内容包括（　　）。
   A．各方案的一次性投资总额
   B．各方案实施的可靠性
   C．各方案的技术效率
   D．各方案的资金时间价值
   E．各方案对环境影响的程度
4. 需要在超危大工程安全专项方案上签字的人有（　　）。
   A．施工单位技术负责人
   B．施工单位安全生产负责人
   C．项目总监理工程师
   D．建设单位项目负责人
   E．设计单位项目负责人
5. 施工组织设计编制依据中的工程文件包括（　　）。
   A．施工图纸　　B．技术协议
   C．设计计算书　　D．主要设备技术文件
   E．主要设备材料清单
6. 需要编制专项工程施工组织设计的分部分项工程具有的工程特点有（　　）。
   A．技术难度大　　B．工艺复杂
   C．施工工期紧　　D．采用新工艺
   E．质量要求高

【答案】

一、单项选择题

1．C；　2．A；　3．D；　4．A；　5．C；　6．D；　7．A

二、多项选择题

1．A、C、D；　2．A、B、C、D；　3．A、D、E；　4．A、C；
5．A、B、D、E；　6．A、B、D、E

三 实务操作和案例分析题

【案例 7-1】

一、背景

某机电安装公司承接一项炼油厂的塔区安装工程，工程内容包括：塔体就位、工艺管道、自控仪表和绝热工程等。合同工期为 3 个月。合同约定：工期每推后一天罚款 10000 元，每提前一天奖励 5000 元。项目部分析工程内容后，认为工程施工的重点应是各类塔体的吊装就位，提出两套可行的塔体吊装方案可供选择。第一套方案采用桅杆进行吊装，施工工期需要 50d，劳动力日平均 30 人，预算日平均工资 50 元，机械台班费需 20 万元，其他费用为 25000 元，另外需要新购置钢丝绳和索具，费用为 30000 元；第二套方案采用两台 100t 全路面起重机进行吊装，起重机市场租赁费 10000 元 /（日 · 台），经测算现场共需 16d，而人工费可降低 70%，其他费用可降低 30%。项目部通过吊装方案的成本分析，确定了安全可靠、经济适用的吊装方案，并对吊装过程进行了精心策划和组织，最终该工程项目提前 8d 完成。

二、问题

1．工程项目实施前，项目部应编制哪种类型的施工组织设计？

2．选择吊装方案时成本分析的要求是什么？吊装方案有哪些主要内容？

3．对施工方案进行经济性评价的常用方法是什么？对施工方案进行技术经济性比较应包括哪些内容？

4．试用因素分析法分析，最终确定的吊装方案是哪个？

5．双机抬吊过程中应注意的问题有哪些？

三、分析与参考答案

1．工程项目实施前应编制单位工程施工组织设计和分部分项工程施工组织设计。

2．选择吊装方案时成本分析的要求是：对安全和进度均符合要求的方案进行最低成本核算，以较低的成本获取合理利润。

吊装方案主要内容：编制说明与编制依据；工程概况；吊装工艺设计；吊装组织体系；安全保证体系及措施；质量保证体系及措施；吊装应急预案；吊装计算书。

3．对施工方案进行经济性评价的常用方法是综合评价法。对施工方案进行技术经济性比较包括的内容：技术的先进性、经济的合理性、方案的重要性等。

4．两种方案经济分析计算：

第一套方案测算成本＝ 50×30×50 ＋ 200000 ＋ 25000 ＋ 30000 ＝ 330000 元

第二套方案测算成本＝50×30×50（1－70%）＋10000×16×2＋25000（1－30%）＝360000 元

定量比较：第二套方案成本要高于第一套方案成本 30000 元。

定性分析：本工程工期为 3 个月，合同约定奖与罚关系，第一套方案施工周期较长，导致总工期的延长，可能因工期延期而罚款；如采用第二套方案，吊装工期大大缩短，后道工序施工时间比较宽松，有可能提前完工。

结论：该项目部宜选定第二套方案。结果为工期提前 8d 完成，获得 4 万元奖励。

5. 双机抬吊过程中应注意：最好选用同一厂家生产、相同型号、相同规格的起重机；两车站位必须准确，符合吊装设计要求；保证吊装过程中，两起重机动作同步；保证起重机站位处地基承载力符合要求；起重机负荷率满足规范要求。

【案例 7-2】

一、背景

北方某石油化工公司投资建设一蜡油深加工工程，经招标，由 A 公司 EPC 总承包。该工程的主要内容包括两台大型加氢裂化反应器的安装、高压油气工艺管道（GC1 级）安装、分体到货的压缩机组安装调试以及土建工程、电气工程、自动化仪表安装工程等。

采购的压缩机组到货后，A 公司及时组织了开箱检查。工程开工前，A 公司将单位工程压缩机厂房及其附属机电设备、设施安装工程分包给 B 公司。

蜡油工程中的两台加氢裂化反应器，重量为 300t，由制造厂完成各项检验试验后整体出厂，A 公司现场整体安装。压缩机厂房为双跨网架顶结构，跨度 36m，房顶有一台汽液交换设备。B 公司针对压缩机厂房网架吊装制定了两套吊装方案，并进行了技术经济比较，最终选择了将网架顶分 4 片（每片重 12t），在地面组装后采用卷扬机滑轮组提升、水平移位的方法安装就位；房顶汽液交换器重 10t，采用汽车起重机吊装。

合同工期：2009 年 9 月开工，2010 年 6 月 30 日完工。为了加快工程进度，业主要求，有条件的工程，冬季不停止施工作业。为了保证工程顺利进行，A 公司编制了静设备安装施工方案、动设备安装调试施工方案、管道组对焊接方案和电气、自动化仪表安装工程施工方案。B 公司编制了压缩机厂房土建工程施工方案。

二、问题

1. 针对本工程，A 公司和 B 公司各应编制何种类型的施工组织设计？

2. 压缩机组设备开箱检查的内容有哪些？

3. 指出施工方案经济评价的常用方法。施工方案的技术先进性比较包括哪些内容？

4. 为完成本工程的安装任务，A 公司至少应具有哪几项特种设备安装资质？说明理由。

5. 分析说明 B 公司分包的安装工程中，有哪些方案属于超过一定规模的危险性较大的专项工程施工方案？这些方案应如何进行审核和批准？

三、分析与参考答案

1. A 公司应编制蜡油深加工工程施工组织总设计。B 公司应编制单位工程（压缩机厂房工程）施工组织设计。

2. 设备开箱检查的内容：（1）箱号、箱数及包装情况；（2）设备名称、型号和规格；（3）装箱清单、设备随机技术文件、安装说明书和质量保证资料是否齐全；（4）设备外观检查，表面有无损坏和锈蚀，设备有无缺损件等；（5）按照装箱清单，检查零部件、附件、备用件及专用工具实物和数量。

3. 施工方案经济评价常用的方法是综合评分法。施工方案的技术先进性比较包括：技术水平的比较、技术创新程度的比较、技术效率的比较等。

4. A公司至少应具备GC1级压力管道安装资质。高压油气工艺管道属于压力管道的工业管道GC1级，应具有该级别压力管道安装资格。大型加氢裂化反应器属于压力容器，由于A公司取得GC1级压力管道安装许可资格，可从事压力容器整体就位和整体移位安装。

5. 网架安装施工方案，因为网架的跨度为36m，属于超过一定规模的危险性较大的专项工程。网架安装施工方案应由A公司组织召开专家论证会。专家论证前，专项施工方案应当经过A、B公司技术负责人和总监理工程师审查并盖章。论证后，论证意见为修改后通过的，B公司应当根据论证报告修改完善后，重新履行审批手续。论证不通过的，B公司修改后应重新组织专家论证。

【案例7-3】

一、背景

某施工单位承包了以建设单位扩建工程的一个新建轻烃储存罐区，罐区主体工程为4台2000m^{3}球形储罐（简称球罐）。球罐结构形式为5带桔瓣式，依次为：赤道带，上、下温带，上、下极。建设单位将球罐区附近一地块划给施工单位作为施工和办公用地，施工单位进入现场后向当地市场监督部门提供开工报告后，即进行了施工总平面图设计及临时用水、用电设施的施工。

工程开工后，发生了下列情况：

施工单位刚开始动工，当地市场监督部门以开工前提供的书面告知材料不全为由不允许开工。

施工进行到第一台球罐壳体焊接时，焊接方法采用焊条电弧焊。在进行焊缝清根时，电弧气刨火花引燃地面上一处易燃物，火势很快发展，使球罐外的帆布焊接防风棚起火。施工人员一面报警，一面自行救火，但打开临时消火栓，发现没水，采用施工用水，水量又不足，不能控制火势。消防车赶到时，由于道路被堆放的脚手架和工程用钢管阻塞，无法靠近着火点，只得组织人工清障，在清障完成，消防车到达球罐着火处时，防风棚已基本烧光。

工程进程过半时，建设单位组织供电系统改造。由于施工单位一间现场办公室和一间库房处于动力埋地电缆经过位置，必拆除搬迁。搬迁过程中，库房内材料配件标识受损，以至于后来出现材料错用的现象。事后检查，未查到建设单位提供的该地块的地下设施分布图。

二、问题

1. 施工单位在球罐施工前是否进行了施工告知？施工告知应提交哪些资料？

2. 背景中的球罐宜采用什么组装方法？采用焊条电弧焊焊接的程序是什么？列出球罐组装后各带焊缝的焊接顺序。

3. 根据火灾事件的描述，指出在施工总平面图布置中存在的问题及其所违反的原则。

4. 施工临时用水包括哪些内容？有什么要求？指出在临时用水设计的缺陷。

5. 现场办公室和库房拆除搬迁造成损失的原因是什么？应吸取什么教训？

三、分析与参考答案

1. 施工单位进场后，向市场监督部门提供开工报告不是特种设备的施工告知，施工告知应提交的资料有“特种设备安装改造维修告知单”和加盖单位公章的特种设备许可证书的复印件。

2．背景中的2000m^{3}球罐宜采用分片法（或散装法）组装。焊接程序为：先焊纵缝，后焊环缝；先焊短缝，后焊长缝；先焊坡口深度大的一侧，后焊坡口深度小的一侧。球罐组装后各带焊缝的焊接顺序是：赤道带纵缝焊接→上温带纵缝焊接→下温带纵缝焊接→赤道带与上温带间环缝焊接→赤道带与下温带间环缝焊接→上温带与上极板间环缝焊接→下温带与下极板间环缝焊接。

3．在火灾现场，发现明显的材料和施工器材堆放无序并挤占施工通道致使消防车无法靠近火场；消防设施不合格，如消火栓无水；没有设计消防通道和设置紧急集合点。以上各点均违反了施工组织设计合规性原则中关于“符合施工现场安全、防火等规定”。

4．施工临时用水包括施工生产用水（包括机械用水）、生活用水和消防用水三大部分。要求有：供水量满足需要；水源尽量选择永久性供水系统，如城市管网供水系统、厂区永久性供水系统等；消防系统设计水量应大于或等于施工用水量，或者设计的消防供水能力不小于消防最低额定水量（25 公顷面积以内为 20L/s）与一半施工用水量（火灾时停止施工供水转为消防供水）之和。火灾事件中，施工单位在临时用水设计的缺陷是消防用水量设计不足，且消防用水未处于常供状态。

5．现场办公室和库房拆除搬迁造成损失的原因是：地下已有构筑物及其他设施的具体位置和尺寸没有弄清，使现场办公室和库房建在动力电缆经过的位置上，造成现场办公室和库房由于供电系统改造而拆迁。同时，材料管理也存在问题，如材料的分类存放、材料标识的管理等。应吸取的教训是：在进行施工总平面图设计时，一定要有完整的设计资料、地质资料、地下已有建（构）筑物及其他设施的具体位置和尺寸等资料，使临时设施避开地上拟建建（构）筑物和地下已有设施。

第 8 章　工程招标投标与合同管理

复习要点

微信扫一扫
在线做题 + 答疑

主要内容：工程招标投标管理要求；工程招标条件与程序；工程投标条件与程序；总包合同与分包合同；合同风险防范；合同履约与变更；索赔的类型与实施。

知识点 1. 招标方式

（1）公开招标。

（2）邀请招标。

（3）资格预审。

（4）资格后审。

知识点 2. 招标投标项目的分类

知识点 3. 开标与评标管理要求

知识点 4. 招标应具备的条件

知识点 5. 招标文件编制的内容

知识点 6. 招标过程与程序

（1）招标过程。

（2）招标程序。

（3）废标及其确认。

知识点 7. 投标条件

知识点 8. 投标程序

知识点 9. 投标策略

知识点 10. 投标书编制的要点

（1）技术标。

（2）商务标。

知识点 11. 电子招标投标方法

知识点 12. 施工总包合同

（1）施工总包合同示范文本。

（2）合同文件的优先顺序。

知识点 13. 施工分包合同

（1）施工分包人的主要责任和义务。

（2）机电工程项目分包合同范围。

知识点 14. 合同风险主要表现形式及防范要点

知识点 15. 国际机电工程项目合同风险防范措施

（1）项目所处的环境风险防范措施。

（2）项目实施中自身风险防范措施。

知识点 16．合同履约

（1）合同分析。

（2）合同交底。

（3）合同控制。

知识点 17．合同的变更

知识点 18．合同的终止与解除

知识点 19．索赔的起因与分类

知识点 20．承包人向发包人提起的索赔

（1）承包人可以提起索赔的事件。

（2）索赔成立的前提条件。

知识点 21．施工索赔的关键环节

知识点 22．施工索赔的注意事项

一　单项选择题

1. 下列不属于机电工程招标程序的是（　　）。

A．发布招标公告　　B．资格后审

C．组建联合体　　D．专家评标

2. 在机电设备的采购招标过程中，属于不平等招标条件的是（　　）。

A．限定合理的投标截止时间　　B．限定特定的专利及商标

C．限定技术标的主要内容　　D．限定备品、备件的数量

3. 下列情况，不属于废标的是（　　）。

A．投标单位在开标前 5min 内补充修改投标报价文件

B．企业资质资格预审与开标后投标文件中的不一致

C．低于成本的报价或可能影响合同履行的异常低价

D．投标文件密封处未加盖投标单位公章及负责人印章

4. 下列可以采用邀请招标方式的项目是（　　）。

A．需要采用不可替代的专利或者专有技术的项目

B．采购人依法能够自行建设、生产或者提供的项目

C．大型基础设施、公用事业等关系社会公共利益的项目

D．技术复杂、有特殊要求，只有少量潜在投标人的项目

5. 关于施工合同中承包人项目经理的说法，正确的是（　　）。

A．项目经理经承包人授权后代表承包人负责履行合同，不须发包人确认

B．发包人要求更换承包人项目经理，由此增加的费用由发包人承担

C．承包人项目经理不得同时担任其他项目的项目经理

D．承包人项目经理事先通知发包人，可离开施工现场

6. 施工索赔成功的关键是（　　）。

A．承包商合同有管理漏洞　　B．索赔申请书格式正确

C．承包商的证据确实充分　　D．具有录像视频和照片

7. 关于专业工程分包人的责任和义务的说法，正确的是（　　）。
   A. 分包人须服从发包人直接下达的与分包工程有关的指令
   B. 分包人应履行并承担总包合同中承包人的所有义务和责任
   C. 特殊情况下，分包人可不经承包人允许，直接与监理工程师发生工作联系
   D. 分包人须服从承包人转发的监理工程师与分包工程有关的指令

二 多项选择题

1. 下列依法必须招标的项目，经批准可以采用邀请招标的有（　　）。
   A. 技术复杂，有特殊要求
   B. 涉及国家机密
   C. 大型基础设施、公共事业项目
   D. 施工周期过长
   E. 潜在投标人较少
2. 下列情况，属于废标的有（　　）。
   A. 报价最低的标书
   B. 报价最高的标书
   C. 工期不能满足招标文件的标书
   D. 串通投标
   E. 未按招标文件要求计价的标书
3. 编制投标技术标的要点有（　　）。
   A. 设计方案描述（对含E的项目）
   B. 设备采购（对含P的项目）
   C. 成本计划
   D. 材料采购的质量控制方案
   E. 施工装备的配置
4. 国际机电工程项目合同风险中，属于环境风险因素的有（　　）。
   A. 财经风险　　B. 技术风险
   C. 政治风险　　D. 营运风险
   E. 市场风险
5. 索赔成立的前提条件有（　　）。
   A. 双方已订立合同，但尚未生效
   B. 与合同对照，事件已造成了承包人成本的额外支出
   C. 造成费用增加的原因，按合同约定不属于承包人的行为责任或风险责任
   D. 按合同规定的时间提交索赔意向通知
   E. 事件所造成承包人工期的额外损失不能索赔

【答案】

一、单项选择题

1. C；　2. B；　3. A；　4. D；　5. C；　6. C；　7. D

二、多项选择题

1. A、B、E；　2. C、D、E；　3. A、B、D、E；　4. A、C、E；
5. B、C、D

三　实务操作和案例分析题

【案例 8-1】

一、背景

某机电工程采用 EPC/ 交钥匙总承包的方式进行公开招标，并在国家发展改革委依法指定的媒体上发布了招标公告和资格预审公告。公告中明确说明了工程的基本情况，投标人需提交标书费用、押金、投标保函的要求，投标人获取和送达标书的方式、地点和起止时间，开标日期和地点。

经资格预审后，共有 A、B、C、D、E 五家总承包公司投递了资料，并按规定时间和要求完成了标书的购买、编写和投标。其中 D 公司未办理投标保函，被招标单位取消资格。

开标后，评委认为 C 公司不符合投标资格，故也被取消投标资格，经评委公平、公正评审后，A 公司中标。

开工后，A 公司把一台压力球形储罐的安装工程分包给具有相应安装资质的 E 公司施工，由于球形储罐体积大，解体运输到现场，E 公司办完压力容器进场安装的相关手续后，在现场地面对球形储罐组对焊接，整体吊装。

项目实施过程中，A 公司因高空坠落死亡 1 人，设备吊装重伤 3 人。

设备试运行时，一台主机试运行时振动过大，经分析，本台设备垫铁安装时无垫铁布置图，且不是采用坐浆法施工，而是采用老式垫铁与基础研磨的施工方法，振动原因可能是垫铁的安装质量出了问题。

二、问题

1. EPC/ 交钥匙总承包的方式，总承包商将承担哪些内容？对建设单位有什么好处？
2. 取消 C 和 D 公司的投标资格是否合理？简述理由。
3. E 公司现场组对球形储罐的做法可行吗？为什么？
4. A 公司所发生的两起安全事故分别属于哪类安全事故？依据是什么？
5. 出现设备振动情况，在垫铁安装上存在哪些质量问题？

三、分析与参考答案

1. EPC/ 交钥匙总承包方式，总承包商将承担全部设计、设备及材料采购、机电工程安装施工、试运行直至达产达标。

EPC/ 交钥匙总承包方式对建设单位的好处：建设单位节省资源投入。建设期间风险大部分转嫁给总承包商，自己的风险相对较小。

2．取消 D 公司投标资格合理。

理由：公开招标文件明确规定投标人需提交投标保函。而 D 公司未按招标文件规定响应，故建设单位取消其投标资格是合理的。

取消 C 公司投标资格不合理。

理由：招标文件明确规定此招标是投标人资格预审而不是资格后审，《中华人民共和国招标投标法》规定，资格预审合格，招标单位才给合格的承包商发放标书。建设单位已向 C 公司发放了标书，就视为 C 公司资格预审合格。

公开招标文件明确规定是资格预审，而本案例在评标过程中对 C 公司资格予以否定，不符合招标文件的规定。

以上两条失误和违规均由建设单位造成，即使 C 公司资格确实存在问题，此时取消其投标资格的决定也是不妥的。

3．根据《中华人民共和国特种设备安全法》规定，从事压力容器安装的单位，只能在许可证范围内开展安装工作，现场组焊的压力容器属于压力容器制造，而不属于压力容器安装许可的范围，应由制造厂到现场组焊。所以 E 公司的做法不仅不可行，而且属于违法。

4．从安全事故的分类规定分析，死亡 1 人、重伤 3 人属于一般事故。依据是国家于 2011 年 11 月 1 日实施的《生产安全施工报告和调查处理条例》最新版规定，造成 3 人以下死亡或 10 人以下重伤的事故属于一般事故。

5．出现设备振动情况，在垫铁安装上存在的质量问题：垫铁组数过少、垫铁组距离地脚螺栓过远、垫铁与地面（或底座）或垫铁相互之间接触不密实、垫铁层数超过 5 块、垫铁相互之间未点焊牢固。

【案例 8-2】

一、背景

A 公司中标某海上油气处理模块（2800t 钢结构和管道、电气等组成的模块）的施工总承包合同，合同的专用条款约定了工程范围、工期、质量标准、安全环境要求，并规定项目材料由业主供给，施工用电由业主提供，总承包商专用，可以将管道、防腐工程分包给有资质的单位。A 公司将管道工程分包给具有 GA1 资质的 B 公司，将防腐工程分包给了具有资质的 C 公司。

项目执行期间发生了下列情况：

（1）业主单位新上任的合同部经理认为 A 公司违反了合同通用条款的规定，给 A 公司开具了 50 万元的罚款通知书。

（2）C 公司在预制加工站进行管道防腐时，没有预留焊口，造成 B 公司焊接前处理时间增加，B 公司向 C 公司进行索赔，遭到 C 公司的拒绝。

（3）B 公司在管道安装时，由于业主提供的管件到货滞后 15d，造成窝工损失 30 万元。又因 A 公司的钢结构安装滞后，造成窝工损失 6 万元，工期拖后 6d。B 公司向业主提出 30 万元的费用索赔和 15d 的工期索赔；向 A 公司提出 6 万元的费用索赔和 6d 的工期索赔。

B 公司在进行管道水压试验时，当升压到 2.6MPa 时，阀门法兰处有水珠渗出，为了节约时间，项目技术员要求管工带压紧固螺栓，被监理工程师制止。

二、问题

1．业主单位合同部经理开具的 50 万元罚款通知书是否成立？为什么？

2．B 公司作为本项目的管道分包商是否合适？为什么？

3．B 公司向 C 公司的索赔是否正确？说明理由。

4．B 公司向业主及 A 公司的索赔是否合适？应该怎么做？

5．监理工程师为何制止管工带压紧固螺栓的行为？

三、分析与参考答案

1．不成立，业主单位的合同部经理应撤销 50 万元的罚款通知书。合同的专用条款中明确管道工程可以分包给有资质的单位，故 A 公司的分包行为没有违反合同的约定。

2．合适。持有 GA1 资质的公司是具备油气处理管道安装资格的，B 公司作为本项目的管道分包商是符合要求的。

3．B 公司向 C 公司的索赔不正确。因为 B 公司和 C 公司并无合同关系，B 公司应将索赔事项报给 A 公司，由 A 公司根据与 C 公司的合同，向 C 公司追索 B 公司的损失。

4．B 公司无权向业主索赔费用和工期，B 公司应将索赔事项报 A 公司，由 A 公司向业主索赔 30 万元费用和 15d 工期。B 公司向 A 公司提出的 6 万元费用索赔和 6d 工期索赔，其索赔对象正确，A 公司应该根据合同予以补偿。

5．在试压过程中，若发生泄漏，必须泄压后才能处理。同时注意，严禁试压温度过低、接近材料的脆性转变温度。带压紧固螺栓往往会造成法兰面受力不均衡，出现垫片爆碎的情况，很容易使操作人员受到伤害。进行压力试验时，应划定禁区，无关人员不得进入。

【案例 8-3】

一、背景

南方某炼油厂一 6 万 m^3 容积的浮顶原油储罐意外被闪电击中，引燃罐内原油，造成第 5 圈板以上罐体烧毁，浮船局部受损，角式搅拌器损坏，中央排水管损坏。A 单位与业主签署承包该罐修复的 PC 合同，抢修工作务必在 70d 内完成，提前一天奖励 5 万元人民币，推迟一天，处罚 5 万元人民币，处罚上限为修复报价的 10%。

A 单位项目部根据原设计图纸，直接与原搅拌器供货厂家签订了采购合同。由于原设计的 Q235、厚 8mm 钢板无符合要求尺寸的现货，A 单位进行计算后，拟采购 Q235、厚 10mm 现货钢板替代，在通过正常的程序后，终获业主批准。

在壁板焊接时，项目部使用直径 4.0mm 的焊条，采用大焊接电流，纵缝与环缝同步焊接，环缝焊接时焊工均匀对称分布并同向施焊，大大加快了安装进度，但出现了较大的变形。监理下达停工 2d 进行整顿及完善组焊程序的停工令，项目部组织技术人员修正组焊程序，加强现场监督，复工后，壁板变形得到较好的控制。

在施工过程中，由于受疫情影响，停工 10d，在疫情得到控制后，项目部员工通过加班加点，终于在第 70 天完成了合同约定的修复工作。项目部提出，有 12d 工作时间因意外损失，申请 60 万元的工期奖，但被驳回。

二、问题

1．直接采购搅拌器是否合规？说明理由。

2．以10mm厚钢板替代8mm厚板材，需要经过哪些审批？

3．在控制壁板焊接变形方面，应纠正项目部的哪些错误做法？

4．驳回12d工期索赔的依据是什么？项目部应申请多少额度的奖励？

三、分析与参考答案

1．直接采购搅拌器符合规定。为使采购的部件或设备与原有设备或基座配套，特殊条件下（抢修）为了避免时间延误，可以直接采购。

2．A单位以10mm厚钢板替代8mm厚板材，需编制计算书、材料代用申请书和经济性分析报告等资料，报监理工程师审核；监理工程师应在初审的基础上，交由原设计单位审核，并出具书面文件；最后由业主最终审定。

3．在控制壁板焊接变形方面，项目部以下错误做法应予以纠正：壁板应先焊纵缝、后焊环缝；应采用直径3.2mm的焊条，采用小电流施焊。

4．由于是不可抗力造成停工10d，索赔工期10d，该索赔成立。由于项目部的过失造成的2d工期损失，应由A单位承担，其工期索赔不成立，项目部应该申请50万元（10×5＝50万元）人民币的工期奖励。

第 9 章 施工进度管理

复习要点

微信扫一扫
在线做题+答疑

主要内容： 施工进度计划的类型与编制；施工进度计划的实施；影响施工进度的因素；施工进度控制措施；施工进度计划调整；赢得值法的基本参数与评价指标；偏差分析与项目费用－进度综合控制。

知识点 1. 施工进度计划的类型

知识点 2. 横道图施工进度计划

横道图计划便于实际进度与计划进度的比较，便于计算劳动力、设备、材料、施工机械和资金的需要量。横道图不能反映出工作的机动时间，不能反映出关键工作和关键线路，不利于施工进度的动态控制。

知识点 3. 双代号网络图施工进度计划

双代号网络图施工进度计划能够明确表达各项工作之间的逻辑关系，找出关键线路和关键工作，明确各项工作的机动时间；可以利用计算机进行计算、优化及调整施工进度。

知识点 4. 施工进度计划表达形式的选择

知识点 5. 施工进度计划编制要点

知识点 6. 施工进度计划实施

施工进度目标分解与落实，施工进度计划的检查、跟踪、控制与调整。

知识点 7. 影响施工进度的因素

知识点 8. 施工进度控制措施

组织措施、技术措施、合同措施、经济措施。

知识点 9. 施工进度偏差产生的原因

知识点 10. 施工进度偏差分析

分析施工进度偏差对后续工作和总工期的影响。

知识点 11. 施工进度计划调整方法

（1）改变某些工作的衔接关系。

（2）缩短某些工作的持续时间。

知识点 12. 施工进度计划调整的内容

施工内容、工程量、起止时间、持续时间、工作关系、资源供应等。

知识点 13. 施工进度计划调整的原则

知识点 14. 施工进度计划的调整步骤

知识点 15. 赢得值法的基本参数

（1）已完工程预算费用 $BCWP$ = 已完工程量 × 预算单价

（2）计划工程预算费用 $BCWS$ = 计划工程量 × 预算单价

（3）已完工程实际费用 $ACWP$ = 已完工程量 × 实际单价

知识点 16. 赢得值法的评价指标

（1）费用偏差 $CV = BCWP - ACWP$

（2）进度偏差 $SV = BCWP - BCWS$

（3）费用绩效指数 $CPI = BCWP/ACWP$

（4）进度绩效指数 $SPI = BCWP/BCWS$

知识点 17. 偏差分析方法

知识点 18. 项目费用－进度综合控制方法

知识点 19. 项目费用－进度综合控制分析

一 单项选择题

1. 机电工程采用横道图表示施工进度计划的优点是（　　）。
   A. 能反映工作的机动时间
   B. 便于计算劳动力的需要量
   C. 能反映影响工期的关键工作
   D. 能表达各项工作之间的逻辑关系
2. 下列措施中，属于机电工程施工进度控制技术措施的是（　　）。
   A. 建立控制目标体系　　B. 施工方案的优化
   C. 提前完工激励措施　　D. 进度统计与比较
3. 关于赢得值法评价指标的说法，正确的是（　　）。
   A. 费用偏差（CV）为负值时，表示实际费用小于预算费用
   B. 进度偏差（SV）为正值时，表示实际进度落后计划进度
   C. 费用绩效指数 $CPI < 1$ 时，表示实际费用高于预算费用
   D. 进度绩效指数 $SPI < 1$ 时，表示实际进度超前计划进度
4. 下列原因中，不属于施工进度偏差产生的主要原因是（　　）。
   A. 供应商违约　　B. 施工图纸修改
   C. 施工方法错误　　D. 施工质量检验
5. 编制施工进度计划中，不需要确定的是（　　）。
   A. 各项工作持续时间　　B. 各项工作施工顺序
   C. 各项工作搭接关系　　D. 各项工作人工费用
6. 赢得值参数比较中，施工进度提前、费用节支的方法是（　　）。
   A. $CV > 0$，$SV > 0$　　B. $CV < 0$，$SV < 0$
   C. $CV > 0$，$SV < 0$　　D. $CV > 0$，$SV > 0$

二 多项选择题

1. 机电工程施工进度计划调整的内容包括（　　）。
   A. 合同工期　　B. 施工内容
   C. 起止时间　　D. 工作关系

E．资源供应

2．编制机电工程施工进度计划（网络图）时的注意要点有（　　）。

A．确定工程项目的施工顺序　　　B．确定各项工作的持续时间

C．确定工程项目的清单造价　　　D．确定各项工作的开竣工时间

E．确定各项工作的搭接关系

3．下列措施中，属于施工进度控制中合同措施的有（　　）。

A．制定专用条款　　　B．控制工程变更

C．加强索赔管理　　　D．编制资金计划

E．工程进度款支付

【答案】

一、单项选择题

1．B；　2．B；　3．C；　4．D；　5．D；　6．A

二、多项选择题

1．B、C、D、E；　2．A、B、D、E；　3．A、B、C

三　实务操作和案例分析题

【案例 9-1】

一、背景

某安装公司承包某制药厂生产设备工程的施工，该制药厂生产设备的主机及控制设备由建设单位从国外订货。制药厂生产设备的主机设备土建工程及机电配套工程由某建筑公司承建，已基本完工。安装公司进场后，按合同工期要求，与建设单位和制药厂生产设备主机及控制设备供应商洽谈，明确了设备主机及控制设备到达施工现场需60d。安装公司依据工程的实际情况编制了该制药厂生产设备工程的施工进度计划（双代号网络图），其中该制药厂生产设备工程的安装工作内容、逻辑关系及工作持续时间见表 9-1。

表 9-1　制药厂生产设备工程的安装工作内容、逻辑关系及工作持续时间表

工作内容	紧前工作	持续时间（d）
施工准备	—	10
设备订货	—	60
基础验收	施工准备	30
电气设备安装	施工准备	30
主机安装	设备订货、基础验收	75
控制设备安装	设备订货、基础验收	20

续表

工作内容	紧前工作	持续时间（d）
调试	电气设备安装、主机安装、控制设备安装	25
配套设施安装	控制设备安装	10
试运行	调试、配套设施安装	20

在主机设备基础检验时，安装公司发现主机设备的基础与安装施工图不符，主机设备基础检查时，发现混凝土强度不符合设计要求，验收不合格，要求建筑公司整改，重新浇捣混凝土基础，经检验合格，使基础验收的工作时间用了50d。制药厂生产设备工程在施工时，因主机设备及控制设备在运输过程中，受到台风的影响，使该主机设备及控制设备到达安装现场比施工进度计划晚了10d。安装公司按照建设单位的要求，增加劳动力，改变施工方法，调整进度计划，使制药生产设备仍按合同规定的工期完成。

二、问题

1．绘出制药厂生产设备工程施工进度计划（双代号网络图）。总工期需多少天？

2．写出设备基础混凝土强度的验收要求。设备基础强度应如何复测？

3．基础验收工作增加到50d会不会影响总工期？说明理由。

4．主机设备及控制设备晚到10d是否影响总工期？说明理由。

5．工程按合同工期完成，安装公司应在哪几个工作进行赶工？

三、分析与参考答案

1．安装公司编制的制药厂生产设备工程施工进度计划（双代号网络图）如图9-1所示。

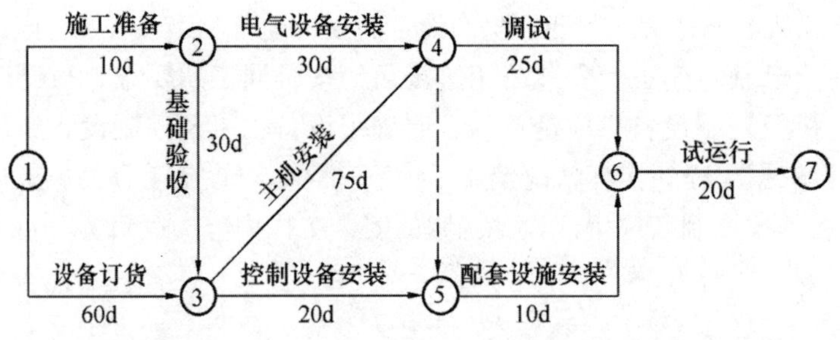

图9-1　制药厂生产设备工程施工进度计划（双代号网络图）

总工期为180d。

2．设备基础混凝土强度的验收要求：基础施工单位应提供设备基础质量合格证明文件，主要检查验收其混凝土配合比、混凝土养护及混凝土强度是否符合设计要求。

设备基础强度复测：请有检测资质的工程检测单位，采用回弹法或钻芯法等对基础的强度进行复测。

3．基础验收工作增加到50d，比计划时间多了20d，不会影响总工期，因为基础验收在非关键线路上，有20d时差。

4．主机设备晚到10d，要影响总工期，因为该工作在关键线路上。控制设备晚到

10d，不会影响总工期，因为该工作在非关键线路上，有 55d 时差。

5．安装公司使工期按合同约定完成，应在主机安装、调试和试运行工作上赶工 10d。

【案例 9-2】

一、背景

A 安装公司承包某分布式能源中心的机电安装工程，工程内容有：三联供（供电、供冷、供热）机组、配电柜、水泵等设备的安装和冷热水管道、电缆排管及电缆施工。分布式能源中心的三联供机组、配电柜、水泵等设备由业主采购，金属管道、电力电缆及各种材料由安装公司采购。

A 安装公司项目部进场后，编制了施工进度计划（表 9-2）、预算费用计划及质量预控方案。对业主采购的三联供机组、水泵等设备检查，核对技术参数，符合设计要求。设备基础验收合格后，采用卷扬机及滚杠滑移系统将三联供机组二次搬运、吊装就位，安装中设置了质量控制点，做好施工记录，保证了安装质量，达到设计及安装说明书的要求。

项目部将 2000m 电缆排管施工分包给 B 公司，预算单价为 120 元 /m。在 3 月 22 日结束前检查，B 公司只完成电缆排管施工 1000m，但支付给 B 公司的工程进度款累计已达 160000 元，项目部对 B 公司提出了警告，要求加快进度。

在热水管道施工中，按施工图设计位置碰到其他管线，使热水管道施工受阻，项目部向设计单位提出设计变更，改变了热水管道的走向，使水泵和管道安装工作拖延到 4 月 29 日才完成。

在分布式能源中心项目试运行验收中，有一台三联供机组运行噪声较大，根据有关部门检验分析及项目部提供的施工文件证明，不属于安装质量问题，经增加机房的隔声措施后通过验收。

表 9-2　施工进度计划

序号	工作内容	持续时间	开始时间	完成时间	紧前工作	3月			4月			5月			6月		
						1	11	21	1	11	21	1	11	21	1	11	21
1	施工准备	10d	3.1	3.10													
2	基础验收	20d	3.1	3.20													
3	电缆排管施工	20d	3.11	3.30	1												
4	水泵及管道安装	30d	3.11	4.9	1												
5	机组安装	60d	3.31	5.29	2，3												
6	配电及控制箱安装	20d	4.1	4.20	2，3												
7	电缆敷设、连接	20d	4.21	5.10	6												
8	调试	20d	5.30	6.18	4，5，7												
9	配套设施安装	20d	4.21	5.10	6												
10	试运行验收	10d	6.19	6.28	8，9												

二、问题

1．项目部在验收水泵时，应认真核对哪些技术参数？

2．三联供机组在吊装就位后，试运行前有哪些安装工序？

3．计算电缆排管施工的费用绩效指数 *CPI* 和进度绩效指数 *SPI*。是否会影响总施工进度？

4．在热水管道施工中，项目部应如何变更设计图纸？水泵及管道安装施工进度偏差了多少天？是否大于总时差？

5．在试运行验收中，项目部可提供哪些施工文件来证明不是安装质量问题？

三、分析与参考答案

1．项目部在验收水泵时，应认真核对水泵的型号、流量、扬程、配用的电机功率，以免错用后达不到设计要求。

2．在三联供机组吊装就位后，试运行前的安装工序有：设备安装精度调整、设备安装精度检测、设备固定与基础二次灌浆。

3．已完工程预算费用 $BCWP = 1000 \times 120 = 120000$ 元

计划工程预算费用 $BCWS = 100 \times 12 \times 120 = 144000$ 元

费用绩效指数 $CPI = BCWP/ACWP = 120000/160000 = 0.75$

进度绩效指数 $SPI = BCWP/BCWS = 120000/144000 = 0.83$

CPI 和 *SPI* 都小于 1，电缆排管施工进度已落后，在关键线路上，会影响总的施工进度。

4．在热水管道施工中，项目部应填写设计变更申请单，交建设单位和监理单位审核后送原设计单位进行设计变更。水泵和管道安装施工进度偏差了 20d，总时差有 50d，进度偏差小于总时差。

5．在试运行验收中，项目部可提供的施工文件有工程合同、设计文件、三联供机组安装技术说明书、施工记录等。

【案例 9-3】

一、背景

A 公司承包某商务中心空调设备的智能监控系统安装工程。主要监控设备有现场控制器 DDC、电动调节阀、电动风阀驱动器和温度传感器（水管型、风管型）等。商务中心空调工程由 B 公司承包。合同约定：全部监控设备由 A 公司采购，但其中电动调节阀和电动风阀驱动器由 B 安装公司安装，空调系统的调试由两家公司共同负责。

A 公司进场后，依据 B 公司提供的空调工程施工方案、变风量空调机组监控设计方案（图 9–2）和空调工程施工进度计划（表 9–3）等资料，编制了空调监控系统的施工方案、监控系统施工进度计划和监控设备材料采购计划。因施工场地狭小，为减少仓储保管，A 公司在制定的监控设备材料采购计划时，采用集中采购与分批到货的方案，设备采购计划涵盖空调工程施工全过程，设备材料采购与施工进度合理搭接。

A 公司在监控工程实施过程中，积极与 B 公司协调，及时调整偏差，使监控工程的施工符合空调工程的施工进度计划，A 公司和 B 公司共同实施对通风与空调系统的联动试运行调试，使空调监控工程按合同要求完工。

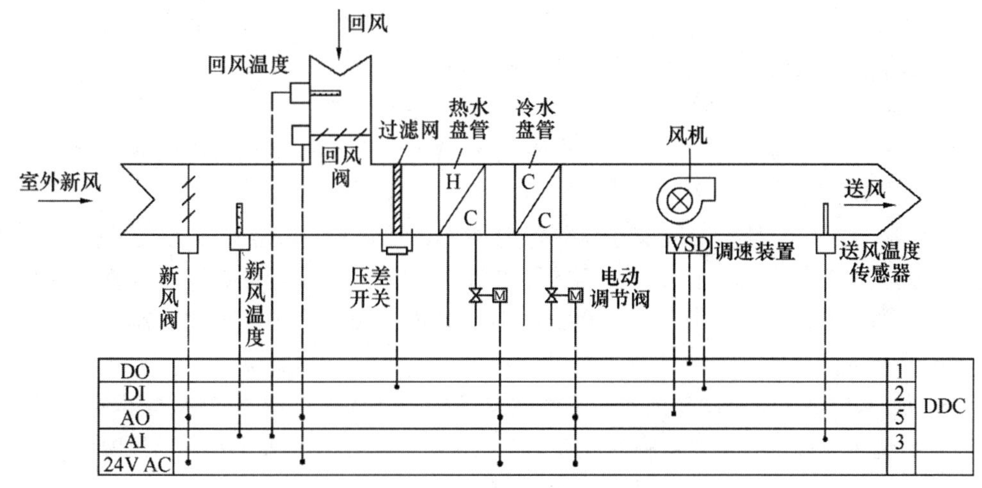

图 9-2　变风量空调机组监控设计方案示意图

表 9-3　空调工程施工进度计划

工序	4月						5月					
	1	6	11	16	21	26	1	6	11	16	21	26
施工准备	—											
设备开箱检查	—											
空调机组安装		—	—									
风管制作安装保温			—	—	—	—	—					
风口安装										—		
冷热水管道安装			—	—	—	—						
水系统试压清洗保温							—	—	—			
试运行、调试											—	
验收交付业主												—

二、问题

1．A 公司在编制监控设备采购计划时应注意哪些市场现状？

2．A 公司制定的空调监控系统施工进度计划在实施过程中会受到哪些因素的制约？

3．电动调节阀最迟到货时间是哪天？安装前主要检验内容有哪几项？

4．写出铂温度传感器（风管型传感器）的安装起止时间及连接到现场控制器的接线电阻要求。

5．通风与空调系统联动试运行及调试由哪个公司为主组织实施，变风量空调机组调试时主要检测哪些内容？

三、分析与参考答案

1．A 公司在编制监控设备采购计划时，应注意监控设备供货商的供货能力和生产周期，确定供货的最佳时机。考虑监控设备的运距、运输方法和时间，使设备的到货与施工进度安排有恰当的时间提前量，以减少仓储保管。

2．A 公司制定的空调监控系统施工进度计划在实施过程中会受到的制约因素有：

空调工程施工进度计划的变化，空调工程施工现场的实体现状，空调设备、监控设备的安装工艺规律，设备材料进场时机，施工机具和作业人员配备等。

3．在空调工程施工进度计划中，冷热水管道在4月11日开始安装，故电动调节阀到货的最迟时间是4月11日。电动调节阀安装前应按说明书规定检查线圈与阀体间的电阻，进行模拟动作试验和压力试验。

4．因风管型传感器安装应在风管保温层完成后进行，在空调工程施工进度计划中，风管制作安装保温工作是在5月5日结束，5月16日开始风口安装，故铂温度传感器安装的起止时间是5月6日—5月15日，铂温度传感器与现场控制器之间接线电阻应小于1Ω。

5．通风与空调系统联动试运行及调试应以B公司为主、A公司为辅联合组织实施。变风量空调机组调试时主要检测的内容：空调机组的送风量的大小及送回风温度的设定值；过滤网的压差开关信号、风机故障报警信号等。

【案例9-4】

一、背景

A公司承包一个10MW光伏发电、变电和输电工程项目。该项目工期120d，位于北方某草原，光伏板金属支架工厂制作，每一个光伏组件串（发电660VDC）用二芯电缆接到直流汇流箱，由逆变器转换成0.4kV三相交流电，通过变电站升压至35kV，采用架空线路与电网连接。

A公司项目部进场后，依据合同、设计要求和工程特点编制了施工方案、施工进度计划、安全技术措施和绿色施工要点。在10MW光伏发电工程施工方案和施工进度计划（表9-4）审批时，A公司总工程师指出项目部编制的施工顺序不符合光伏发电站施工规范要求，施工进度计划中有的工作时间安排不合理，容易造成触电事故，后经施工顺序修改、施工进度计划调整通过审批。项目部在作业前进行了施工交底，重点是防止触电的安全技术措施和草原绿色施工要点。

表9-4　10MW光伏发电工程施工进度计划

工作内容	6月			7月			8月			9月		
	1	11	21	1	11	21	1	11	21	1	11	21
支架基础、接地施工	——	——	——	——								
支架及光伏组件安装			——	——	——							
电缆敷设				——	——							
光伏组件电缆接线						——	——					
汇流箱安装、电缆接线								——	——			
逆变器安装、电缆接线									——	——		
系统试验调整											——	
系统送电验收												——

A公司因施工资源等因素的制约，将35kV变电站和35kV架空线路分包给B公司

和 C 公司，并要求 B 公司和 C 公司依据 10MW 光伏发电工程的施工进度编制进度计划，与光伏发电工程同步施工，在 9 月 20 日前完成 35kV 变电站和 35kV 架空线路的测试和调整，配合 10MW 光伏发电工程的系统送电验收。

依据 A 公司项目部的进度要求，B 公司在 9 月 10 日前完成 35kV 变电站的安装工作，后续的系统试验调整合格。C 公司在 9 月 10 日前完成了导线的架设连接，导线的连接使用钳压管，连接后的握着强度达到了导线设计使用拉断力的 90%，在 35kV 架空导线测量、试验时，被 A 公司项目部要求暂停整改，整改后检查符合规范要求。

光伏发电工程、35kV 变电站和 35kV 架空线路在 9 月 30 日前系统送电验收合格，A 公司项目部及时整理施工技术资料，按合同要求将工程及竣工资料移交给建设单位。

二、问题

1．项目部依据进度计划安排施工时可能受到哪些因素的制约？工程分包的施工进度协调管理有哪些作用？

2．施工进度计划中不合理的工作时间应如何调整？为什么说该施工顺序容易造成触电事故？写出光伏发电站施工规范中对光伏发电工程施工顺序的要求。

3．说明架空导线在试验时被叫停的原因。写出整改的合格要求。

4．C 公司在 9 月 20 日前应完成 35kV 架空线路的哪些测试内容？

5．写出本工程绿色施工中的土壤保护要点。

三、分析与参考答案

1．项目部依据进度计划安排施工时可能受到光伏发电工程的实体现状、安装工艺规律、设备材料进场时机、施工机具和作业人员的配备等因素的制约。

工程分包的施工进度协调管理能把制约作用转化成有序的施工条件，使各个工程的施工进度计划安排衔接合理，符合总进度计划的要求。

2．施工进度计划中的工作时间调整：汇流箱的电缆接线工作调整到 7 月 21 日—8 月 10 日，光伏组件的电缆接线工作调整到 8 月 11 日—8 月 31 日。因为光伏组件串联后形成高压直流电（660VDC），电缆与光伏组件串联后，电缆为带电状态，在后续的电缆施工和接线中容易造成触电事故。

光伏发电站施工规范中对光伏发电工程施工顺序的要求：汇流箱内光伏组件串电缆接引前，必须确认光伏组件侧和逆变器侧均有明显断开点。因为汇流箱在进行电缆接引时，如果光伏组件串已经连接完毕，那么在光伏组件串两端就会产生直流高电压；而逆变器侧如果没有断开点，其他已经接引好的光伏组件串的电流可能会从逆变器侧逆流到汇流箱内，很容易对人身和设备造成伤害。所以在汇流箱内光伏组件串电缆接引前，必须确保没有电压，确认光伏组件侧和逆变器侧均有明显断开点。

3．架空导线在试验时被叫停的原因是：钳压管连接后的握着强度为导线设计使用拉断力的 90% 不符合规范要求。

整改的合格要求是：应由具有资质的检测单位对试件进行连接后的握着强度试验，握着强度试验的试件不得少于 3 组。导线采用钳压管连接时，钳压管直线连接的握着强度不得小于导线设计使用拉断力的 95%。

4．C 公司在 9 月 20 日前应完成 35kV 架空线路的测试内容有：测量绝缘子和线路的绝缘电阻；测量 35kV 线路的工频参数；检查线路各相两侧的相位应一致；冲击合闸试验；测量杆塔的接地电阻值应符合设计的规定；导线接头测试。

5．本工程绿色施工中的土壤保护要点：

（1）因工程是在草原上施工，要保护地表环境，防止土壤侵蚀和流失。因施工造成的裸土应及时覆盖。

（2）污水处理设施等不发生堵塞、渗漏、溢出等现象。

（3）防腐用油漆、绝缘材料等应妥善保管，对现场地面造成污染时应及时进行清理。

（4）施工后应恢复施工活动破坏的植被。

第 10 章　施工质量管理

复习要点

微信扫一扫
在线做题 + 答疑

主要内容：施工质量控制策划要求与内容；施工质量控制策划的实施；施工质量预控方法及内容；质量预控方案；施工工序质量检验；质量监督检验与验收；质量数据收集方法；质量数据统计分析方法及应用；施工质量问题调查处理；施工质量事故调查处理。

知识点 1. 施工质量控制策划要求

（1）项目质量控制策划文件的审批。

（2）项目质量计划。

知识点 2. 施工质量控制策划的主要内容

（1）施工质量控制策划的方法。

（2）施工质量控制策划的主要内容。

知识点 3. 施工质量策划实施的准备

知识点 4. 施工质量的过程控制

（1）关键过程控制。

（2）特殊工序控制。

（3）施工过程标识控制。

（4）质量信息和记录控制。

知识点 5. 施工质量预控方法

（1）施工前对质量影响因素的预控方法。

（2）施工过程中对质量影响因素的预控方法。

知识点 6. 施工质量预控的内容

（1）施工单位质量行为的控制内容。

（2）施工质量影响因素的控制内容。

（3）施工过程质量预控内容。

知识点 7. 质量预控方案编制

知识点 8. 质量预控方案内容

主要包括工序（过程）名称、可能出现的质量问题、提出的质量预控措施三部分。质量预控方案的表达形式有：文字表达形式、表格表达形式、预控图表达形式三种。

知识点 9. 施工质量检验的分类

按质量检验的目的分类和按施工阶段分类。

知识点 10. 施工质量检验的依据和内容

施工质量检验的主要依据：有关的质量法律、法规；施工质量验收标准规范、规程；施工合同；设计文件、施工图纸；产品技术文件；企业内部标准等。

知识点 11. 施工质量“三检制”

知识点12．施工质量检验

材料质量检验，工序质量检验。

知识点13．施工质量验收

（1）分项、分部、单位工程的质量验收。

（2）隐蔽工程验收。

（3）工程专项验收。

知识点14．质量数据分类及分析

（1）质量数据收集方法。

（2）统计调查表法。

（3）分层法。

（4）排列图法。

（5）因果分析图法。

知识点15．施工质量问题

知识点16．施工质量问题的调查处理

（1）施工质量问题调查处理程序。

（2）质量问题调查，质量问题原因分析，质量问题处理。

知识点17．施工质量事故

（1）工程质量事故。

（2）特种设备事故。

知识点18．质量事故报告制度

一 单项选择题

1. 下列单位中，可以不参加分项工程验收的单位是（ ）。

A．施工单位　　B．监理单位

C．设计单位　　D．建设单位

2. 在工程施工质量验收中，应当由专业监理工程师组织验收的工作是（ ）。

A．分项工程验收　　B．子分部工程验收

C．分部工程验收　　D．单位工程验收

3. 工程质量不符合规定要求，但经相关单位认可，对安全影响不大，经后续工序可以弥补的工程可采取的处理方式是（ ）。

A．返修处理　　B．不作处理

C．降级使用　　D．返工处理

4. 施工过程的质量检验不包括（ ）。

A．材料检查验收　　B．控制点检验

C．关键过程检验　　D．隐蔽工程检验

5. 机电工程工序质量检验的基本方法中，不包括（ ）。

A．感官检验法　　B．实测检验法

C．试验检验法　　D．质量分析法

二　多项选择题

1. 项目质量计划中，对质量活动的策划要明确的事项包括（　　）。
   A．目标　　B．资源
   C．作业人员　　D．完成时间
   E．效果评价
2. 下列检验属于施工阶段质量检验中过程检验的有（　　）。
   A．工程设备检验　　B．半成品检验
   C．隐蔽工程检验　　D．检验批验收
   E．质控点检验
3. 关于因果图及其应用的说法，正确的有（　　）。
   A．因果图是表达和分析原因关系的一种图表
   B．因果图中的箭头由原因指向问题
   C．一个主要质量问题只能用一张因果图
   D．因果图中的质量问题来源于“排列图”
   E．对质量问题的原因分析一般分析到两层原因即可
4. 施工质量的影响因素中，属于环境影响因素的有（　　）。
   A．施工地点　　B．雨季施工
   C．高温作业　　D．夜间施工
   E．加班作业
5. 机电工程的专项验收包括（　　）。
   A．消防工程验收　　B．环保设施验收
   C．建筑节能验收　　D．建筑防雷验收
   E．主体结构验收

【答案】

一、单项选择题

1. C；　2. A；　3. B；　4. A；　5. D

二、多项选择题

1. A、B、D、E；　2. C、D、E；　3. A、B、C、D；　4. A、B、C、D；
5. A、B、C、D

三 实务操作和案例分析题

【案例 10-1】

一、背景

某机电安装公司承包了某制药厂机电安装工程，主要施工内容有：洁净车间通风空调系统、照明系统和给水排水系统，动力车间设备安装和压力管道安装工程，焚烧车间钢结构制作安装等。施工期多阴雨、工期紧，为保证工程质量，项目部把动力车间压力管道安装分为原材料检验、管架制作安装、管道预制、管道安装、管道焊接、管道试验、管道保温、管道吹扫等工序，按照质量影响的重要程度进行预控和检查。施工过程中，严格执行“三检制”，针对焊接质量合格率低的问题，开展了 QC 活动，经确认，焊条未烘干和环境湿度大是焊缝产生气孔的主要原因。安装作业人员在施工过程中发现洁净车间部分风管尺寸制作不标准，采用气割法进行修正被监理发现制止。

二、问题

1. 压力管道安装工程中，哪些工序为关键工序（或 A 类质量控制点）?

2. 何谓“三检制”? 简述“三检制”的实施程序。

3. 项目部针对出现的焊接气孔质量问题，应采取哪些改进措施?

4. 风管安装作业人员采用气割法是否正确? 说明理由。

5. 风管安装完成后应做什么检验? 主要检查哪些部位?

三、分析与参考答案

1. 原材料检验、管道焊接和管道试验为关键工序。

2. “三检制”就是自检、互检和专检相结合的质量检查制度。“三检制”的实施程序：工程施工工序完工后，由施工现场负责人组织质量“自检”，自检合格后，报请项目部，组织上下道工序“互检”，互检合格后由现场施工员报请质量检查人员进行“专检”。自检记录由施工现场负责人填写并保存，互检记录由领工员负责填写（要求上下道工序施工负责人签字确认）并保存，专检记录由各相关质量检查人员负责填写，汇总报项目部保存。

3. 针对焊条未烘干问题，要加强焊条烘干管理，建立相应的制度和管理措施，使没有经过烘干的焊条到不了焊工手中；针对环境湿度大问题，应采取防潮、防雨措施，同时要将焊口处烘干再焊，并将焊条储存在保温桶里，不使焊条受潮。

4. 不正确。理由：采用气割法修正会使镀锌风管上的镀锌层损坏。

5. 风管安装完成后应做严密性检验，主要检查咬口缝、铆接孔、风管法兰翻边、风管管段之间的连接严密性。

【案例 10-2】

一、背景

某化工厂扩建，A 单位承接维修间新建工程 PC 项目。A 单位将车间内 20/5t 桥式起重机安装承包给无资质的 B 作业队。B 作业队与 A 单位签订合同，仅约定质量要求和承包价款。C单位为B作业队提供担保。

施工期间质检发现3台车床安装用垫铁埋设存在超标的质量问题，具体如下：1号车床16组垫铁中有7组达到每组6块垫铁；2号车床12组垫铁中有2组只有1块平垫铁；3号车床12组垫铁中有1组斜垫铁变形，经返工达到规范要求。桥式起重机进行大车负重行走试验时，桥式起重机限位开关失灵，配重突然滑落，砸坏一台已完成试验的铣床，造成18万元的经济损失。项目部启动质量事故程序，调查结果是由于行程开关接线质量问题使得行程开关不动作而造成事故。事故后A单位重新进行铣床的订购和安装，造成项目延后70d。业主根据与A单位签订的合同，处罚A单位7万元。A单位向B作业队提出25万元的索赔。B作业队以无力支付为由拒绝。

二、问题

1. A单位与B作业队间的合同是否有效?

2. 绘制车床垫铁安装质量问题统计表，并分析原因。

3. 桥式起重机安装前，向特种设备安全监督管理部门履行告知程序必须提供哪些相关资料?

4. 结合本案例，简述质量事故处理程序。

5. A单位提请的25万元索赔是否合理? B作业队拒绝赔付后，C单位应承担什么责任?

三、分析与参考答案

1. A单位将桥式起重机安装任务发包给不具有资质的B作业队，签订的施工合同无效。

2. 车床垫铁安装质量问题统计表见表10-1。

表10-1　车床垫铁安装质量问题统计表

超标原因	1号车床	2号车床	3号车床	占不合格的比例
垫铁超厚	7处	0	0	70%
垫铁超薄	0	2处	0	20%
垫铁变形	0	0	1处	10%

1号车床垫铁超厚的主要原因：坐浆厚度控制失误，造成需增加垫铁数量来调整，致使垫铁数量超标；2号车床垫铁超薄的主要原因：工序间交接时检验不到位，基础上表面标高过高，造成无法放置斜垫铁组；3号车床垫铁变形的主要原因：由制作加工、材料检验失误造成。

3. 桥式起重机安装前，施工单位应持“特种设备安装改造维修告知单”及施工单位特种设备许可证书复印件进行告知。

4. 启动质量事故应急预案：切断铣床电源，移开油料等易燃物品（先做好记录），拉好警戒线。进行事故报告：按规定的程序，向有关领导及部门报告事件的大致情况，本案属质量事故范畴。组织事故调查：本案中，应由项目总工程师组织相关技术人员、施工人员及质检人员对事件进行调查，若有必要，监理和业主代表亦可参与调查。事故原因分析：在调查的基础上，通过对“人、机、料、法、环”等因素的逐项分析，确定事故的主要原因及潜在问题。制定事故处理方案：根据事故分析结论，制定相应的处理方案，本案例中主要原因是电气接线质量问题，应对电工进行全面培训和技能审核，检查持证情况，并对发现的显性和隐性问题逐一清查。事故处理：按“四不放过”的原则及项目部执行的相关规章制度，对事故责任人进行处理，对损坏的设备进行更换等。事故处理的鉴定验收：检查事故的处理结果，形成报告，关闭事故处理程序。

5. B 作业队承担由其工作失误造成的直接经济损失 18 万元是合理的。由于 A 单位与 B 作业队的合同未注明工期延误的处罚细则，再加上 A 单位明知 B 作业队无资质仍将工作交与 B 作业队，有一定过错，故 7 万元的罚款应协商分担。一旦达成协议，C 单位有连带责任。

【案例 10-3】

一、背景

某机电安装公司承担北方某城市锅炉房安装工程，主体设备为 3 台蒸发量 25t/h、蒸汽压力为 2.5MPa 的散装工业锅炉。

开工前，项目部根据锅炉房安装工程施工组织设计，进行全面的质量策划，并指令专业工程师编制质量控制程序。施工过程检查中，发现某焊工的合格证已过有效期。分项工程质量验收时，发现存在以下质量问题：

问题一：锅炉本体已安装完毕，但锅炉钢架中 1 根立柱局部垂直度超差。

问题二：锅炉主蒸汽管道上，有一段管道壁厚比设计要求小 1mm，除壁厚外，其他均满足设计要求。

工程在供暖期到来时完工，但因建设单位配套设施不完善，没能进行系统试运行。当寒潮突然袭击，气温骤降后，发现一台主要设备和部分阀门冻裂，经查是因为施工单位在水压试验后，残留的水没有排净造成的，施工单位对此事故进行了处理。

二、问题

1. 锅炉房安装工程施工前应办理什么手续？

2. 施工过程检查中发现某焊工的合格证已过有效期，应如何处置？

3. 简述分项工程质量验收合格规定。质量问题的处理有哪些方式？

4. 验收时发现的质量问题应如何处理？

5. 主要设备和部分阀门被冻裂的质量事故是什么因素造成的？事故调查应由谁组织？哪些人员应参加？

三、分析与参考答案

1. 锅炉房安装工程施工前应办理安装告知手续。

2. 停止该焊工继续进行焊接工作；对该焊工施焊的所有焊缝进行严格认真的质量检查，包括外观检查和无损检测，发现超标缺陷时一律由持证焊工进行返修。

3. 分项工程质量验收合格规定：分项工程所含的检验项目质量均应合格；分项工程所含的质量控制资料应完整齐全。质量问题处理的方式：不作处理、返修处理、返工处理、降级使用、报废处理等。

4. 验收时发现的质量问题应做以下处理：

问题一，锅炉钢架立柱局部垂直度超差质量问题，经分析、论证、检测单位鉴定和设计单位等有关部门认可，若主要是观感质量问题，对工程或结构使用及安全影响不大，可不作处理；若影响结构使用或预期使用功能，应通过调整或局部更换进行处理。

问题二，涉及锅炉投运的安全性能，主蒸汽管道上与设计壁厚不符的管段不能用于本工程，应作报废处理，更换符合设计要求的管段。

5．本案例造成质量事故的因素有人的因素和工程技术环境因素。事故调查应由项目技术负责人为首组建调查小组，参加人员应是与事故直接相关的专业技术人员、质检员和有经验的技术工人等。

第11章 施工成本管理

复习要点

微信扫一扫
在线做题+答疑

主要内容：预算定额与工程量清单；施工图预算编制及应用；施工成本计划；施工成本分析；施工成本控制；资金使用计划与控制；工程进度款支付。

知识点1. 安装工程预算定额的作用

知识点2. 施工图预算的作用

知识点3. 工程量清单的组成

工程量清单由分部分项工程项目清单、措施项目清单、其他项目清单、规费和税金项目清单组成。

知识点4. 分部分项工程项目清单的组成

项目编码；项目名称；项目特征；计量单位；工程量。

知识点5. 措施项目清单的组成

知识点6. 其他项目清单的组成

知识点7. 规费、税金项目清单的组成

（1）规费项目清单：社会保险费、住房公积金。

（2）税金项目清单：增值税，建安工程增值税为税前造价合计减去进项税额后，按规定税率9%计取，简易计税法和小规模纳税人征收率为3%。

知识点8. 施工图预算的编制方法

（1）包括工料单价法和综合单价法。

（2）采用全费用综合单价或清单综合单价，分别计算建筑安装工程预算造价。

知识点9. 工程量清单计价的工程价款调整原则

（1）因工程变更引起的合同价款调整原则。

（2）非承包人原因工程量大幅度变化的工程价款调整原则。

（3）措施项目费调整原则。

知识点10. 目标成本、计划成本、实际成本与施工成本计划

知识点11. 施工成本计划的编制依据和程序

知识点12. 施工成本计划的组成和内容

包括项目直接成本计划、间接成本计划和项目成本计划表。

知识点13. 施工成本计划的编制方法

包括施工预算法、清单测算法和技术节约措施法等。

知识点14. 施工成本分析

包括施工成本分析的基本思路、成本项目的分析内容、综合成本分析和成本的专项分析，其中成本的专项分析包括成本盈亏异常分析、工期成本分析、资金成本分析和技术组织措施执行效果分析等主要内容。

知识点 15. 施工成本控制的原则

包括成本最低化原则、全面成本控制原则、动态控制原则、目标管理原则、责权利相结合原则，以及开源与节流相结合的原则。

知识点 16. 各阶段项目施工成本控制的要点

包括投标阶段、施工准备阶段、施工阶段、竣工交付使用及保修阶段项目施工成本控制的要点。

知识点 17. 项目资金使用计划

包括项目资金使用计划的编制原则、编制方法和管理制度。

知识点 18. 项目资金使用的控制和组织管理

包括项目储备金、生产资金和结算资金的控制方法和资金使用考核的指标，以及企业建设内部银行、加强项目资金使用管理的组织制度。

知识点 19. 预付款相关规定

（1）预付款的用途。

（2）预付款的支付。

（3）预付款的扣回。

知识点 20. 安全文明施工费支付的相关规定

安全文明施工费的内容、支付、逾期未支付的责任和使用。

知识点 21. 进度款支付的相关规定

（1）进度款计算原则。

（2）进度款支付比例。

（3）进度款支付申请。

（4）进度款审核。

（5）进度款支付。

一　单项选择题

1. 下列施工资料中，不属于施工图预算编制依据的是（　　）。

A．预算定额　　B．施工图纸

C．机械台班　　D．概算指标

2. 施工图预算的综合汇总中不包含（　　）。

A．单位工程施工图预算　　B．建设项目预备费预算

C．单项工程施工图预算　　D．建设项目施工图预算

3. 下列费用中，不属于分部分项工程清单综合单价的是（　　）。

A．管理费　　B．材料费差价

C．措施费　　D．利润

4. 机电工程各分部工程清单项目的工程量计算，不考虑的是（　　）。

A．图纸数量　　B．预留长度

C．损耗数量　　D．附加长度

5. 关于安全文明施工费的说法，正确的是（　　）。

A．安全文明施工费的内容和使用范围应符合承包人的规定
B．承包人对安全文明施工费应专款专用
C．发包人在工程开工的 30 天内预付
D．若发生安全事故，发包人应承担相应责任

6. 工程进度款支付的申请内容不包括（　　）。
A．竣工结算已批准的价款　　B．应扣回的工程预付款
C．累计已支付的合同价款　　D．应预留的质量保证金

7. 属于施工目标成本测算方法的是（　　）。
A．资金测算法　　B．施工预算法
C．两算对比法　　D．工程估价法

8. 下列机电工程项目成本控制措施中，属于施工准备阶段项目成本控制要点的是（　　）。
A．优化施工方案　　B．限额领料管理
C．成本差异分析　　D．注意工程变更

9. 属于机电工程施工机械成本控制措施的是（　　）。
A．加强技术培训　　B．控制采购成本
C．采用限额领料　　D．优化施工方案

10. 属于机电工程在竣工交付使用时项目成本控制要点的是（　　）。
A．计算实际成本　　B．优化管理架构
C．控制保修费用　　D．注意工程变更

11. 下列不属于项目成本计划编制方法的是（　　）。
A．施工预算法　　B．因素分析法
C．清单测算法　　D．技术节约措施法

12. 下列成本分析方法中，不属于专项成本分析因素的是（　　）。
A．成本盈亏异常分析　　B．工期成本分析
C．网络计划管理效率　　D．资金成本分析

二　多项选择题

1. 下列事项中，发包人与承包人应按约定调整合同价款的事项有（　　）。
A．法律法规变化　　B．工程变更
C．承包人改制　　D．工程量偏差
E．现场签证

2. 下列费用中，属于分部分项工程清单综合单价的有（　　）。
A．人工费　　B．措施费
C．材料费　　D．利润
E．税金

3. 下列属于工程量清单中其他项目清单内容的有（　　）。
A．社会保险费　　B．安全文明措施费

C．暂列金额　　D．总承包服务费
E．机械台班

4．机电工程施工成本控制措施中，属于控制人工费成本的措施有（　　）。
A．严格劳动组织　　B．严格劳动定额管理
C．加强技术培训　　D．加强施工设备管理
E．减少管理人员

5．机电工程施工阶段项目成本控制要点包括（　　）。
A．编制成本计划　　B．分解落实计划成本
C．核算实际成本　　D．进行成本差异分析
E．进行成本控制考评

6．项目成本计划任务表反映的内容有（　　）。
A．项目考核成本　　B．成本降低额
C．项目计划成本　　D．成本降低率
E．项目实际成本

【答案】

一、单项选择题

1．D；　2．B；　3．C；　4．C；　5．B；　6．A；　7．B；　8．A；
9．D；　10．C；　11．B；　12．C

二、多项选择题

1．A、B、D、E；　2．A、C、D；　3．C、D；　4．A、B、C；
5．B、C、D；　6．A、B、C、D

三　实务操作和案例分析题

【案例 11-1】

一、背景

某超高层项目，建筑面积约 15 万 m^2，高度 380m，考虑到超高层施工垂直降效严重的问题，建设单位将核心筒中 4 个主要管井内立管的安装，由常规施工方法改为模块化的装配式建造方法，并同意施工总承包单位将核心筒管井的装配式安装工程专业招标，招标工程范围包括：管井内的管道主要包括空调冷冻水、冷却水、热水、消火栓及自动喷淋系统。招标文件明确：采用工程量清单综合单价计价，安全文明费为不可竞争费用，按 60 万元计取，暂列金额按 20 万元计，建安增值税税率为 9%。

某机电安装公司结合市场调研和自身实力，编制的分部分项工程量清单见表 11-1，报价的取费原则是：施工管理费、利润分别按清单项目人工费＋材料费＋机械费之和的 8%、15% 计取；安装工程其他措施项目清单费用按 150 万元计，规费按 60 万元计。机电安装公司向发包人提交了报价书。

施工过程中，由于总承包单位钢结构施工方案工程变更，模块化管井的吊装方案复杂化，必须进行相应调整，措施项目费增加到 305 万元。

该工程管井内的空调水立管上设置补偿器（图 11–1），某机电安装公司按设计要求的结构形式及位置安装支架。在管道系统投入使用前，及时调整了补偿器。

表 11–1 分部分项工程工程量清单及直接费构成表

清单序号	项目名称	单位	工程量	人工费单价（元）	材料费单价（元）	机械费单价（元）
1	空调冷冻水管	m	5000	100	380	160
2	空调冷却水管	m	5000	120	450	200
3	消火栓给水管	m	3000	65	120	50
4	生活热水管	m	2000	50	300	20
5	自动喷淋给水管	m	4000	75	200	80

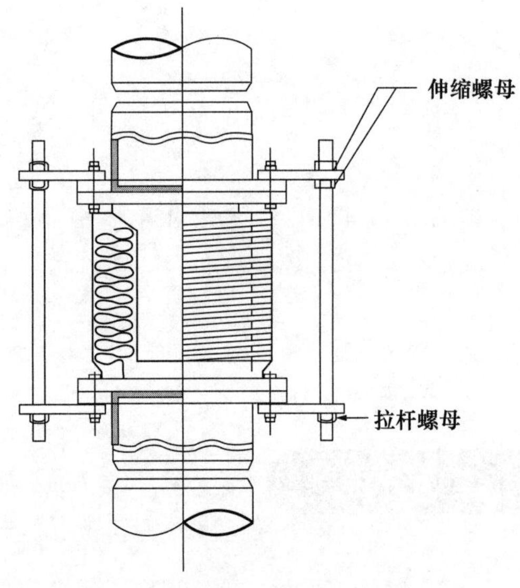

图 11–1 管道补偿器安装示意图

二、问题

1. 计算该分包工程的分部分项工程清单计价。
2. 计算措施项目清单计价。
3. 计算该机电安装公司的工程总报价。
4. 该工程的措施项目清单计价调整是否合理？说明理由。
5. 补偿器两侧的空调水立管上应安装何种形式的支架？管道系统投入使用前补偿器应如何调整？使其处于何种状态？

三、分析与参考答案

1. 分部分项工程量清单综合单价由人工费单价、材料费单价、机械费单价、以人工费＋材料费＋机械费之和为基数分别按 8%、15% 的费率计取的管理费、利润组成，计算结果见表 11–2。

表 11–2　分部分项工程清单计价

清单序号	项目名称	单位	工程量 N	人工费单价（元）A	材料费单价（元）B	机械费单价（元）C	综合单价（元）$D=1.23\times(A+B+C)$	综合合价（万元）$E=D\times N$
1	空调冷冻水管	m	5000	100	380	160	787.20	393.60
2	空调冷却水管	m	5000	120	450	200	947.10	473.55
3	消火栓给水管	m	3000	70	120	50	295.20	88.56
4	生活热水管	m	2000	50	300	20	455.10	91.02
5	自动喷淋给水管	m	4000	80	200	80	442.80	177.12
6	小计（元）							1223.85

2. 本工程涉及的措施费包括：安全文明施工措施费 60 万元，其他措施项目费 150 万元。因此，措施项目清单计价按如下计算：

措施项目清单计价合计＝ 60 ＋ 150 ＝ 210 万元

3. 本案例约定了暂列金额为 20 万元，规费为 60 万元。

税前造价由分部分项工程量清单费、措施项目费、其他项目费和规费构成，其中其他项目费本案例仅涉及暂列金额。即：

税前造价＝ 1223.85 ＋ 210 ＋ 20 ＋ 60 ＝ 1513.85 万元

增值税＝税前造价 × 税率

＝ 1513.85×9% ＝ 136.25 万元

工程总报价＝分部分项工程费＋措施项目费＋其他项目费＋规费＋税金

＝ 1513.85 ＋ 136.25 ＝ 1650.1 万元

4. 该工程的措施项目清单计价调整是合理的。理由：只有在工程变更引起施工方案改变，并使措施项目发生变化时，承包人将拟实施的方案提交发包人确认，并详细说明措施项目变化的情况下，可进行措施项目计价的调整，本工程模块化管井吊装的措施项目调整是由于总承包单位钢结构施工方案的工程变更引起的，故可以调整。

5. 根据《通风与空调工程施工质量验收规范》GB 50243—2016 中补偿器的安装规定：补偿器两侧的空调水立管上应安装固定支架和滑动导向支架。管道系统投入使用前，应将补偿器调整螺杆的伸缩螺母松开，使其处于自由状态。

【案例 11-2】

一、背景

某施工单位中标某科技公司的数据中心机电供应及安装工程，工程采用固定总价合同，签约合同价 12000 万元（含甲供设备暂估价 500 万元），其中镀锌钢板（风管）制作安装的工程量清单综合单价为 200 元 /m^2，清单工程量为 20000m^2。在合同专用条款中约定：非承包人原因导致工程量发生变化，且工程量偏差不超过 ±15% 时，按当期的清单综合单价计算变更工程费用，且仅计取分部分项工程费；当工程量偏差超过 ±15% 时，应按《建设工程工程量清单计价规范》GB 50500—2013 的相关规定执行。镀锌钢板（风管）制作安装的工程量清单综合单价可随市场波动进行调整，调整期价格与基期价格之比涨幅率在 ±5% 以内不予调整；超过 ±5% 时，只对超出部分进行调整。本工程的预付款为 1200 万元，工程质量保证金为 360 万元。

施工单位商务主管部门给项目部下达的考核目标成本是 10500 万元。项目部根据工程特点、施工方案和自身的技术管理实力，广泛调研工程所在地的劳动力、材料、设备等资源状况，制定了项目施工成本计划，计划成本降低率为 8%。

施工开始后，建设单位按约定支付了工程预付款。由于使用功能变化，建设单位提出设计变更，镀锌钢板（风管）制作安装的清单工程量调增 2500m^2；且镀锌钢板的市场价格上涨，镀锌钢板（风管）制作安装的工程量清单调整期综合单价为 216 元 /m^2。

施工过程中，消防排烟系统设计采用镀锌钢板法兰连接，现场排烟防火阀的安装如图 11-2 所示，监理单位对工程质量验评时，对排烟防火阀的安装提出整改要求。

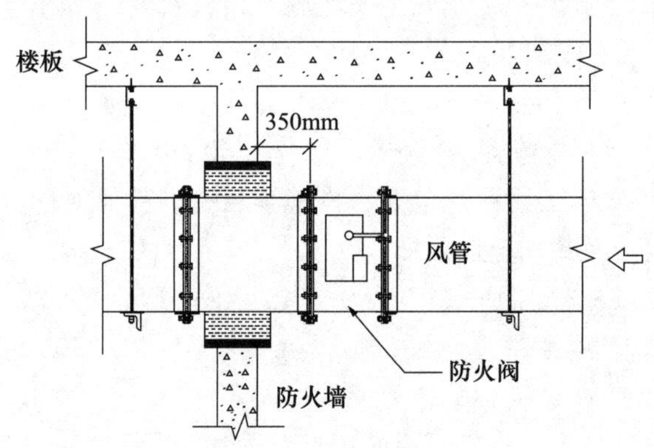

图 11-2　排烟防火阀的安装示意图

工程竣工后，施工单位向消防设计审查验收主管部门申请消防验收，并按期提交了工程竣工结算书。

二、问题

1．工程量清单计价应包括哪些组成部分？该工程因设计变更引发镀锌钢板（风管）工程量变更的情况，施工单位应如何处理？

2．试计算施工单位的计划成本费用。

3．镀锌钢板（风管）制作安装工程的综合单价是否应调整？如应调整，请计算该分部分项工程费合价。不考虑其他税费价款的变化，计算本工程竣工结算总价款。

4．请指出排烟防火阀安装示意图中监理要求整改的不合格项。

5．消防验收时应提交哪些申请材料？

三、分析与参考答案

1．工程量清单计价应包括完成规定工程量所需的全部费用，由分部分项工程费、措施项目费和其他项目费、规费和税金组成。

该工程因设计变更引起的工程量调增，为非承包原因引起，工程量调增为：2500m^2，增幅为：2500÷20000 ＝ 12.5% ＜ 15%

按照招标文件专用条款的约定，施工单位可将调幅部分的综合单价提交建设单位审查确定，并计取分部分项工程费。

2. 项目计划成本＝项目的目标成本－项目的目标成本降低额

＝项目的目标成本 ×（1－计划成本降低率）

＝ 10500×（1－8%）＝ 9660 万元

3.（1）镀锌钢板（风管）制作安装的工程量清单综合单价的变化：

216÷200－1 ＝ 8% ＞ 5%，按合同规定应予以调整。

（2）镀锌钢板（风管）制作安装的分部分项费用调整额：

（216－200×1.05）×20000 ＝ 12 万元

（3）设计变更增加的工程价款：216×2500 ＝ 54 万元

工程竣工结算总价款＝合同价款＋施工过程中调整预算或合同价款调整数额－预付及已结算工程价款－工程质量保证金

＝（12000－500）＋ 12 ＋ 54－1200－360 ＝ 10006 万元

4. 排烟防火阀安装的不合格项：

（1）排烟防火阀距防火墙表面 350mm 太远，应不大于 200mm。

（2）排烟防火阀未设置独立支吊架，按照《建筑防烟排烟系统技术标准》GB 51251—2017 规定，排烟防火阀应设独立的支吊架。

5. 建设工程消防验收应提交的申请资料主要包括：

（1）消防验收申报表。

（2）工程竣工验收报告。

（3）涉及消防的建设工程竣工图纸。

【案例 11-3】

一、背景

某机电公司中标某液晶薄膜显示器生产厂房（CELL）工程，合同内容包括洁净室内暖通、给水排水、气体动力、供电、电照、空间管理和内装工程，其中某厂房洁净室最高等级为 N4（0.3μm）级。工程采用固定总价合同，中标总价为 7000 万元，其中含暂列金额 100 万元，预付款比例为 10%。

机电公司成本管理部门测算后，给项目部下达的考核成本目标为 6400 万元。项目部结合工程特点、当地的市场资源价格、项目部的技术实力状况等，对工程成本费用进行认真分析测算后，编制了施工成本计划。施工过程中，将施工成本计划进行层层分解，分解后的目标成本和计划成本见表 11-3。项目部注重技术经济对比，反复论证优化重点部位及环节的施工方案，严格控制各项直接费用、管理费用的支出，落实各项成本降低措施。

施工过程中，机电公司对净化空调系统的主干风管分段进行了严密性试验，可能使用的风管允许漏风量计算公式如下：

低压风管：$$Q_l \leqslant 0.1056P^{0.65} \tag{11-1}$$

中压风管：$$Q_m \leqslant 0.0352P^{0.65} \tag{11-2}$$

高压风管：$$Q_h \leqslant 0.0117P^{0.65} \tag{11-3}$$

施工完成后，项目部对实际成本进行了整理（成本费用见表 11-3），并对实际成本降低率进行核算，圆满完成了制定的施工成本计划。

表11-3 施工成本分析计算表

序号	项目名称	目标成本（万元）	计划成本（万元）	计划成本降低率	实际成本（万元）	实际成本降低额（万元）	实际成本降低率
1	暖通系统	2000	1850		1785		
2	给水排水系统	250	220		215		
3	气体动力系统	1200	1055		985		
4	供电系统	1000	850		865		
5	电照系统	1000	900		860		
6	空间管理系统	50	35		30		
7	内装系统	900	850		825		
8	合计						

二、问题

1．该厂房的洁净度N4（0.3μm）级是如何定义的？

2．本工程的预付款是多少？

3．计算表11-3中各系统的计划成本降低率、实际成本降低额和实际成本降低率。

4．试计算本工程的计划成本降低率和实际成本降低率。

5．请选择适合本工程净化空调风管严密性试验允许漏风量标准的公式？

三、分析与参考答案

1．电子厂房等工业洁净室，洁净度等级是指洁净室（区）内悬浮粒子洁净度的水平，用每立方米空气中的规定粒径粒子允许的最大数量表示，规定了N1～N9级的9个洁净度等级，按照《洁净厂房设计规范》GB 50073—2013中对空气洁净度等级的规定，洁净度N4（0.3μm）级是指洁净室内每立方米空气中，大于等于0.3μm的尘粒最大浓度限值为1020颗。

2．本工程的预付款＝（工程总价－暂列金）× 预付款比例

＝（7000－100）×10% ＝ 690万元

3．计划成本降低率＝目标成本降低额 / 项目的目标成本

＝（项目的目标成本－项目的计划成本）/ 项目的目标成本

实际成本降低额＝项目的目标成本－项目的实际成本

实际成本降低率＝实际成本降低额 / 项目的目标成本

计算结果见表11-4。

表11-4 施工成本分析计算表

序号	项目名称	目标成本（万元）	计划成本（万元）	目标成本降低额（万元）	计划成本降低率	实际成本（万元）	实际成本降低额（万元）	实际成本降低率
1	暖通系统	2000	1850	150	7.5%	1785	215	10.8%
2	给水排水系统	250	220	30	12.0%	215	35	14.0%
3	气体动力系统	1200	1055	145	12.1%	985	215	17.9%
4	供电系统	1000	850	150	15.0%	865	135	13.5%

续表

序号	项目名称	目标成本（万元）	计划成本（万元）	目标成本降低额（万元）	计划成本降低率	实际成本（万元）	实际成本降低额（万元）	实际成本降低率
5	电照系统	1000	900	100	10.0%	860	140	14.0%
6	空间管理系统	50	35	15	30.0%	30	20	40.0%
7	内装系统	900	850	50	5.6%	825	75	8.3%
8	合计	6400	5760	640		5565	835	

4. 计划成本降低率＝目标成本降低额 / 项目的目标成本

$= 640/6400 = 10\%$

实际成本降低率＝实际成本降低额 / 项目的目标成本

$= 835/6400 = 13.05\%$

5. 净化空调系统进行风管严密性试验时，工业洁净室 N1～N5 级的系统按高压系统风管的规定执行，故选式（11–3）。

【案例 11-4】

一、背景

某变压器厂装配车间为全钢结构厂房，跨度为 28m、长 180m，轨道中心跨距为 22m，轨道顶标高 22.5m。某安装公司承接了一台 160/40t 桥式起重机安装工程，起重机自重 175.8t，安装工期 15d。

根据该项目商务条件及自身实力，安装公司加强项目成本分析和管控，对吊装方案进行了技术经济方面的反复比选。为保证制定的吊装方案安全可靠、保证工期、降低成本，安装公司对初选出的汽车起重机主梁分片吊装方案和塔式起重机吊装方案进一步进行综合评价。经过调查资料，结合公司实践经验和租用大型汽车起重机的实际情况，确定出吊装方案的各评价要素及其权重，以及两个方案的各要素评分值见表 11–5。运用综合评价法，安装公司最终选出性价比最优的施工方案。

桥式起重机安装完成后，安装公司办理了竣工结算文件，并向发包人提交了竣工结算价款支付申请。

表 11–5　评价要素及方案各要素评分表

序号	评价要素	权重 B（%）	方案满足程度 A（%）	
			汽车起重机吊装（E_1）	塔式起重机吊装（E_2）
1	吊装安全	20	20	15
2	吊装成本	40	10	40
3	吊装工期	15	15	10
4	操作难度	15	15	10
5	客观条件	10	10	10

二、问题

1. 对施工方案进行技术经济比较包括哪些内容？

2．试用综合评价法选出安全可靠、满足工期成本要求的吊装方案。

3．起重机安装调试后，建设单位是否可以立即使用？说明理由。

4．指出该工程哪些作业人员需要办理特殊工种上岗证书？

5．简述竣工结算价款支付申请应载明的主要内容。

三、分析与参考答案

1．对施工方案进行技术经济比较的内容有：

（1）技术水平。吊装技术中的起吊吨位、每吊时间间隔、吊装直径范围、起吊高度等。

（2）技术的先进性。评价方案所选用的技术在同行业中是否处于先进水平，所设计的方案技术创新是否可以评价等。

（3）方案的经济性。对所选择的几种方案进行技术经济分析，以确定在满足要求的情况下费用最低的方案。

（4）方案的重要性。所选定方案在本项目、本行业或本企业自身技术发展等方面所处的地位及推广应用价值。

2．根据评价要素及方案各要素的评分值，用综合评价法公式计算出最大的方案评价值 E_{max} 就是被选择的方案。

汽车起重机吊装 $E_1 = 20\% \times 20\% + 10\% \times 40\% + 15\% \times 15\% + 15\% \times 15\% + 10\% \times 10\% = 1350\% = 13.5$

塔式起重机吊装 $E_2 = 15\% \times 20\% + 40\% \times 40\% + 10\% \times 15\% + 10\% \times 15\% + 10\% \times 10\% = 2300\% = 23$

根据以上计算，应选择塔式起重机吊装方案。

3．起重机安装调试后建设单位不能立即使用。因为起重机是特种设备，按《中华人民共和国特种设备安全法》规定，应由国家特种设备安全监督管理核准的检验机构，对安装单位起重机的安装过程进行验证性检验，这属于强制性的法定检验，检验合格后方可交付使用；未经检验合格的不得交付使用。

4．该工程属于在危险施工环境下作业，需要办理特殊工种岗位证书的作业人员有：起重工、电工、焊工、架子工、厂内运输工（叉车工）等。

5．竣工结算价款支付申请应载明的主要内容：竣工结算合同价款总额；累计已实际支付的合同价款；应预留的质量保证金；实际应支付的竣工结算价款金额。

第 12 章　施工安全管理

复习要点

微信扫一扫
在线做题 + 答疑

主要内容： 安全风险评估与控制；现场危险源识别；施工现场安全管理规定；安全技术措施与交底；应急预案编制与实施；安全事故调查与处理；施工现场职业健康。

知识点 1. 安全风险评估

项目经理负责项目部的风险管理，风险管理的原则和风险评估的范围，风险评价的方法和步骤。

知识点 2. 风险控制

风险控制的步骤、风险控制的阶段和风险控制的措施。

知识点 3. 风险的监督和检查

知识点 4. 现场危险源辨识

辨识范围、危险源的时态和状态、危险源的分级和分类。

知识点 5. 施工现场重大危险源的主要类型

知识点 6. 施工企业从业人员上岗时的安全要求及安全生产责任制

从业人员的安全生产资格要求，项目安全生产责任制的第一责任人，总包与分包的安全管理界面，项目部各类人员安全生产职责，施工安全管理实施要点。

知识点 7. 施工安全技术措施

知识点 8. 安全专项施工方案编制、审批和实施

知识点 9. 安全技术交底

知识点 10. 应急管理基本原则和现场突发事件分类、分级

知识点 11. 应急预案的主要内容及其编制、评审和备案

知识点 12. 应急预案的培训内容与演练范围和频次

知识点 13. 应急实施

应急报警及报警主要内容，应急响应分级及处置，应急响应后期处置及应急总结。

知识点 14. 施工安全事故等级划分及处置

知识点 15. 事故调查、处理和其法律责任

知识点 16. 施工现场职业病危害和职业禁忌

知识点 17. 引起职业病的危害因素及来源

知识点 18. 典型职业病危害因素及防护措施

知识点 19. 施工现场职业健康管理制度和现场职业健康管理要点

一　单项选择题

1. 下列施工现场突发事件中，属于社会安全事件的是（　　）。

A. 坍塌事件　　B. 火灾爆炸事件

C．集体讨薪械斗事件　　　　D．重大食物中毒事件

2．施工现场应急预案不包括（　　）。

A．综合应急预案　　　　B．专项应急预案

C．现场处置方案　　　　D．个人应急预案

3．项目部安全生产第一责任人是（　　）。

A．项目经理　　　　B．项目施工员

C．项目总工　　　　D．项目安全员

4．职业健康、安全风险评价的结果定性为重大风险，属于（　　）。

A．Ⅰ级　　　　B．Ⅱ级

C．Ⅲ级　　　　D．Ⅳ级

5．风险控制的技术措施有（　　）。

A．制定完善管理程序　　　　B．编制降低风险的措施

C．加强员工职业培训　　　　D．建立监督和奖惩机制

6．危险源的构成要素不包括（　　）。

A．潜在危险性　　　　B．存在条件

C．应对方式　　　　D．触发因素

二　多项选择题

1．下列作业中，需要组织专家对方案进行论证的有（　　）。

A．深基坑开挖　　　　B．10m 的高支模

C．重要的进度计划　　　　D．爆破工程

E．重大吊装作业

2．风险评估的范围包括（　　）。

A．施工现场的生产活动和服务场所

B．所有进入作业场所人员的活动

C．作业场所内所有的设施

D．进入现场的所有构成工程实体的永久材料，不包括临时设施用料

E．项目周期内（从项目启动之时起至项目结束之时止）所涉及的危险源

3．生产过程危险和有害因素包括（　　）。

A．人的因素　　　　B．过程因素

C．物的因素　　　　D．环境因素

E．管理因素

【答案】

一、单项选择题

1．C；　2．D；　3．A；　4．D；　5．B；　6．C

二、多项选择题

1. A、B、D、E；　　2. A、B、C、E；　　3. A、C、D、E

三　实务操作和案例分析题

【案例 12-1】

一、背景

某机电安装公司总承包了一个炼油厂新建装置安装工程，装置安装工程内容包括：机械设备安装；工艺设备（包括 28 台重 30～120t 的塔、器类设备）的吊装、安装；油、气和其他介质的工艺及系统管道安装；电气仪表、给水排水及防腐绝热工程等。机电安装公司具有压力容器安装的特种设备安装改造维修许可证 1 级许可资格。新建装置位于一个正常运行的液化石油气罐区的东侧，北侧隔路与轻石脑油罐区相邻。根据工程现场情况，机电安装公司组建现场施工项目部，建立项目部风险管理组，制定风险控制措施，落实施工现场的风险控制。

施工后，发生了下列事件：

事件 1：其中有一台高度为 60m 的大型分馏塔，属于Ⅱ类压力容器，分三段到货，需要在现场进行组焊安装。机电安装公司项目部拟采用在基础由下至上逐段组对吊装的施工方法，并为此编制了分馏塔组对焊接施工方案。在分馏塔着手施工时，项目监理工程师认为机电安装公司不具备分馏塔的现场组焊安装资格，要求项目暂停施工。

事件 2：工艺管道焊后经射线探伤发现，焊接合格率偏低。项目部组织人员按质量预控的施工因素进行了分析。经查验，工艺文件已按程序审批，并进行了技术交底。查出的问题有：个别焊工合格证的许可项目与实际施焊焊道不符，有 2 名焊工合格证过期；焊接记录中有部分焊材代用，焊缝外观检查有漏检，部分焊机性能较差。根据分析结果，找出了失控原因，经整改后焊接合格率得到了提高。

项目完工后，项目部进行了风险后评价，对已完成项目进行分析、检查和总结。

二、问题

1. 分析本工程施工存在哪些风险？应进行重点风险识别的作业有哪些？

2. 该项目部风险管理组应按什么步骤进行风险评价？

3. 简述分三段到货设备采用在基础由下至上逐段组对吊装施工方法的组对焊接程序。安装公司进行分馏塔（Ⅱ类压力容器）的现场组焊安装应具备什么资格？

4. 针对工艺管道焊接合格率偏低状况，指出焊接施工的生产要素中哪些因素失控。

5. 项目部进行风险后评价应包括的内容有哪些？

三、分析与参考答案

1. 本工程的风险主要有：人员高空坠落、高空落物、触电、火灾、吊装及吊装设备的倾倒、射线辐射伤害、腐蚀伤害、相邻罐区危险品泄漏及爆炸、雷击、中暑、食物中毒等。

应进行重点风险识别的作业有：采用新材料、新工艺、新设备、新技术的“四新”作业；脚手架搭设作业；动火作业；起重吊装作业。

2. 风险评价的步骤包括：

（1）决定所识别的风险发生后的后果及影响的严重性，重点考虑法律法规要求、伤亡程度、经济损失的程度大小、持续时间以及对社会正常生活秩序和企业形象的影响。

（2）评价发生危害事故事件的可能性，重点考虑危害发生的条件、现场是否有控制措施、事件或事故一旦发生是否能发现或察觉、同类事故以前是否发生过以及人体暴露在这种危险环境中的频繁程度等。

3. 分段到货设备在基础由下至上逐段组对吊装施工的焊接程序：基础验收、设置垫铁→塔器的最下段（带裙座段）吊装就位、找正→吊装第二段（由下至上排序）、找正→组焊段间环焊缝→重复上述过程：逐段吊装直至吊装最上段（带顶封头段）、找正、组焊段间环焊缝→整体找正、紧固地脚螺栓、垫铁点固及二次灌浆。

压力容器现场组焊，必须具有取得相应制造级别许可的单位承担。安装公司进行分馏塔（Ⅱ类压力容器）的现场组焊安装，应至少具备D2（第三类低、中压容器）级压力容器制造资格。

4. 根据背景分析，引起焊接合格率偏低的因素有：焊工合格证的许可项目与实际施焊焊道不符，有2名焊工合格证过期，是人的因素控制失控；焊接记录中有部分焊材代用，焊缝外观检查有漏检，部分焊机性能较差，属于材料、工程管理（检测）、机具因素失控，但其根源是人的因素。综合起来是人员、材料（焊材代用）、机具（部分焊机性能较差）、工程管理（外观检查漏检）四个因素。

5. 项目部进行风险后评价应包括的内容：评价的目的、人员及依据；各种施工过程、作业活动等识别对象的数量及评价的方法；主要风险因素及环境因素；中度以上风险因素及控制情况；结论。

【案例12-2】

一、背景

A公司承接某地一处大型吊装运输总承包项目，有80～200t大型设备26台。工程内容包括大型设备卸船后的陆路运输及现场的吊装作业。施工作业地点在南方沿海地区，工程施工特点为：工程量大、工期紧、高空作业多、运输和吊装吨位重。

A公司按照合同要求，根据工程的施工特点，分析了该工程项目受外部环境因素的影响，项目部成立了事故应急领导小组进行应急管理，根据施工现场可能发生的施工生产突发事件，编制了专项应急预案，并对应急预案进行了培训。

应急预案培训的内容有：

（1）培训应急救援人员，熟悉应急救援预案的实际内容和应急方式，明确各自在应急行动中的任务和行动措施。

（2）培训员工在紧急情况发生后有效的逃生方法。

（3）培训有关人员应急救援预案和实施程序修正和变动的情况。

A公司将大型工艺设备卸船后的陆路及厂内运输任务分包给B公司。针对80～200t大型设备吊装，B公司确定所有设备的吊装采用履带起重机吊装，租赁一台750t履带起重机和一台200t履带起重机。B公司组织专业技术人员编制大型设备吊装方案，优化吊装工艺，并对影响大型吊装的质量影响因素进行了预控。

在运输一台重 115t、长 36m 的设备时，A 公司的代表曾提出过要用 150t 拖车运输。但 B 公司由于车辆调配不能满足要求，采用了一台闲置数月的停放在露天车库的 100t 半挂运输车进行运输，设备装上车后没有采取固定措施，运输前和运输中没有安全员或其他管理人员检查、监督。运至厂区一个弯道时，半挂车拐弯过急，设备自车上摔下损坏，除了保险公司赔偿外，业主还直接损失 15 万元。经查，B 公司没有制定设备运输方案，也没有安全技术交底记录。

二、问题

1. 本工程可能发生哪些施工生产和自然灾害突发事件？指出应急反应的实施原则。

2. 上述应急预案培训的内容是否全面？若不全面补充缺失的内容。

3. 简述为完成某台重量和尺寸已经确定的设备吊装，确定主吊吊车臂长的步骤。

4. 大型设备的吊装施工中，应采取哪些对质量影响因素的预控措施？

5. B 公司运输设备时发生设备损坏事故应负什么责任？事故产生的原因有哪些？

三、分析与参考答案

1. 可能发生的施工生产突发事件主要包括起重吊装事件、物体打击事件、高处坠落事件、坍塌事件、触电事件、放射性事件、环境事件等。自然灾害突发事件主要有气象灾害，例如台风、热带风暴、暴雨等。

应急反应的实施原则是：避免死亡，保护人员不受伤害，避免或降低环境污染，保护装置、设备、设施及其他财产避免损失。

2. 应急预案培训的内容不全面。应补充的内容有：

（1）对应急救援人员，应使之熟悉安全防护用品的正确使用和维护。

（2）对员工，应培训使之熟知紧急事故的报警方法和报警程序，一旦发现紧急情况能及时报警。

3. 确定主吊吊车臂长的步骤是：

（1）根据被吊设备的就位位置和已确定的吊车使用工况以及现场情况，初定吊车的站位位置（确定吊车工作半径）。

（2）根据吊车站位的位置（吊车工作半径）、设备的吊装计算重量，查吊车的起重能力表，选择一个吊车的较大臂长作为初定吊车臂长。

（3）计算设备的计算吊装高度（包括设备的就位高度或最高就位高度、吊索高度等），根据吊车工作半径、初定吊车臂长查吊车作业范围曲线图，得到吊车在此时的标定吊装高度。

（4）计算吊臂与设备之间、吊钩与设备及吊臂之间的安全距离。

4. 对大型设备的吊装质量影响因素的预控，通常包括人、机、料、法、环（4M1E）等方面。对施工人员的控制，主要侧重于人员资格、技术水平等，包括对司索人员、起重作业的指挥人员、吊车司机的作业资格的认定和控制；对吊装作业的机具设备的控制，主要是吊车的能力和性能控制，包括吊车是否在特种设备年检有效期内，完好情况等；对材料的控制，主要是对吊索等的规格、完好程度进行控制；对吊装方法的控制，主要是吊装施工方案的审批程序、现场吊装时的作业与吊装方案的符合性等；对施工环境条件的控制，包括吊装施工现场环境和布置，天气（包括风、雨雪、温度等）的影响、周围的障碍物及地下设施等。

5．B 公司对这次运输事故应负主要责任。

这次事故产生的原因有：没有制定相应的设备运输方案；运输前没有进行安全技术交底；安全管理混乱，运输前和运输中没有安全员或其他管理人员检查、监督；运输车辆性能和车况未经检查，可能存在机械缺陷或隐患；车辆严重超载；操作失误或不符合安全要求，包括设备装上车后没有采取固定措施，弯道拐弯过急等。

【案例 12-3】

一、背景

某安装公司承包了一个炼油装置及其中间储油罐区工程的技术改造项目施工任务，包括部分工艺设备的新建和旧设备拆除，工艺管道以及罐区配套管道的改造，中间罐区 4 台 5000m^3 轻质油拱顶油罐的新建和 2 台 3000m^3 旧油罐的改造等，工程合同价为 8000 万元。

安装公司项目部经分析认定本工程安全生产形势严峻，根据安全生产责任制的要求，把安全生产责任目标进行了分解。确定：项目主管生产施工的副经理对本工程项目的安全生产负全面领导责任，项目总工程师对本工程项目的安全生产负部分领导责任和技术责任。在安全员的配备上，项目部配备专职安全生产管理人员 1 人，每个施工作业班组设置兼职安全巡查员 1 名，对本班组的作业场所进行安全监督检查。

项目部组织了施工现场危险源辨识，并根据具体工程项目特点，在施工组织设计中编制了有针对性的施工安全技术措施。同时，编制了高处作业、机械操作、起重吊装作业和临时用电安全技术措施。

在旧油罐的改造工程中，作业人员进入罐内作业前，采取自然通风方式对罐内进行了空气置换。当日下午作业人员进入罐内施工，作业中发生罐内残余气体爆燃，造成 1 名工人死亡、3 名工人受伤的事故。事故发生后项目部采取了应急措施，并按“四不放过”原则进行了事故处理。

事故发生后的当天晚上，施工项目部安全部门负责人向机电安装公司上报了事故，机电安装公司负责人接到报告后，认为已是晚上，打算次日上报，第二天上午由于公司有办公例会，于是在下午上班后报告了当地人民政府安全生产监督管理部门。

二、问题

1．本工程安全员配备是否正确？说明理由。

2．在施工组织设计中编制的项目施工安全技术措施应有哪些主要内容？指出项目部还应编制哪些主要的安全技术措施？

3．新建的 5000m^3 轻质油拱顶油罐宜采用哪种组对施工方法？该方法的工艺过程是什么？

4．分析背景中事故发生的直接原因。在密闭容器内作业，应有哪些安全措施？

5．本次事故属于什么生产安全事故等级？上报程序为什么不正确？

三、分析与参考答案

1．本工程配备专职安全生产管理人员 1 人不正确。总承包项目按工程合同价配备：5000 万～1 亿元的工程不少于 2 人。本工程合同价为 8000 万元，应配备专职安全生产管理人员 2 人及以上。

2．项目施工安全技术措施的主要内容包括：施工总平面布置的安全技术要求；确定项目施工全过程中的施工作业、特殊工种作业、管理人员和操作人员安全作业资格并进行合格审查；确定项目重大风险因素的部位和过程并制定相应措施；针对工程项目的特殊需求制定安全技术措施，如冬期、雨期、夏季高温期、夜间等施工时安全技术措施。

该项目部还应编制的安全技术措施：动用明火作业、密闭容器内作业、设备和管道探伤、冲洗及压力试验、试运行 5 项安全技术措施。

3．新建的 5000m^3 轻质油拱顶油罐宜采用边柱倒装法，可根据情况采用液压提（顶）升、葫芦提升等。工艺过程是：利用均布在罐壁内侧带有提（顶）升机构的边柱提升与罐壁板下部临时胀紧固定的胀圈，使上节壁板随胀圈一起上升到预定高度，组焊第二圈罐壁板。然后松开胀圈，降至第二圈罐壁板下部胀紧、固定后再次起升。如此往复，直至组焊完。

4．背景中事故发生的直接原因：旧油罐里的易燃易爆、有毒有害气体没有清除、置换干净，导致作业人员进入罐内作业，动用明火如气割、电焊等时引起罐内残余气体爆燃。进一步分析，该作业没有编制密闭容器内作业安全技术措施，安全管理失控，工人安全意识差，误操作。

在受限空间或密闭容器内作业的安全措施有：

（1）编制密闭容器内作业安全技术措施，并对作业人员进行交底。

（2）清除和置换容器内易燃易爆气体、有毒有害气体并进行气体检测，检测结果显示易燃易爆气体、有毒有害气体不超标，容器内气体含氧量合格才能进入罐内作业，并定期对密闭容器内的气体取样分析。

（3）关闭所有与容器内相连的可燃、有害介质的阀门，用盲板将其与罐内隔离并挂牌标示，且在作业前进行检查。

（4）采取空气流通措施，如安装通风机强制通风。

（5）在油罐内作业使用安全电压为 12V 的行灯照明，行灯必须有金属保护罩。

（6）容器的出入口设置标志，设置专人监护。

5．本次事故属于一般事故。

事故报告规定的要求是：事故发生后，事故现场有关人员应立即向本单位负责人报告，本单位负责人接到报告后，应当在 1 个小时内向事发地县级以上人民政府安全生产监督管理部门和负有安全生产监督管理职责的有关部门报告。背景中，事故现场有关人员没有立即向本单位负责人报告，而是下班后到了晚上才报告；而单位负责人接到报告后，在第二天下午才报告，大大超过了规定的 1 个小时报告期。

【案例 12-4】

一、背景

某公司中标石化厂柴油加氢装置施工总承包项目，其中新氢压缩机 2 台，为对置式活塞机组，由电机通过减速箱驱动，进口压力为 0.15MPa，出口压力为 1.0MPa，飞轮兼作盘车器，设有手动盘车机构；压缩机转速 360rpm，散件到货，现场清洗组装。机组为联合基础，压缩机曲轴箱采用预埋活动地脚螺栓锚板的方式固定，减速箱和电动机则选用预留地脚螺栓孔方式安装固定。

在设备安装及厂房内配套管道安装前，设备安装综合队仔细查验了压缩机机组的基础，主要检查项目有基础的坐标位置、不同平面的标高、平面外形尺寸、凸台上平面外形尺寸、预埋活动地脚螺栓锚板的标高、预留地脚螺栓孔的中心线位置。安装工程师认为遗漏重要检查项目，要求安装队补充检查。

安装队就位压缩机曲轴箱，找平找正后，安装厚壁滑动轴瓦，用涂红丹的方式检查了瓦背与轴承座孔的接触情况；将清洗干净的曲轴轴颈涂上红丹，就位在下轴瓦上；扣上上轴瓦，在未拧紧螺栓时，检查上下轴瓦接合面。

在曲轴箱固定后，以曲轴箱为基准，安装盘车器、减速箱、电动机、中体、气缸、中冷器，待设备找正固定后，开始配管工作。工程师就设备配管进行了专项技术交底，强调了法兰密封面检查和无应力配管，着重交底了配管过程中应力监测的方法。

在压缩机单机空负荷试运行环节，试运行方案已获批准，试运行小组成立并完成了培训和交底，设立了警戒线，备好了应急物资，启动了冷却水系统、润滑油系统，一切正常后，屏蔽了仪表联锁机构，确认了电气系统，就准备开机，被工程师叫停，工程师指出试运行小组在开机前遗漏了一项工作，并对后续的启动操作要求和运行时油压和温度监测合格标准进行了再次强调。

二、问题

1. 安装工程师要求补测基础的哪些项目？

2. 曲轴轴颈涂上红丹是检查哪个项目？如何检查上下轴瓦的接合面？合格标准是什么？

3. 管道法兰密封面不得有哪些缺陷？应在什么状态下检验管道法兰与设备法兰的哪些参数？怎样监测设备位移？

4. 试运行小组遗漏了哪项工作？后续的启动操作要求和运行时油压和温度监测合格标准是什么？

三、分析与参考答案

1. 应补测预埋活动地脚螺栓锚板中心线位置，预留地脚螺栓孔深度和孔壁垂直度。

2. 曲轴轴颈涂上红丹是检查轴瓦内孔与轴颈的接触点数，用0.05mm塞尺从外侧检查上下轴瓦接合面，任何部位塞入深度应不大于接合面宽度的1/3。

3. 管道法兰密封面不得有划痕、斑点等缺陷。应在自由状态下检验管道法兰与设备法兰的平行度和同轴度。应在联轴节上架设百分表监测设备位移。

4. 试运行小组应进行手动盘车检查，一切正常后，将盘车装置处于压缩机启动所要求的位置，此时活塞不得处于止点位置。

点动压缩机，在检查各部位无异常现象后，依次运转5min、30min和2h以上，运转中润滑油压不得小于0.1MPa，曲轴箱或机身内润滑油的温度不应高于70℃，各运动部件无异常声响，各紧固件无松动。

第 13 章　绿色建造及施工现场环境管理

复习要点

主要内容：绿色施工要点及评价；绿色施工新技术；施工现场环境保护；现场文明施工要求。

知识点 1．绿色施工管理

知识点 2．节材与材料资源利用的技术要点

知识点 3．节水与水资源利用的技术要点

包括提高用水效率、用水安全的内容。

知识点 4．节能与能源利用的技术要点

包括节能措施，机械设备与机具，生产、生活及办公临时设施，施工用电及照明相关内容。

知识点 5．节地与施工用地保护的技术要点

包括临时用地指标、临时用地保护和施工总平面布置的内容。

知识点 6．评价框架体系

评价阶段、评价要素、评价指标、评价等级、评价频次、单位工程绿色施工等级及判定标准。

知识点 7．评价组织、评价程序、评价资料

知识点 8．绿色施工新技术

知识点 9．施工现场环境保护

包括扬尘控制、噪声与振动控制、光污染控制、水污染控制、土壤保护、建筑垃圾控制、地下设施、文物和资源保护等内容。

知识点 10．现场环境保护

包括焊接环境保护、容器试压环境保护、施工现场环境保护的内容。

知识点 11．文明施工管理的组织

知识点 12．文明施工管理的职责

知识点 13．现场文明施工的目标与措施

现场文明施工的措施：组织措施、技术措施、合同措施、经济措施。

知识点 14．现场文明施工管理的基本要求

施工准备阶段、工程施工阶段、保卫和消防要求。其中，工程施工阶段包括作业过程要求、设备管理要求、临时用电要求。

知识点 15．竣工验收阶段的文明施工要求

一　单项选择题

1．施工现场采取洒水、覆盖等措施，对作业区目测扬尘高度要求是小于（　　）。

A．3.0m　　　　B．2.5m

C．2.0m　　D．1.5m

2. 施工现场的道路可与消防通道共用时，对道路宽度要求是不小于（　　）。

A．3.0m　　B．3.5m

C．4.0m　　D．4.5m

3. 负责文明施工的决策，文明施工管理的组织、协调和指导工作的是（　　）。

A．项目经理　　B．项目副经理

C．项目总工程师　　D．项目安全总监

二 多项选择题

1. 绿色施工的“四节一环保”中包括（　　）。

A．节能　　B．节水

C．节地　　D．节时

E．节材

2. 应有严格的隔水层设计并做好渗漏液收集和处理的包括（　　）。

A．水罐　　B．天然气罐

C．压缩空气罐　　D．油料储存地

E．化学品有毒材料

3. 绿色施工的新技术内容包括（　　）。

A．新工艺　　B．新材料

C．新标准　　D．新技术

E．新设备

【答案】

一、单项选择题

1．D；　2．B；　3．A

二、多项选择题

1．A、B、C、E；　2．D、E；　3．A、B、D、E

三 实务操作和案例分析题

【案例 13-1】

一、背景

某安装公司承接150万吨/年乙烯项目，其中乙烯装置裂解气压缩机机组由凝汽式汽轮机驱动，功率达90000kW。汽轮机组安装在8m高的独立基础上，正下方是凝汽器。

项目工期很短，安装公司项目部精心策划，在基础浇筑完成还处于保养期时，就对基础的外观质量和预埋件的准确位置、标高、螺纹的保护等进行了查验，在汽轮机运抵现场时，基础混凝土试块的检测报告也完成了，强度达到设计要求。项目部进行设备的验收后，立刻组织汽轮机的就位，监理工程师认为不妥，予以制止。

在汽轮机组与裂解气压缩机组完成精对中后，打开凝汽器的法兰，放出凝汽器存放期间的作为保护气体的氮气，现场配制汽轮机低压缸排汽口与凝汽器间的短接。在配对法兰组对时，端面间隙和错口量超标，安装工人利用管道本身的弹性并采用在法兰间加偏垫的方法进行处理。技术人员进行安装质量检查时发现问题并及时予以返工纠正。

项目部成立了以项目经理为组长的文明施工领导小组，制定项目文明施工管理规划，明确创建文明施工管理目标，实行“分层负责，区域管理”的原则，明确专业责任分工和主管部门（人员），开展文明施工管理工作。

二、问题

1. 监理工程师制止汽轮机进场后直接就位的原因是什么？

2. 请指出安装工人在配制汽轮机与凝汽器间短接时的错误做法。

3. 针对机组的安装，识别风险有哪些？

4. 项目经理文明施工管理职责有哪些内容？

三、分析与参考答案

1. 重要设备的基础，应进行预压强度试验，试验合格后，进行基础的中间交接，才能开始设备安装工作。

2. 在配制该短接时，应先向凝汽器灌水至机组模拟运行状态，在此条件下，进行无应力配制短接，要求端面间隙、同心度等指标必须达标。不得采用强力组对、加偏垫等方式进行调节，在配制短接期间，应在机组联轴器上打表检测机组受力情况。

3. 机组安装风险有：高空作业坠落风险、吊装作业倾覆及物体打击风险、临时用电的触电风险等。

4. 项目经理文明施工管理职责：项目经理负责文明施工的决策，负责文明施工管理的组织、协调和指导工作，并对文明施工规划提出指导性意见。

【案例 13-2】

一、背景

某安装公司承包某超高层建筑机电工程施工项目，该工程位于市中心繁华区，工程范围包括通风与空调、给水排水及消防水、动力照明、环境与设备监控系统等，建设单位要求安装公司严格实施绿色施工，严格进行安全和质量管理。

安装公司项目部针对工程情况，制定了绿色施工管理和环境保护的绿色施工措施，提交建设单位后，建设单位认为绿色施工内容不能满足施工要求，建议补充完善。针对机电工程工期紧、作业面分散，项目部编制了施工组织设计，对工程进度、质量和安全管理进行重点控制。在安全管理方面，项目部根据现场作业特点，对重点风险作业进行分析识别，制定了相应的安全管理措施和应急预案。

该工程大型机电设备运输就位，需进行吊装作业，其中制冷机组和大型风机的吊装运输分包给专业施工队伍。分包单位编制了吊装运输专项方案后即组织实施，被监理工程师制止，后经审批，才组织实施。

施工中，项目部按计划多次对施工现场进行安全检查，但是仍反复出现设备吊装指挥信号不明确、个别电焊工无证上岗、雨天高空作业、临时楼梯未设护栏等多项安全隐患。项目部经认真分析总结，认为是施工现场安全检查未抓住重点，经整改后效果明显。

二、问题

1. 绿色施工要点还应包括哪些方面的内容?

2. 本工程应重点进行风险识别的作业有哪些? 应急预案分为哪几类?

3. 分包单位选择的吊装运输专项方案应如何进行审批?

4. 根据背景资料，归纳施工现场安全检查的重点有哪些?

5. 金属风管咬口形式和选择的依据是什么?

三、分析与参考答案

1. 绿色施工要点还应包括以下方面的内容：节材与材料资源利用、节水与水资源利用、节能与能源利用、节地与施工用地保护。

2. 本工程安全风险识别中，应重点进行风险识别的作业有：不熟悉的作业，如采用新材料、新工艺、新设备、新技术的“四新”作业；临时作业，如维修作业、脚手架搭设作业；造成事故最多的作业，如动火作业；存在严重伤害危险的作业，如起重吊装作业。

应急预案分类：综合应急预案；专项应急预案；现场处置方案。

3. 吊装运输专项方案应由施工单位技术部门组织本单位施工技术、安全、质量等部门的专业技术人员进行审核。经审核合格，分包单位技术负责人签字后，交总承包单位，总承包单位技术负责人签字。然后报监理单位，由项目总监理工程师审核签字后实施。

4. 施工现场安全检查的重点有：违章指挥、违章作业、直接作业环节的安全保证措施。

5. 该工程金属风管的咬口形式有：单咬口、联合角咬口、转角咬口、按扣式咬口、立咬口。该工程金属风管的咬口形式选择的依据有：风管系统的压力及连接要求。

第 14 章　机电工程项目资源与协调管理

复习要点

微信扫一扫
在线做题 + 答疑

主要内容： 人力资源管理；工程设备管理；工程材料管理；施工机械管理；项目内部施工协调管理；项目外部施工协调管理。

知识点 1. 人力资源的需求和配置

知识点 2. 特种作业人员和特种设备作业人员配置要求

知识点 3. 员工的培训与激励

知识点 4. 劳动力的动态管理

知识点 5. 设备验收

知识点 6. 设备采购

知识点 7. 设备监造

知识点 8. 设备运输

知识点 9. 设备保管

知识点 10. 材料计划编制

知识点 11. 材料采购方式

（1）计划内采购的大宗材料一般均应采取招标、议标方式。

（2）对特殊原因，供货商不足规定的招标单位数时，可采取议标。

知识点 12. 材料进场验收要求

知识点 13. 材料保管要求

知识点 14. 材料领发要求

知识点 15. 库区危险物资管理要求

知识点 16. 施工机械选择的方法

知识点 17. 施工机械设备操作人员的“四懂三会”和机械使用管理的“三定”制度

知识点 18. 项目内部协调管理

（1）施工进度协调。

（2）施工资源分配协调。

（3）施工质量管理协调。

（4）施工安全管理协调。

（5）施工作业面安排协调。

知识点 19. 项目外部协调管理

（1）与施工单位有合同契约关系的单位的协调。

（2）与施工单位有洽谈协商记录的单位的协调。

（3）对施工行为监督检查单位的协调。

（4）与人员驻地生活直接相关的单位或个人的协调。

一　单项选择题

1. 编制一般的无损检测程序，并按检测工艺独立进行检测操作，评定检测结果，签发检测报告的检测工作是（　　）。

A. Ⅰ级无损检测人员　　B. Ⅱ级无损检测人员

C. Ⅲ级无损检测人员　　D. 实习无损检测人员

2. 关于材料发放，错误的是（　　）。

A. 建立领发料台账　　B. 凭限额领料单领发材料

C. 定额发料　　D. 超限额用料须领料人签字

3. 在材料储存与保管中，施工现场材料的放置要按（　　）。

A. 进库时间实施　　B. 材料保质期实施

C. 领料方便实施　　D. 平面布置图实施

4. 根据机械设备所耗费用进行比较选择的方法是（　　）。

A. 应用综合评分法　　B. 单位工程量成本比较法

C. 界限使用判断法　　D. 等值成本法

5. 在现场组装的重要大型起重机具，说法错误的有（　　）。

A. 应向当地特种设备监督管理部门履行报检程序

B. 专机专人负责制、机长负责制和操作人员持证上岗制

C. 证照齐全的情况下，现场组装调试后直接使用

D. 严格实行专业人员进行的定期保养和监测修理制度

6. 人力资源需求预测不包括（　　）。

A. 过去人力资源需求预测　　B. 现实人力资源需求预测

C. 未来人力资源需求预测　　D. 流失人力资源需求预测

7. 从经济性比较，大型设备运输费用最低的是（　　）。

A. 水路运输　　B. 铁路运输

C. 航空运输　　D. 公路运输

二　多项选择题

1. 施工资源分配供给的协调有（　　）。

A. 人力资源　　B. 施工机具

C. 施工技术资源　　D. 工作面

E. 设备和材料

2. 在材料进场时，项目部进行材料数量和质量验收的依据有（　　）。

A. 送料凭证　　B. 进料计划

C. 施工图纸　　D. 用料计划

E. 质量保证书

3. 工程材料领发管理的要求包括（　　）。

A．建立台账　　B．限额领料

C．定额发料　　D．超额需批准

E．合理用料

4．在施工机具的使用中，对于重要施工机械设备使用，要执行的制度有（　　）。

A．定期检修制　　B．专机专人负责制

C．进退场交接制　　D．操作人员持证上岗制

E．机长负责制

5．关于施工质量管理的协调，正确的是（　　）。

A．协调施工进度计划安排，实现配置的优化性

B．作用于质量检查、检验计划编制与施工进度计划要求的一致性

C．作用于质量检查或验收记录的形成与施工实体进度形成的同步性

D．作用于不同专业施工工序交接间的及时性

E．作用于发生质量问题后处理的各专业间作业人员的协同性

【答案】

一、单项选择题

1．B；　2．D；　3．D；　4．B；　5．C；　6．A；　7．A

二、多项选择题

1．A、B、C、E；　2．A、B、E；　3．A、B、C、D；　4．B、D、E；

5．B、C、D、E

三　实务操作和案例分析题

【案例 14-1】

一、背景

某施工单位承担了一项机电工程项目，施工单位项目部为落实施工劳动组织，编制了劳动力资源计划，按计划调配了施工作业人员，并与某劳务公司签订了劳务分包合同，约定该劳务公司提供 60 名劳务工，从事基础浇筑、钢结构组对焊接、材料搬运工作。进场前对劳务工进行了安全教育，并进行了建筑工人实名制管理。

基础工程结束、安装工程开始后，项目部发现原劳动力计划与施工进度计划不协调，而又难以在计划外增加调配本单位施工作业人员，在吊装作业和管道焊接等主体施工中劳动力尤为不足。项目部采取临时措施，重新安排劳务工工作，抽调 12 名劳务工充实到起重作业班组，进行起重作业。作业前项目部用 1 天时间对 12 名劳务工进行了起重作业安全技术理论学习和实际操作训练。项目安全员提出 12 名劳务工没有特种作业操作证，不具备起重吊装作业资格，但项目部施工副经理以进行了培训且工程急需为由，仍然坚持上述人员的调配。

在开始低合金钢管道焊接（手工焊）时，项目部抽调 6 名从事钢结构焊接的有焊工

合格证的劳务工参加焊接工作。在水压试验前，监理工程师会同项目质量技术部门进行检查，发现：共有3名无损检测人员参与检测。3人的资格情况如下：No.1号：RT Ⅰ级、UT Ⅱ级；No.2号：RT Ⅰ级、MT Ⅱ级；No.3号：RT Ⅱ级、UT Ⅱ级、PT Ⅱ级。焊道射线检测的15C-04号报告共有3道焊口的检测结果，评定其中1道焊缝存在不合格的缺陷。该报告由No.1号评定检测结果，No.2号签发检测报告。

二、问题

1. 项目部出现劳动力不足和对劳务工重新进行的安排违背了用工动态管理哪些原则？说明理由。

2. 说明背景中起重工属于特种作业人员的理由。项目安全员和项目部施工副经理对抽调劳务工从事起重吊装作业的意见或做法是否正确？说明理由。

3. 15C-04号报告中评定检测结果和报告签发是否符合无损检测人员资格管理的要求？为什么？从背景中，应由哪位无损检测人员签发报告？

4. 施工总承包企业建筑工人实名制的职责是什么？

三、分析与参考答案

1. 违背了用工动态管理以进度计划与劳务合同为依据的原则。

理由：原劳动力计划与施工进度计划不协调，说明原劳动力计划未按进度计划为依据进行编制；劳务分包合同约定的劳务工工作范围为基础浇筑、钢结构组对焊接、材料搬运，将12名劳务工改为从事起重作业工作，违背了合同关于工作范围的约定。而在原约定的工作范围内，劳务公司一般也不会在该项目上提供足够数量的取得特种作业操作证的起重工。

2. 起重工属于特种作业人员的理由是：从事起重作业容易发生人员伤亡事故，对操作者本人、他人及周围设施的安全有重大危险。

项目安全员的意见正确，项目部施工副经理做法不正确。因为起重工属于特种作业人员，持证上岗是对从事特种作业人员管理的基本要求。12名劳务工进行了简单培训不能代替参加国家规定的安全技术理论和实际操作考核成绩合格并取得特种作业操作证。这12名劳务工未按规定要求取得特种作业操作证，不具备作业资格，不能从事该作业。

3. 不符合。各级别的无损检测持证人员只能从事与其资格证级别、方法相应的无损检测工作。No.1号、No.2号无损检测人员只具备RT（射线检测）Ⅰ级资格，不能评定RT检测结果、签发检测报告。从背景中，应由具备RT Ⅱ级资格的No.3号无损检测人员签发报告。

4. 施工总承包企业要建立建筑工人实名制管理制度，明确管理职责，对进入施工现场的建筑工人实行实名制管理，记录建筑工人的身份信息、培训情况、职业技能、从业记录等信息。

【案例14-2】

一、背景

某安装公司承接了某大型宾馆的供暖工程（PC项目），合同额为860万元，供暖热源由风冷热泵提供，供回水温度为45/40℃，健身房、客房、会议室等采用低温热水地板辐射供暖，球类馆采用散热器供暖。供热管道采用铝塑复合管。

安装公司项目部组织了设备和材料的招采工作，采办部门拟采用协商方式采购这批材料，被项目经理否决。经过调整，采办工作滞后了 1 个月。

散热器进场时，安装公司项目部对其外观和金属热强度进行了检查和复验，散热器支管的安装坡度为 0.003。供暖系统安装完毕后，项目部依次对管道系统进行了水压试验。

由于采办的滞后，在进行会议室供暖施工时，与室内装修承包商发生了相互影响，经协调，装修承包商让出作业面 3d 时间，安装公司项目部也承诺，将会议室供暖施工的计划工期（5d）调整到 3d 内完成，问题得到圆满解决。

二、问题

1. 材料的采购方式有哪几种？本项目宜采用哪一种方式采购材料？

2. 材料进场验收的依据是什么？

3. 指出供暖工程中可能导致部分散热器温度偏低的质量问题，并说明理由。

4. 项目部与室内装修的协调属于什么协调？项目部调整工期应从哪几方面入手？

三、分析与参考答案

1. 材料的采购方式有：

（1）计划内采购的大宗材料一般均应采取招标、议标方式。

（2）对特殊原因，供货商不足规定的招标单位数时，可采取议标。

（3）对零星材料、工程急需材料、技术要求高和专业性强的材料以及建设单位对产品有特殊要求的材料，可采用询价比价、协商价格采购方式。

本项目宜采用招标的方式采购材料。

2. 在材料进场时根据进料计划、送料凭证、质量保证书或产品合格证，进行材料的数量和质量验收；要求复检的材料应有取样送检证明报告。

3. 散热器进场时未对其单位散热量性能进行复验，单位散热量不符合规定要求的会导致散热器温度偏低。散热器支管的安装坡度为 0.003，坡度未达到要求导致散热器的温度偏低；规范规定的散热器支管坡度应为 1% 即 0.01。

4. 与室内装修的协调属于与外部单位的协调。安装公司项目部采取缩短工期的方法应从以下几方面入手：增加劳动力，采取倒班的方式增加工作时长，细化作业面，采取多作业面同时开工或减少工序间搭接时间，调配高效设备，提高工作效率。

【案例 14-3】

一、背景

A 公司中标南方沿海 12 台 10 万 m^3 浮顶原油储罐库区建设的总包项目。配套的压力管道系统分包给具有资质的 B 公司，无损检测工作由独立第三方 C 公司承担。

A 公司负责工程主材的采购工作。材料及设备从产地陆运至集港码头后，船运至本原油库区的自备码头，然后用汽车运至施工现场。

B 公司中标管道施工任务后，与相关单位完成了设计交底和图纸会审，合格的施工机械、工具及计量器具到场后，立即组织管道施工。监理工程师发现管道施工准备工作尚不完善，责令其整改。

C 公司派出Ⅰ级无损检测人员进行该项目的无损检测工作，其签发的检测报告显示，一周内有 16 条管道焊缝被其评定为不合格。经项目质量工程师排查，这些不合格焊缝均出自一台整流元件损坏的手工焊焊机。操作该焊机的焊工是一名自动焊焊工，无手工焊资质，未能及时发现焊机的异常情况。经调换焊工，更换焊机，返修焊缝后，重新检测结果为合格。该事件未耽误工期，但造成费用损失 15000 元。

储罐建造完毕，A 公司编制了充水试验方案，检查罐底的严密性和罐体的强度、稳定性。监理工程师认为检查项目有遗漏，要求补充。经历 12 个月的艰苦工作，项目顺利完工。

二、问题

1．A 公司在材料运输中，需协调哪些单位？

2．B 公司在管道施工前，还应完善哪些工作？

3．说明这 16 条缺陷焊缝未判别为质量事故的原因。C 单位的无损检测人员哪些检测工作超出了其资质范围？

4．储罐充水试验中，还要检查哪些项目？

三、分析与参考答案

1．A 公司在材料运输中，需协调集港区的港务码头管理部门、航道局、陆上运输涉及的交管局、货运公司等单位。

2．B 公司在管道施工前，还应完善的工作有：向当地质量技术监督部门办理书面告知；编制施工方案并获批准；施工人员已按规定考核合格；完成技术、安全交底。

3．未判别为质量事故的原因：经济损失不大，未对项目工期和安全构成影响，属于质量问题，由企业自行处理。

C 单位Ⅰ级无损检测人员只能进行无损检测操作，记录数据，整理检测资料，在评定检测结果、签发检测报告方面超出了其资质范围。

4．储罐底板的严密性试验是使用真空试漏箱进行检测，罐底板的真空试漏应在充水试验前完成。储罐充水试验中，还要检查浮顶的升降性及严密性、浮顶（中心）排水管的严密性、基础的沉降观测。

【案例 14-4】

一、背景

某安装公司承包某大型制药厂的机电安装工程，工程内容：设备、管道和通风空调等工程安装。项目部经理在策划组织机构时，根据项目大小和具体情况配置了项目部技术人员，满足了技术管理要求。安装公司对施工组织设计的前期实施，进行了监督检查：施工方案齐全，临时设施通过验收，施工人员按计划进场，技术交底满足施工要求，但材料采购因资金问题影响了施工进度。在材料陆续到货后，项目的管道施工才逐步走向正常。

不锈钢管道系统安装后，施工人员用洁净水（氯离子含量小于 25ppm）对管道系统进行试压时（图 14–1），监理工程师认为压力试验条件不符合规范规定，要求整改。

由于现场条件限制，有部分工艺管道系统无法进行水压试验，经设计和建设单位同意，允许安装公司对管道环向对接焊缝和组成件连接焊缝采用 100% 无损检测，代替现场水压试验，检测后设计单位对工艺管道系统进行了分析，符合质量要求。

检查金属风管制作质量时，监理工程师对少量风管的板材拼接有十字形接缝提出整改要求。安装公司进行了返修和加固，风管加固后外形尺寸改变但仍能满足安全使用要求，验收合格。

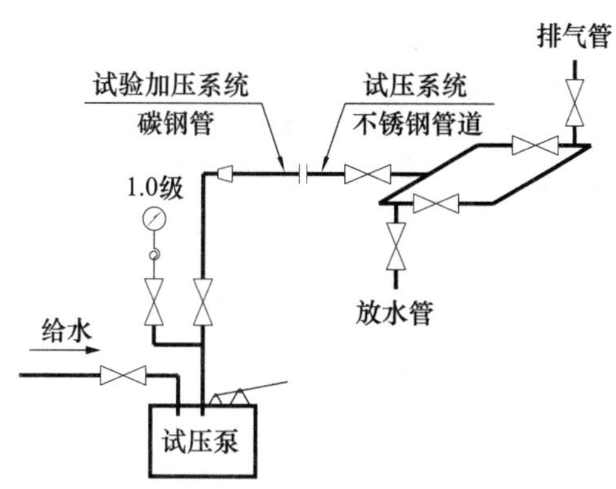

图 14–1　管道系统水压试验示意图

二、问题

1．项目经理根据项目大小和具体情况如何配备技术人员？管道施工质量管理协调有哪些同步性作用？

2．安装公司在施工准备和资源配置计划中哪几项完成得较好？哪几项需要改进？

3．图 14–1 中的水压试验有哪些不符合规范规定？写出正确的做法。

4．背景中的工艺管道系统的焊缝应采用哪几种检测方法？设计单位对工艺管道系统应如何分析？

5．监理工程师提出整改要求是否正确？说明理由。加固后的风管可按什么文件进行验收？

三、分析与参考答案

1．项目经理可根据项目大小和具体情况按分部、分项和专业配备技术人员。管道施工质量管理协调的同步性作用：质量检查和验收记录的形成与管道施工进度同步。

2．安装公司在施工准备和资源配置计划中，技术准备、现场准备劳动力配置计划完成得较好。需要改进的是资金准备、物资配置计划。

3．图 14–1 中不符合规范要求之处：压力表只有 1 块，压力表安装位置错误。

正确做法：压力表不得少于 2 块，应在加压系统的第一个阀门后（始端）和系统最高点（排气阀处、末端）各装 1 块压力表。

4．背景中的工艺管道系统的管道环向对接焊缝应采用射线检测、超声检测，组成件的连接焊缝应采用渗透检测或磁粉检测。设计单位对工艺管道系统应进行柔性分析。

5．监理工程师提出整改要求正确。风管板材拼接不得有十字形接缝，接缝应错开。加固后的风管可按技术方案和协商文件进行验收。

第15章 机电工程试运行及竣工验收管理

复习要点

主要内容： 试运行条件与组织；建筑机电工程试运行；工业机电工程试运行；建筑机电工程竣工验收；工业机电工程竣工验收；工程竣工结算。

知识点1. 试运行条件

（1）单机试运行前必须具备的条件。

（2）联动试运行前必须具备的条件。

（3）负荷试运行前必须具备的条件。

知识点2. 试运行组织

知识点3. 建筑给水排水与节水工程试运行

知识点4. 建筑电气工程试运行

知识点5. 通风与空调工程试运行

知识点6. 建筑智能化工程试运行

知识点7. 消防工程试运行

知识点8. 单机试运行的主要范围和要求

知识点9. 常用机电设备单机试运行

风机试运行，压缩机试运行，泵试运行，起重机试运行，输送设备试运行。

知识点10. 单机试运行安全技术措施

知识点11. 中间交接验收

知识点12. 联动试运行

知识点13. 负荷试运行

知识点14. 建筑机电工程施工质量验收相关标准

（1）建筑机电工程质量验收的划分。

（2）单位（子单位）工程验评的工作程序。

（3）单位（子单位）工程质量验收评定合格的标准。

（4）竣工验收要求。

知识点15. 竣工验收实施

（1）一般项目验收。

（2）专项验收。

（3）建筑工程竣工验收备案管理。

（4）档案验收。

知识点16. 工业机电工程施工质量验收相关标准

（1）工业机电工程质量验收的划分。

（2）单位（子单位）工程质量验收的程序。

（3）单位（子单位）工程质量验收合格的规定。

（4）单位（子单位）工程控制资料检查记录。

知识点 17．竣工验收实施

（1）竣工验收的依据。

（2）竣工验收的组织。

（3）竣工验收的程序。

（4）竣工验收问题的处理。

知识点 18．竣工结算编制依据

知识点 19．竣工结算编制原则

知识点 20．竣工结算程序

知识点 21．结算价款支付

一　单项选择题

1. 机电工程单机试运行的组织实施单位是（　　）。

A．建设单位　　B．设计单位

C．施工单位　　D．监理单位

2. 空调系统带冷（热）源的连续试运行不应少于（　　）h。

A．2　　B．4

C．6　　D．8

3. 泵的轴功率（100kW）在额定工况下连续运转时间是（　　）min。

A．30　　B．60

C．90　　D．120

4. 工程正式验收阶段，进行验收工作准备的主要内容是（　　）。

A．整理材料计划　　B．工程竣工图

C．实施进度计划　　D．计算工程量

5. 建设工程项目必须与主体工程同步验收的项目是（　　）。

A．通风空调工程　　B．电气工程

C．电梯工程　　D．消防工程

6. 下列验收项目中，属于专项验收的是（　　）。

A．空调验收　　B．照明验收

C．防雷验收　　D．给水验收

7. 工程竣工技术资料移交的执行必须严格按（　　）。

A．建设工程合同示范文本

B．工程施工组织设计文件

C．建设工程文件归档规范

D．建设工程深化设计文件

8. 发包人收到承包人提交的竣工结算文件后，核对时间应在（　　）天内。

A．7　　B．14

C．21　　D．28

二 多项选择题

1. 联动试运行前必须具备的条件的有（ ）。
   A. 工程质量验收合格
   B. 单机试运行均合格
   C. 工艺系统试验合格
   D. 生产资源全部具备
   E. 生产人员已经到岗
2. 下列调试内容中，属于消防系统调试的内容有（ ）。
   A. 水源调试
   B. 稳压设施调试
   C. 电梯调试
   D. 排水设施调试
   E. 空调测试
3. 关于压缩机试运行中的要求，正确的有（ ）。
   A. 依次运转 10min 和 1h 以上
   B. 润滑油压不得小于 0.1MPa
   C. 润滑油温度不应高于 70℃
   D. 停机 5min 后再打开曲轴箱
   E. 压力应按每小时逐渐升高
4. 机电工程联动试运行工序交接中，“三查”包括（ ）。
   A. 查设计漏项
   B. 查未完工程
   C. 查施工资料
   D. 查质量隐患
   E. 查安全隐患
5. 下列标准要求中，工业工程负荷试运行应符合的标准有（ ）。
   A. 生产装置连续运行
   B. 一次投料负荷试运行成功
   C. 产品合格率达 90%
   D. 没有重大设备及操作事故
   E. 环保设施同时运行
6. 给水排水及供暖工程的质量控制资料主要有（ ）。
   A. 通球试验记录
   B. 设备严密性试验记录
   C. 绝缘测试记录
   D. 管道的强度试验记录
   E. 系统清洗记录
7. 建设工程竣工验收的依据有（ ）。
   A. 设备技术资料
   B. 工程施工图纸
   C. 工程项目合同
   D. 安全管理条例
   E. 相关规范标准
8. 建设工程竣工结算编制的依据有（ ）。
   A. 工程项目的合同
   B. 已确认的工程量
   C. 合同结算总价款
   D. 招标工程量清单
   E. 相关的规范标准

【答案】

一、单项选择题

1. C；　2. D；　3. B；　4. B；　5. D；　6. C；　7. C；　8. D

二、多项选择题

1. A、B、C；　2. A、B、D；　3. B、C；　4. A、B、D；
5. A、B、D、E；　6. A、B、D、E；　7. A、B、C、E；　8. A、B、D、E

三　实务操作和案例分析题

【案例 15-1】

一、背景

某施工单位项目部承担的一项机电安装工程进入单机试运行阶段。项目部计划对一台解体出厂、现场组装的大型往复活塞式压缩机进行试运行。试运行前，项目部建立试运行组织，组建试运行保修班组，配备相关试运行操作人员，进行培训并经过考试合格。

试运行前，项目部对下列试运行条件进行检查确认：

（1）与机组相关的工程和资料：除压缩机出口管道系统未进行水压试验外，其他工程已按设计文件的内容全部完成，并按质量验收标准检查合格，完工工程施工技术资料齐全。出口管道未进行水压试验的原因是一台反应器与出口管相连，而该反应器短时间内还不具备水压试验的条件。

（2）压缩机本体安装检查情况：未查到压缩机随机技术文件，施工班组解释，机组安装合格后，该资料已还给建设单位设备管理部门，机组其他安装资料完整；润滑系统清洗合格，资料完整；压缩机作为一个分项工程，未进行质量评定。

（3）试运行方案：试运行方案已编制完成并报送有关单位待批。该方案已向试运行人员进行交底，操作人员已熟悉试运行方案。

（4）测试仪表、工具、记录表格齐全。

（5）试运行所需动力、仪表空气、冷却水等已具备。

项目部认为，机组试运行条件基本具备，出口管道系统未进行水压试验，对压缩机试运行影响不大，而该压缩机是否试运行影响后续动设备的试运行。为了加快试运行进程，项目部决定进行压缩机试运行，在条件具备时再进行出口管道系统水压试验。在准备进行试运行时，被监理单位制止。

二、问题

1. 解体出厂、现场组装的机械设备安装的要求是什么？

2. 简述机械设备安装的一般程序。

3. 试运行前检查确认的内容中，有哪几条符合单机试运行条件？不完全具备条件的还需做哪些工作？

4. 在出口管道系统水压试验前先进行压缩机试运行是否正确？说明理由。

5. 压缩机单机试运行的目的是什么？压缩机未进行质量评定是否可以进行单机试

运行？说明理由。

三、分析与参考答案

1．解体出厂、现场组装的机械设备应在安装现场重新按设计、制造要求进行装配和安装。不仅要保证设备的定位位置精度和各设备间相互位置精度，还必须再现制造、装配的精度，达到制造厂的标准，保证其安装精度要求。

2．机械设备安装的一般程序是：设备开箱检查→基础检查验收→基础测量放线→垫铁设置→设备吊装就位→设备安装调整→设备固定与灌浆→零部件清洗与装配→润滑与加油→设备试运行→验收。

3．试运行前检查确认的内容中，有（4）、（5）两条符合单机试运行条件。

第（1）、（2）、（3）条不完全具备条件，还需做的工作：

第（1）条中，出口管道系统应进行水压试验，补齐水压试验的记录。

第（2）条中，应有完整的压缩机随机技术资料。

第（3）条中，试运行方案还应获得批准。还需清理试车区域、设立警示标志、配备消防用具。

4．在出口管道系统水压试验前先进行压缩机试运行不正确。因为单机试运行必备的条件之一是要求“试运行范围内的工程已按设计文件的内容和有关规范的质量标准全部完成”，包括其出口管道系统水压试验合格。出口管道系统未进行水压试验，达不到要求。有一项条件不符合，就不能进行单机试运行，而无论这台压缩机的试运行是否影响其他设备试运行的进行。

5．压缩机单机试运行的目的是检验压缩机的机械性能和制造、安装质量等是否符合规范和设计要求。压缩机未进行质量评定可以进行单机试运行。理由：分项工程质量评定不是单机试运行的必备条件；压缩机的安装质量要通过单机试运行进行检验。压缩机作为一个分项工程，其质量评定应在单机试运行之后进行。

【案例 15-2】

一、背景

A 公司总承包某机电安装单项工程，该工程包含 3 个单位工程，其中泵房单位工程分包给 B 专业公司。

在工程后期，两个单位工程已经办理中间交接手续，其中 A 公司承包的 1 个单位工程中，有一台能量回收系统的燃气轮机组，因受介质限制而不能进行单机试运行，确定留待负荷试运行阶段运行。泵房工程正在进行单机试运行，由于急于投产，建设单位要求进行联动试运行，并决定把 3 个单位工程合并进行联动试运行，未进行中间交接的泵房工程中没有完成单机试运行的设备在联动试运行中一次进行考核，在联动试运行后补办中间交接手续。建设单位组织了联动试运行的准备工作，认为试运行条件已具备。

联动试运行过程中，B 公司承担的泵房中，1 台离心泵轴承温度超标，1 台离心泵填料密封的泄漏量大于规定值，试运行操作工人临时找了 B 公司从事现场保卫的施工工人，断开了这两台泵的电源进行处理，在更换离心泵填料密封时出现错误，导致该泵大量泄漏而无法处理。同时，A 公司已经办理中间交接手续的一条热油合金钢管道多处焊口泄漏，联动试运行被迫暂停。经检查和查阅施工资料，确认管道泄漏是施工质量问题。

二、问题

1．建设单位把未进行中间交接的单位工程中未完成单机试运行的设备纳入联动试运行一并进行试运行考核的做法是否正确？为什么？

2．联动试运行应从哪几个方面进行准备？

3．因受介质限制而不能进行单机试运行的机械设备留待负荷试运行阶段一并运行应经过谁批准？背景中能量回收系统的燃气轮机组在联动试运行阶段应如何处理？

4．联动试运行过程中 B 公司承担的离心泵出现问题，试运行操作工人的做法为什么不正确？正确的做法是什么？

5．已办理中间交接手续的合金钢管道在联动试运行中发现的质量问题应由谁承担责任？说明理由。

三、分析与参考答案

1．不正确。中间交接是单机试运行转入联动试运行的标志点，目的是解决施工单位尚未将工程整体交工之前，建设或生产单位有权对部分工程进行试运行作业的问题。未中间交接的工程不便于生产操作人员进入装置，进行联动试运行，在程序上是错误的。联动试运行范围内机器单机试运行全部完成并合格是联动试运行的前提条件，未进行单机试运行的机器（机组），没有对其制造、安装质量进行考核，可能存在的缺陷未能被发现和消除，会造成联动试运行出现问题或事故。

2．联动试运行应从以下方面进行准备：

（1）试运行范围内的工程全部完成，进行中间交接。

（2）编审试运行方案、生产操作规程。

（3）建立工厂的生产管理机构、试运行组织，培训试运行人员，通过生产安全考试。

（4）试运行物资准备，包括能源、介质、材料、工机具、检测仪器等。

（5）加注润滑油（脂），装设过滤网（器）。

（6）完善安全、消防设施。

3．确因受介质限制而不能进行单机试运行的机械设备留待负荷试运行阶段一并运行的，必须经现场技术总负责人批准。

能量回收系统的燃气轮机组进入联动试运行阶段，应在所有与燃气轮机组有联系的系统上设置盲板，使燃气轮机组系统与联动试运行系统隔离。若这种隔离影响联动试运行系统连通的，还应设置旁通管路。

4．按照联动试运行的规定，试运行人员必须经培训、考试合格，按建制上岗，无关人员不得进入联动试运行划定区域。试运行操作工人临时找的 B 公司的从事现场保卫的工人，属于与试运行无关的人员，达不到上述试运行人员的条件和规定。正确的做法是：2 台泵运行出现问题时，操作人员应及时向试运行组织报告，由组织安排有资格的保障人员进行处理。

5．合金钢管道焊口泄漏的施工质量责任由 A 公司承担。中间交接不解除 A 公司对工程质量、交工验收应负的责任，且质量责任是终身制。因此该质量问题应由 A 公司负责并在限期内整改。

【案例 15-3】

一、背景

某安装公司分包一医院的机电工程施工，内容包括：变配电所工程、建筑电气工程、通风与空调工程、给水排水工程和锅炉安装工程等。其中变配电所应提前受电，为其建筑设备的试运行提供条件。分包合同约定：分包工程的完工日期应与总体工程同步完工，以便按期启动整个单位工程的竣工验收。

为使变配电所建设顺利开展，安装公司受业主委托进行用电申请，并向供电企业提供用电工程项目批准的文件及有关的用电资料。

安装公司对变压器按程序进行检查，因绝缘电阻没有达到规范要求，需对干式变压器进行干燥处理，干燥采用电加热法。变配电所工程全部完工受电后，交由业主方运行管理，随之提前办理了竣工验收手续。

在给水排水的隐蔽工程中，监理工程师要求将一段未检验就隐蔽的地下管线挖开验收，结果质量符合要求，安装公司提出5000元的经济赔偿要求。

二、问题

1. 简述用电申请所需提供的资料。

2. 变压器采用电加热干燥的具体方法有哪几种？有何要求？

3. 安装公司是否可以提前办理竣工验收手续？说明理由。

4. 安装公司能否得到5000元的经济赔偿？说明理由。

5. 该医院工程竣工要经过哪些验收？指出对应的完成者。

三、分析与参考答案

1. 用户申请用电时，应向供电企业提供用电工程项目资料主要有：用电地点、电力用途、用电性质、用电设备清单、用电负荷、保安电力、用电规划等，并依照供电企业规定的格式如实填写用电申请书及办理所需手续。

2. 变压器采用电加热干燥的具体方法有：油箱铁损法、铜损法和热油法。

其要求是：加热干燥时，其绕组温度应根据其绝缘等级而定，干式变压器进行干燥时，其绕组温度应根据变压器绝缘等级而定。

3. 可以提前办理竣工验收手续。

理由：

（1）变配电所是一个独立的专业工程，施工完毕并受电运行，已具备预期功能，可以在征得建设单位同意后，单独办理竣工验收或中间交工手续。

（2）从运行管理角度看，运行管理人员的资格认可要由业主或用户向工程所在地供电管理部门办理，还要建立相应的运行管理制度和维护保养制度，早日验收进入规范的运行有利于安全用电。

4. 不能得到经济赔偿。理由是：隐蔽工程在隐蔽前必须经监理工程师检验通过后方可隐蔽，而背景中要求开挖检验的隐蔽的地下管线在隐蔽前并没有经监理工程师检验，所以该开挖费用不应予以赔偿。

5. 该医院工程竣工要依次经过：自检自验、预验收、复验、竣工验收。前三种验收由施工单位组织完成，竣工验收由建设单位组织完成。

【案例 15-4】

一、背景

某电力公司承接 2×1000MW 电厂建设工程的总承包任务。考虑工期和专业特长的要求，辅助工程采用分包的方式组织建设。在工程建设中，发生如下情况：

发电机转子安装时，进行完发电机转子安装前单独气密性试验，试验压力和允许漏气量均符合制造厂规定后立即进行发电机转子穿装工作，被监理工程师制止。

输煤系统工程按分包合同要求已近完工，试运行工作即将结束，为顺利进行竣工验收，分包单位邀请业主代表和监理工程师共同参加输煤系统关键设备的试运行。按设备技术说明书规定，为防止电阻元件在运输保管中受潮锈蚀而在其表面涂有一层薄膜状的防护蜡。就在港口卸煤机桥臂起板时，电动机转子电阻器有白色烟雾冒出，分包单位与业主双方对其发生的原因究竟是施工质量还是产品质量问题发生争执，查明缘由后得到解决。

验收前分包单位自检时发现多条输煤皮带张紧轮配重不足，经查明原因后得到妥善处理。整个建设工程完工和竣工验收前的准备工作完成后，工程验收委员会和建设单位、生产单位、施工单位、设计单位、设备制造单位参加验收工作。

二、问题

1．监理工程师为何制止施工单位进行发电机转子穿装工作？

2．卸煤机电动机转子电阻器通电时产生白色烟雾是否为施工质量问题？说明理由。

3．竣工验收前分包商自检发现多条输煤皮带张紧轮配重不足的问题应怎样处理？

4．建设单位收到施工单位提交的竣工验收申请报告后应怎样展开工作？

5．该建设工程需要成立验收委员会吗？该验收委员会由哪些部门构成？

三、分析与参考答案

1．因为发电机转子穿装工作，必须在完成机务、电气与热工仪表的各项工作后会同有关人员对定子和转子进行最后清扫，确信其内部清洁，无任何杂物并经签证后方可进行。

2．不属于施工质量问题。理由：（1）电阻器是电动机的成套产品，施工时仅检查绝缘和接线，不需做任何处理。因此，施工单位有把握认为不是施工质量所致。（2）通过查阅竣工验收依据文件之一的设备技术说明书发现，为了防止电阻元件在运输保管中受潮锈蚀而在其表面涂有一层薄膜状的防护蜡，初期使用会因电阻器发热而产生白色烟雾。

3．输煤皮带张紧轮配重不足，会使皮带运输不稳或跑偏，是施工的失误和缺陷，应在检查中做好记录，并指定专人负责、定期整改、补足配重块，在复验时列为重点部位。

4．建设单位收到施工单位提交的竣工验收申请报告后，要组织设计、施工、监理、使用和其他相关单位进行初验或直接验收，在工程符合国家有关规定、满足设计要求、满足功能和使用要求、有必要的文件资料、竣工图表齐全的情况下，应准予验收，并完成各方的会签手续。

5．电力公司承接 2×1000MW 电厂建设总承包任务，属于规模大、复杂程度高的工程，需要成立验收委员会。验收委员会（组）应由上级主管部门、银行、审计、物资、环保、劳动保护、消防安全、卫生及其他有关部门组成。

【案例 15-5】

一、背景

某电网工程公司承接的 2 标段 500kV 超高压直流输电线路建设工程，跨越公路、河流、铁路，线路长度 63km，铁塔 133 基，沿线海拔 1000～2000m，属于覆冰区。电网工程公司认真编排施工程序，编写施工方案，并制定了突发事件的应急预案。经过一年的紧张施工，隐蔽工程的验收，以及按基础工程、杆塔组立、架线工程、接地工程实施的中间验收合格后，工程进入竣工验收。

竣工验收过程中，由国网直流公司等单位专家组成的验收组，分成三个现场组及一个资料组，涵盖测量、通道、铁塔、走线等相关专业，严格按照竣工验收的规定，对 2 标段进行检查，现场共抽查 3 个耐张段，全面细致检查实测 9 基铁塔的基础、铁塔、架线、接地等相关内容。

通过检查，验收组一致认为，由该公司承建的 2 标段施工质量优良，工程资料档案符合要求，现场实物抽检项目及数据符合设计，工程质量优良，满足验收规范的要求。

二、问题

1．简述架空线路施工的一般程序。

2．简述该工程竣工验收的组织。

3．500kV 架空送电线路施工工程竣工验收规定有哪些？

4．工程竣工资料主要包含哪些内容？

5．按照施工生产划分，输电线路架设过程中可能的突发事件有哪些？

三、分析与参考答案

1．架空线路施工的一般程序：施工测量→基础施工→杆塔组立→放线施工→导线连接→竣工验收检查。

2．该工程竣工验收的组织是：由建设单位（国网直流公司）负责组织，施工、设计、监理等单位共同进行，并依据行业、区域的管理规定以及工程项目情况由政府主管部门或上级主管部门监督实施。

3．500kV 架空送电线路施工工程竣工验收规定有：竣工验收在隐蔽工程验收和中间验收全部结束后实施；确认工程的施工质量、线路走廊障碍物的处理情况、杆塔固定标志、临时接地线的拆除、遗留问题的处理情况、工程技术资料移交等。

4．工程竣工资料的内容主要包括：工程施工质量验收记录；修改后的竣工图；设计变更通知单及工程联系单；原材料和器材出厂质量合格证明和试验记录；代用材料清单；工程试验报告和记录；未按设计施工的各项明细表及附图；施工缺陷处理明细表及附图；相关协议书等。

5．输电线路架设过程中可能的突发事件有：塔基坑的坍塌事件、高空物体打击事件、高处坠落事件、缺氧和冻伤环境事件等。

第 16 章　机电工程运维与保修管理

复习要点

主要内容：工程运行；工程维护；工程保修；工程回访。

知识点 1．项目运行的人员管理

知识点 2．项目运行的合同与制度管理

知识点 3．项目运行的资料管理

知识点 4．项目的安全运行管理

知识点 5．项目的低碳运行管理

知识点 6．项目维护的组织要求和管理要求

知识点 7．工程保修的职责

知识点 8．工程保修的责任范围

知识点 9．工程保修期限

知识点 10．工程保修证书

知识点 11．工程保修程序

工程检查修理、工程保修验收。

知识点 12．工程回访计划

知识点 13．工程回访的内容

知识点 14．工程回访的参加人员和回访时间

知识点 15．工程回访的方式

季节性回访、技术性回访、保修期满前的回访、信息传递方式回访、座谈会方式回访、巡回式回访等。

一　单项选择题

1．机电安装工程保修期自（　　）之日起计算。

A．合同约定时间　　B．竣工验收合格

C．工程审计决算后　　D．进度款 90% 后

2．按《建设工程质量管理条例》规定，下列机电安装工程在正常使用条件下的最低保修期限的说法，不正确的是（　　）。

A．电气管线工程保修期为 2 年

B．设备安装工程保修期为 2 年

C．供热和供冷系统保修期为 2 年

D．其他项目的保修期由发包单位与承包单位约定

3．关于机电安装工程保修责任范围的说法，正确的是（　　）。

A．由施工单位的施工质量不良造成的，施工单位只负责修理

B．由双方的责任造成的，施工单位应负责修理，不负责费用

C．由建设单位责任造成的，费用由双方协商解决

D．由建设单位提供的材料质量造成的，建设单位应承担修理费用，施工单位协助修理

4．下列机电安装工程适合采用夏季回访方式的是（　　）。

A．空调制冷系统　　B．锅炉房

C．供暖系统　　D．新技术、新工艺

5．通过查看机电安装工程使用情况的回访方式是（　　）。

A．技术性回访　　B．巡回式回访

C．座谈会方式回访　　D．信息传递方式回访

二 多项选择题

1．机电安装工程运行管理记录应包括的内容有（　　）。

A．日常巡回检查记录　　B．设备单机试运行记录

C．隐蔽工程验收记录　　D．主要设备维修记录

E．主要设备运行记录

2．下列属于机电安装工程维护保养内容的有（　　）。

A．管道冲洗试验记录　　B．设备定期的全面清理

C．隐蔽工程验收记录　　D．系统联动试运行记录

E．设备运行状态检查

3．机电安装工程技术性回访主要了解的内容有（　　）。

A．锅炉房　　B．制冷系统运行情况

C．新工艺　　D．新材料

E．新设备

4．机电安装工程常见的回访方式有（　　）。

A．季节性回访　　B．技术性回访

C．保修期满回访　　D．生产情况回访

E．采用邮件回访

5．某锅炉安装工程竣工验收合格后，施工单位在保修期内可以进行的回访有（　　）。

A．冬季回访　　B．夏季回访

C．技术性回访　　D．保修期满前的回访

E．座谈会方式回访

【答案】

一、单项选择题

1．B；　2．C；　3．D；　4．A；　5．B

二、多项选择题

1. A、D、E；　　2. B、E；　　3. C、D、E；　　4. A、B、E；
5. A、D

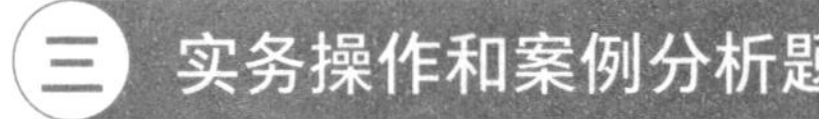

三　实务操作和案例分析题

【案例 16-1】

一、背景

某安装公司项目部承接一会展中心 35kV 变配电站的运行维护项目，维护内容包含变配电站 35kV 进线开关至出线柜开关、出线范围内的高低压变配电设备的运行维护管理。运行维护时间自 2019 年 8 月 1 日至 2019 年 9 月 30 日。运行维护管理目标：会议期间送电率 100%；运行可靠性 100%；保证人身、电网和设备安全；人员到岗率 100%。

项目部在会议前对会展中心的相关技术资料对照项目系统实际情况进行了核对，发现变配电系统调试检测记录有缺失，仅有变配电设备各高、低压开关运行状况及故障报警，电源及主供电回路电流值显示、电源电压值显示、功率因素测量、电能计量，要求施工单位进行补充。

在会议前期演练期间，项目部发现 1 台柴油发电机的发电功率出现异常，达不到设计规定的输出功率要求，上报建设单位后经检测为柴油发电机设备质量问题。

项目部检查发现低压配电柜（局部）如图 16-1 所示，二次回路的绝缘导线额定电压为 300V，电流互感器二次回路的导线截面积为 $1.5mm^2$，二次回路线间绝缘电阻值为 0.5MΩ，项目部对存在的质量问题进行了整改。

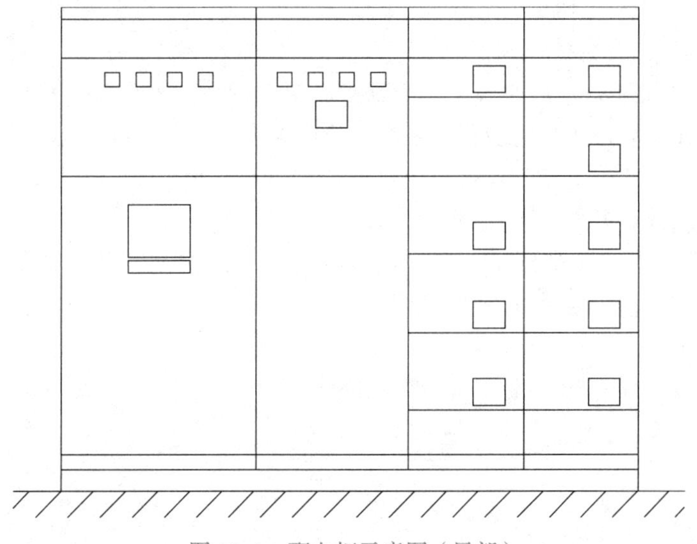

图 16-1　配电柜示意图（局部）

在会议期间，建设单位定期对安装公司项目部的运行维护管理记录进行了检查，均符合规定要求。

二、问题

1．变配电系统调试检测记录缺少哪些内容？

2．柴油发电机的质量问题应由谁负责，安装公司项目部应如何处理？

3．项目部如何整改低压配电柜中的二次回路质量问题？

4．安装公司项目部的运行维护管理记录应包括哪些主要内容？

三、分析与参考答案

1．变配电系统调试检测记录缺少：变压器超温报警；应急发电机组供电电流、电压及频率，储油罐液位监视，故障报警；不间断电源工作状态、蓄电池组及充电设备工作状态检测。

2．柴油发电机的质量问题应该由柴油发电机厂家负责，项目部应及时上报建设单位，参与质量问题的调查，协调配合厂家进行柴油发电机抢修。

3．项目部整改：二次回路的绝缘导线额定电压不应低于 450/750V；电流互感器二次回路的铜芯绝缘导线截面积不应小于 2.5mm^2，其他回路不应小于 1.5mm^2。低压成套配电柜线路的线间和线对地间绝缘电阻值，一次回路不应小于 0.5MΩ，二次回路不应小于 1MΩ。

4．安装公司项目部的运行维护管理记录应包括的主要内容：各主要设备运行参数记录；日常事故分析及其处理记录；日常巡回检查记录；运行值班记录及交接班记录；主要设备维护保养及日常维修记录；临时停送电记录。

【案例 16-2】

一、背景

A 公司承包某半导体厂洁净空调工程（最高洁净度为 ISO Class6 级），其主要的空调设备材料包括江水源热泵机组、离心式冷水机组、燃气锅炉、低噪声冷却塔、板式热交换机、水泵、AHU 空调箱、MAU 新风机组、DDC 干盘管、各类阀门、空调水管、风管、风阀及配件等，均由 A 公司采购。

A 公司项目部进场后，针对工程编制施工组织设计，突出施工程序和明确施工方法。施工中，A 公司把非开挖顶管分包给 B 公司施工，把空调水管化学清洗并镀膜分包给 C 公司施工。A 公司向 B、C 公司提供了相关资料，负责现场的管理工作，确保 B、C 公司按批准的施工组织设计进行施工。

该工程于 2014 年 3 月开工，现场洁净风管法兰连接的安装做法如图 16–2 所示，监理工程师检查时提出质量整改意见。

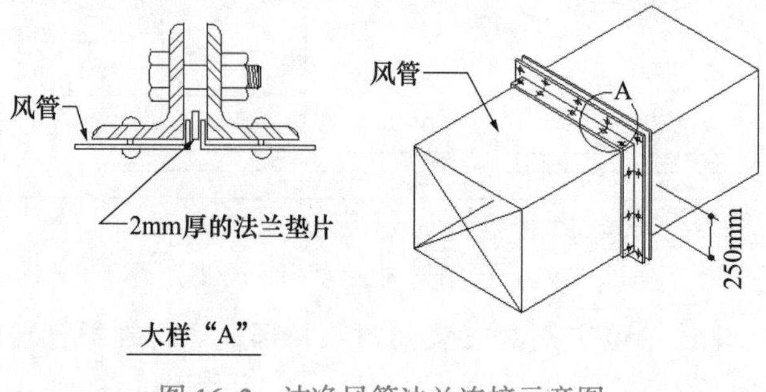

图 16–2　洁净风管法兰连接示意图

工程施工完成后，2015 年 7 月起进行调试，A 公司对空调的技术参数进行测试和调整，竣工验收资料提交齐全，工程于 2015 年 9 月竣工验收。A 公司长期以来客户反映良好，建立了较完善的施工项目交工后的回访与保修制度，广泛听取客户意见，改进服务方式，提高服务质量。该项目经理亲自承担回访保修的责任，将回访纳入施工单位的工作计划、服务控制程序和质量体系文件，制定了回访工作计划。

二、问题

1．A 公司除编制施工组织设计外，还应编制哪些专项施工方案？

2．图 16–2 中的洁净风管法兰连接的施工存在哪些质量问题？请说明理由。

3．空调工程调试中，A 公司应调试哪些指标？

4．A 公司应提交的竣工验收资料有哪些？

5．该空调工程应采取的回访方式有哪些？

三、分析与参考答案

1．A 公司还应编制非开挖顶管施工专项方案、空调水管化学清洗并镀膜施工专项方案、洁净空调系统调试专项方案。

2．图 16–2 中洁净风管法兰连接的施工存在的质量问题有：（1）为 N6 级空气洁净度时，洁净风管法兰连接的螺栓间距为 250mm，间距过大；（2）洁净风管法兰垫片厚度为 2mm，厚度过薄，不符合规范要求。

理由：按《通风与空调工程施工质量验收规范》GB 50243—2016 的规定，空气洁净度为 N6 级时，镀锌钢板风管法兰螺栓及铆钉孔的间距不应大于 120mm；洁净风管法兰垫料应不产尘、不易老化，具有一定强度和弹性，厚度应为 5～8mm。

3．空调工程调试的主要指标：系统总送风量，风量分配及平衡调整，高效过滤器滤网风速及风量测试，室内的空气温度、相对湿度、气流速度及气流流型、噪声或空气的洁净度、静压差、振动以及自净时间等。调试各指标能否达到设计要求，是否满足生产工艺或建筑环境要求，防排烟系统的风量、正压及联动控制功能是否符合设计和消防的规定。

4．竣工验收资料包括：工程施工技术管理资料、工程质量控制资料、工程施工质量验收资料和竣工图四大部分。

其中主要内容有：

（1）工程施工技术管理资料包括图纸会审记录，技术、安全交底记录，施工组织设计和专项方案，施工日志记录，设计变更通知书，工程洽商记录，工程设备、风管系统、管道系统施工记录等。

（2）工程质量控制资料包括工程原材料、设备、成品、半成品和仪表的出厂合格证及进场检验报告，施工试验记录和见证检测报告，隐蔽工程验收记录和交接检查记录等。

（3）工程施工质量验收资料包括施工现场质量管理检查记录、分部（子分部）工程质量验收记录、分项工程质量验收记录、检验批质量验收记录等。

（4）竣工图。

5．该空调工程回访可采取邮件、电话、传真或电子信箱等信息传递、会议座谈、查看机电安装工程使用或生产后的运转情况等方式，并在以下时间内实施回访：

（1）半年或一年的例行回访。

（2）季节性回访。夏季回访通风空调工程，冬季回访供暖工程。

（3）技术性回访。了解施工过程中采用的新材料、新技术、新工艺、新设备等的技术性能和使用后效果，发现问题及时加以补救和解决。

（4）保修期满前的回访。在保修期即将届满前进行回访。

【案例16-3】

一、背景

某安装公司承建了某火力发电厂机电工程，整个机电工程项目于2015年4月竣工验收完成后，建设单位立即组织进行负荷联动试运行。合同约定：负荷联动试运行期间，安装公司应派相应人员配合保驾。

在负荷联动试运行中，发生冷却循环水系统5号电动阀门关闭时阀底被顶裂事件；在电厂试生产期间，发生冷却循环水系统1号主电动阀门开启时电动机出现冒烟现象。上述事件发生后，建设单位与安装公司一起组织有关人员，进行调查并分析原因：

（1）经查阅竣工档案资料，5号电动阀门单体调试记录中未发现开启和关闭的限位测定数据。

（2）对1号主电动阀门单体调试记录中未发现电动机过载电流保护装置测试数据，查值班人员操作情况，发现1号主电动阀门开启前，未先开启旁通阀门而造成主电动阀门过负荷情况。

二、问题

1. 安装公司何时发送保修证明书给建设单位？保修期应从何时开始计算？

2. 工程竣工验收投入使用后，安装公司交付后的服务应包括哪些方面的内容？

3. 冷却循环水系统5号电动阀门事件应如何处理？

4. 冷却循环水系统1号主电动阀门事件又应做何处理？

5. 安全阀的校验有何规定？

三、分析与参考答案

1. 在工程竣工验收的同时，即2015年4月，安装公司应向建设单位发送机电工程保修证明书，保修期自竣工验收合格之日起计算。

2. 该工程投入使用后，安装公司交付后的服务工作应包括：进行工程回访，发现质量问题应按保修的责任范围负责修理，派相应人员配合建设单位组织的负荷联动试运行。

3. 冷却循环水系统5号电动阀门关闭时阀底被顶裂，是安装公司未对5号电动阀门做开启和关闭的限位测试和设定造成的；应由安装公司负责更换安装，并承担相应的经济费用。

4. 冷却循环水系统1号主电动阀门开启时电动机出现冒烟现象，可能的原因有：

（1）安装公司对1号主电动阀门单体调试时，未做电动机过载电流保护装置测试。

（2）建设单位值班人员操作时，1号主电动阀门开启前，未先开启旁通阀门而造成主电动阀门过负荷。

因此，1号主电动阀门开启时的质量问题是建设单位和安装公司双方的责任造成的，应协商解决，商定各自的经济责任，由安装公司负责修理或更换安装。

5. 安全阀的校验应按照《安全阀安全技术监察规程》TSG ZF001—2006 和设计文件的规定，按其产品合格证、铭牌、标准和使用条件，进行外观检查、解体检查和性能校验，性能校验一般应进行整定压力调整和密封性能试验。

安全阀校验时，先对安全阀进行清洗并检查外观，然后对其进行解体，检查各零部件；整定压力应当在其范围内；整定压力调整合格后，应做好记录、重新铅封，并出具安全阀校验报告。

【案例 16-4】

一、背景

某安装公司承包某芯片工厂的一般机电安装工程，建筑工程由某建筑公司承包。工程内容包括芯片厂的建筑电气、建筑给水排水、通风空调工程及动力工程等，不含洁净室工艺系统，合同造价为 6900 万元，主要设备（变压器、配电柜、空调机组、水泵、控制柜等）由建设单位采购，其他设备、材料均由安装公司采购。

项目部进场后，施工前，对作业人员进行技术交底，深化施工图，重点对动力站的空调循环水泵（图 16–3）的材料选用及安装要求进行讲解，使厂房空调水系统的设备及管路安装按设计要求完成。同时，安装公司对办公区内室内给水系统（PP–R 塑料管）、热水系统（铜管）按规范要求进行了水压试验。

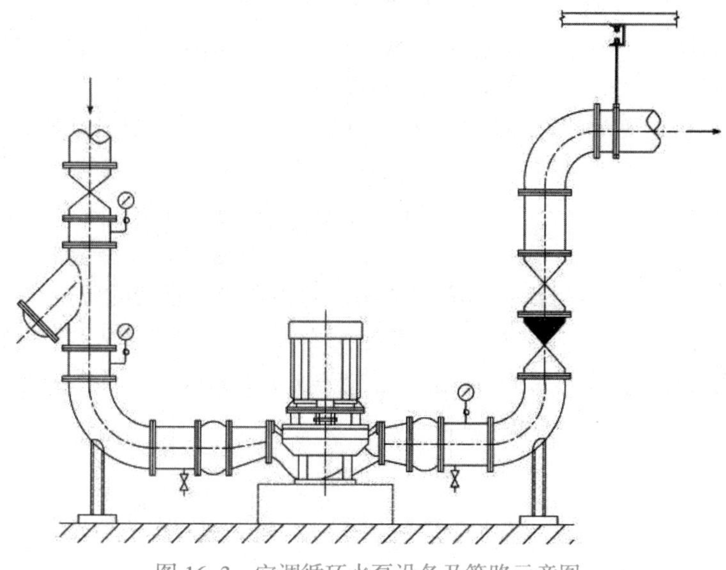

图 16–3　空调循环水泵设备及管路示意图

工程竣工验收时，施工单位向建设单位发送了机电安装工程保修证书，根据《建设工程质量管理条例》签署了常规的保修期限。

工程投入正式使用 2 个月后，进入夏季空调制冷高峰期，安装公司适时组织了工程回访。回访过程中，建设单位反映办公区的个别风机盘管噪声过大，经现场检查是部分产品质量问题所致。建设单位要求安装公司对有质量问题的风机盘管进行更换，并承担相关费用。

二、问题

1．分别指出图16-3中的管道组成件和管道支承件。

2．简述办公区室内给水和热水系统的管道水压试验的检验方法。

3．简述本工程签署的保修期限。

4．简述工程回访的几种常用方式。本工程采用了哪种回访方式？

5．建设单位对风机盘管质量问题的要求是否合理？说明理由。

三、分析与参考答案

1．管道组成件：管子、异径管（同心、偏心）、法兰、密封件、紧固件、阀门（止回阀）、软接头、疏水器、压力表等。

管道支承件：吊杆、松紧螺栓、支撑杆等。

2．办公区室内给水、热水系统管道水压试验的检验方法：

（1）室内给水系统采用PP-R塑料管，应在试验压力下稳压1h压力降不超过0.05MPa，然后在工作压力1.15倍状态下稳压2h，压力降不超过0.03MPa，连接处不得渗漏。

（2）热水供应系统采用铜管，应在系统试验压力下10min内压力降不大于0.02MPa，然后降至工作压力检查，压力应不降，不渗不漏。

3．根据《建设工程质量管理条例》，本工程签署的在正常使用条件下的最低保修期限为：

（1）建设工程的保修期自竣工验收合格之日起计算。

（2）电气管线、给水排水管道、设备安装工程保修期为2年。

（3）供热和供冷系统为2个供暖期、供冷期。

4．工程回访常用的几种方式为：季节性回访、技术性回访、保修期满前的回访、信息传递方式回访、座谈会方式回访和巡回式回访等。本工程采用的是季节性回访。

5．建设单位要求安装公司更换有质量问题的风机盘管并承担相关费用的要求是合理的。

理由：本工程风机盘管设备由安装公司采购并安装，故风机盘管设备的质量问题应由安装公司承担责任；对保修期和保修范围内发生的质量问题，安装公司应负责保修，所以风机盘管的更换和相关费用应由安装公司负责和承担，同时安装公司也可要求风机盘管的供应商承担更换费用。

综合测试题（一）

一、单项选择题（共 20 题，每题 1 分。每题的备选项中，只有 1 个最符合题意）

1. 阀门安装前应做强度和严密性试验，每批次的数量中抽查（　　）。

A．5%　　B．10%

C．15%　　D．20%

2. 下列金属柔性导管的敷设，错误的是（　　）。

A．动力工程中长度不大于 0.8m

B．与刚性导管连接采用专用接头

C．可作为保护接地的接续导体

D．可用于吊顶内敷设的照明导管

3. 在矩形风管无法兰连接中，不适用于中压风管连接的是（　　）。

A．S 形插条　　B．C 形插条

C．薄钢板法兰插条　　D．薄钢板法兰弹簧夹

4. 在安全防范系统调试检测中，不属于探测器调试检测的项目是（　　）。

A．报警器输出电平检测　　B．防拆报警功能检测

C．电源线被剪报警检测　　D．安全防范盲区检测

5. 下列部件中，属于自动扶梯主传动系统的部件是（　　）。

A．牵引链条　　B．减速装置

C．牵引链轮　　D．张紧装置

6. 防排烟风管的漏风量测试，允许漏风量的确定标准是（　　）。

A．微压风管　　B．中压风管

C．低压风管　　D．高压风管

7. 修配法是对补偿件进行补充加工，其目的是（　　）。

A．补充设计工艺不足　　B．修补设备制造缺陷

C．修复施工中的缺陷　　D．抵消安装积累误差

8. 确定工业管道阀门安装方向的是（　　）。

A．介质压力　　B．介质流向

C．介质流速　　D．介质种类

9. 下列试验项目，干式电力变压器可不试验的项目是（　　）。
A．测量绕组的直流电阻　　B．测量绕组的介质损耗
C．测量绕组的吸收比　　D．测量铁芯的绝缘电阻

10. 关于分析取源部件安装位置的要求，正确的是（　　）。
A．应安装在压力变化的位置
B．应安装在成分稳定的位置
C．应安装在具有生产过程化学反应的位置
D．应安装在不具有代表性分析样品的位置

11. 涂料涂层施工中，工作效率高且污染小的施工方法是（　　）。
A．刷涂法　　B．滚涂法
C．高压无气喷涂法　　D．空气喷涂法

12. 下列绝热层的施工，正确的是（　　）。
A．60mm 厚的保温层分为两层施工
B．硬质保温层的拼缝宽度有 10mm
C．层间接缝的搭接长度为 80mm
D．纵向接缝布置在水平管道上部

13. 钢结构安装的程序中，钢柱安装的紧后工序是（　　）。
A．支撑安装　　B．梁安装
C．平台板安装　　D．钢梯安装

14. 锅炉钢结构组件吊装时，与吊点的选择无关的是（　　）。
A．结构组件的结构和强度　　B．吊装机具的起升高度
C．起重机索具的安全要求　　D．锅炉钢架的开口方式

15. 下列轧机设备中，安装精度等级可划分为 I 级的是（　　）。
A．棒材轧机　　B．开坯机
C．钢坯轧机　　D．穿孔机

16. 下列内容中，不属于施工组织设计编制内容的是（　　）。
A．施工图深化设计　　B．施工总平面图布置
C．主要的施工方案　　D．项目组织管理机构

17. 机电工程项目建设中，施工索赔成功的关键是（　　）。
A．承包商合同有管理漏洞　　B．索赔申请书格式正确
C．承包商的证据确实充分　　D．具有录像视频和照片

18. 编制施工进度计划中，不需要确定的是（　　）。

A. 各项工作持续时间　　B. 各项工作施工顺序

C. 各项工作搭接关系　　D. 各项工作人工费用

19. 机电工程工序质量检验的基本方法中，不包括（　　）。

A. 感官检验法　　B. 实测检验法

C. 试验检验法　　D. 质量分析法

20. 施工图预算的综合汇总中不包含（　　）。

A. 单位工程施工图预算　　B. 建设项目预备费预算

C. 单项工程施工图预算　　D. 建设项目施工图预算

二、多项选择题（共 10 题，每题 2 分。每题的备选项中，有 2 个或 2 个以上符合题意，至少有 1 个错项。错选，本题不得分；少选，所选的每个选项得 0.5 分）

21. 下列合金钢中，属于轴承钢分类的有（　　）。

A. 高锰轴承钢　　B. 切削轴承钢

C. 渗碳轴承钢　　D. 不锈轴承钢

E. 高温轴承钢

22. 常用的光热发电设备有（　　）。

A. 槽式光热发电设备　　B. 板式光热发电设备

C. 塔式光热发电设备　　D. 蝶式光热发电设备

E. 桶式光热发电设备

23. 光学水准仪在机电设备安装中主要用于（　　）。

A. 立柱垂直度的控制　　B. 设备安装标高的控制

C. 大型设备沉降观察　　D. 标高基准点的测设

E. 纵横中心线偏差控制

24. 起重吊装方案中工艺计算书的内容主要包括（　　）。

A. 起重机受力分配计算　　B. 吊装安全距离核算

C. 吊装不安全因素分析　　D. 机具设备需求计算

E. 吊索具安全系数核算

25. 在焊接中，防止产生延迟裂纹的措施有（　　）。

A. 焊条烘干　　B. 改变焊接工艺

C. 焊前预热　　D. 改变焊接方法

E. 焊后热处理

26. 衡量计量器具质量和水平的主要指标有（　　）。

A．准确度　　B．灵敏度

C．鉴别率　　D．超然性

E．溯源性

27. 临时用电施工组织设计的主要内容包括（　　）。

A．施工现场勘察　　B．确定电源出线

C．电力负荷计算　　D．电气防火措施

E．选择变压器容量

28. 取得 A 级锅炉设备安装资格的单位，可从事的安装项目有（　　）。

A．D 级压力容器安装　　B．GC2 级压力管道安装

C．GB1 级压力管道安装　　D．GA1 级压力管道安装

E．B 级锅炉设备安装

29. 建筑运行期间，碳排放计算范围包括（　　）。

A．材料运输的碳排放量　　B．锅炉生产的碳排放量

C．暖通空调的碳排放量　　D．照明系统的碳排放量

E．可再生能源的碳排放量

30. 设备吊装作业时，常用的地基处理方法包括（　　）。

A．碾压法　　B．换填法

C．强夯法　　D．桩基法

E．压重法

三、实务操作和案例分析题 [共 5 题，(一)、(二)、(三) 题各 20 分，(四)、(五) 题各 30 分]

（一）

背景资料

A 公司承包某炼油厂 X 装置的扩建工程，工程内容：钢结构框架、设备、工艺管道、防腐、绝热、电气、自动化仪表等安装工程，单机试运行合格后办理中间交接手续；配合炼油厂组织联动试运行。A 公司将防腐蚀、绝热工程分包给 B 公司施工。

A 公司项目部编制施工组织设计时，考虑到扩建工程位于正常运行的液化石油气罐区的东侧相隔约 100m，北侧隔路与轻石脑油罐区相邻间隔 80m 的情况，两个罐区存在火灾、爆炸危险源，项目部分析了工程施工时会形成的有害因素，采取预防措施，实现安全施工。

X 装置的反应器设备为Ⅲ类压力容器，总重 800t、高度 120m，分三段运输到工地。A 公司项目部采用 3200t 履带起重机完成吊装、组对和焊接。

A公司项目部组对焊接反应器时，在环焊缝下方1.2m处搭设有内外作业平台，组对点焊固定后，由两名焊工对称相向同步焊接；先焊接完外侧焊缝，再从内侧碳弧气刨清根、手持砂轮机打磨合格，进行内侧填充盖面焊接。

在反应器设备吊装、组对和焊接后，B公司及时办理中间交接手续，组织施工人员，进行外部脚手架的搭设，监理工程师现场巡检，发现脚手架方案未经审批立即叫停脚手架的搭设。

问题

1. 针对火灾和爆炸危险源的分析，本工程因施工产生的危害因素有哪些？
2. A公司承包该炼油厂X装置，应具有哪个项目的制造许可证？
3. 在内侧焊缝清根、焊接过程中，焊工面对的危险源有哪些？
4. 脚手架搭设前，应如何进行脚手架搭设方案的审批？

（二）

背景资料

安装公司中标一地铁机电总承包工程，合同包含所有机电管线、设备安装等内容。合同约定供电设备由建设单位采购，安装公司安装。

施工中，遭遇百年不遇的暴雨灾害，造成已安装的供电设备损坏而无法使用，重新购买需65万元，安拆费用9.8万元。安装公司5名施工人员在抢险时负伤，所需医疗费及补偿费128万元；租赁设备损坏赔偿费7万元。洪灾发生后，因清淤工作导致施工机械闲置费3万元，现场卫生防疫费4.3万元，管理费增加2万元。预计工程清理、修复费用325万元。

施工人员在某空气处理机组安装就位后，对设备的冷凝水实施有组织地排放（图1），项目部质量员检查后，对设备吊架螺母及冷凝水管的安装提出整改要求，整改后通过验收。

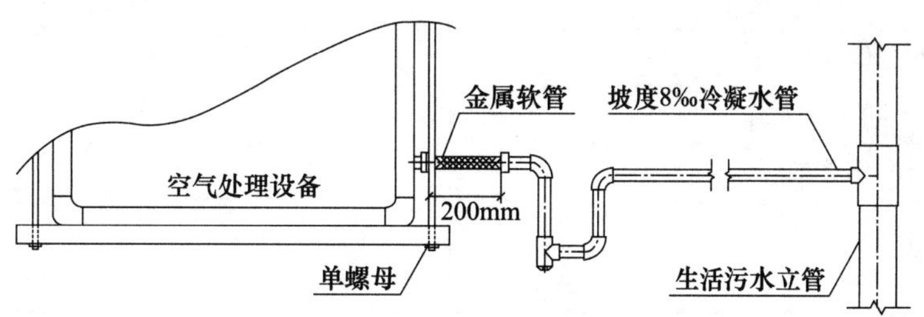

图1　空气处理机组及冷凝水管安装示意图

施工人员在系统加药清洗结束、离心泵停止后，切断供电电源，将机房门关闭落锁后，准备撤离现场时，被监理人员发现制止，要求完成停泵工作方可撤离。

工程竣工后，安装公司按合同要求递交竣工资料及质量保修书，保修书明确了工程概况，保修内容，设备使用管理要求，保修单位名称、地址、电话、联系人。建设单位提出保修书内容不全，要求补充。

问题

1. 计算安装公司在洪灾后可索赔的费用及自身应承担的费用。

2．图 1 的设备吊架螺母及冷凝水管安装应如何整改？

3．监理人员制止施工人员撤离现场是否合理？离心泵停止运转后还需做哪些后续工作？

4．安装公司递交的质量保修书还需补充哪些内容？

（三）

背景资料

某施工单位承接一处理 500kt/a 多金属矿综合捕集回收技术改造项目。该项目的熔炼厂房内设计有冶金桥式起重机 1 台（额定起重量 50/15t，跨度 19m），采用独立桅杆卷扬机吊装系统进行设备的就位安装。

工程中的氧气管道设计压力为 0.8MPa，材质主要有 20 钢、304 不锈钢、321 不锈钢三种，规格主要有 ϕ377、ϕ325、ϕ159、ϕ108、ϕ89、ϕ76 等，制氧站到地上管网及底吹炉、阳极炉、鼓风机房界区内工艺管道共约 1500m。

工程开工后，施工单位编制了公司施工组织设计和各项施工方案，经监理工程师审批通过。氧气管道的试验方案：氧气管道吹扫合格后，可对管子进行强度试验，用氮气作为试验介质，升压时按每 3min 以 10% 压力逐级升压，每次升压后稳压 3min，直至试验压力。

为了保证富氧底吹炉内衬砌筑质量，施工单位专门成立了 QC 小组。小组成员对富氧底吹炉砌筑质量问题进行了现场调查，并进行了质量问题统计（表 1）。

表 1　富氧底吹炉砌筑质量问题统计表

序号	质量问题	不合格频数（点）	累计频数（点）	频率（%）	累计频率（%）
1	错牙	44	44	47.3	47.3
2	三角缝	31	75	33.3	80.6
3	圆周砌体的圆弧度	8	83	8.6	89.2
4	端墙砌体的平整度	5	88	5.4	94.6
5	炉膛砌体的线尺寸误差	2	90	2.2	96.8
6	膨胀缝宽度	1	91	1.0	97.8
7	其他	2	93	2.2	100
8	合计	93			

问题

1．本工程哪个设备安装应编制危大工程专项施工方案？该专项施工方案编制后必须经过哪个步骤才能实施？

2．影响富氧底吹炉砌筑的主要质量问题是哪几个？累计频率是多少？QC 小组活动程序中要因确认的后续步骤是哪个？

3．独立桅杆卷扬机的吊装系统要做哪些计算？卷扬机走绳、桅杆缆风绳和起重机捆绑绳的安全系数分别是多少？

4．氧气管道的酸洗钝化有哪些工序内容？计算氧气管道氮气压力试验的试验压力。

（四）

背景资料

某电力安装公司承包一商务楼（地上 30 层，地下 2 层，地上 1～5 层为商场）的变配电工程安装，变配电工程在地下一层。工程主要设备：三相干式电力变压器（10/0.4kV）、配电柜（开关柜）设备由业主采购，已运抵施工现场。其他设备、材料由电力安装公司采购。因 1～5 层的商场要提前开业，变配电工程需配合送电。

电力安装公司项目部进场后，依据合同、施工图纸及施工总进度计划，编制了变配电工程的施工方案、施工进度计划（图 2），报建设单位审批时被否定，要求优化进度计划，缩短工期，并承诺赶工增加费由建设单位承担。项目部依据公司及项目所在地的资源情况，优化施工资源配置，列出了进度计划可压缩时间及费用增加表（表 2），压缩了施工工期。

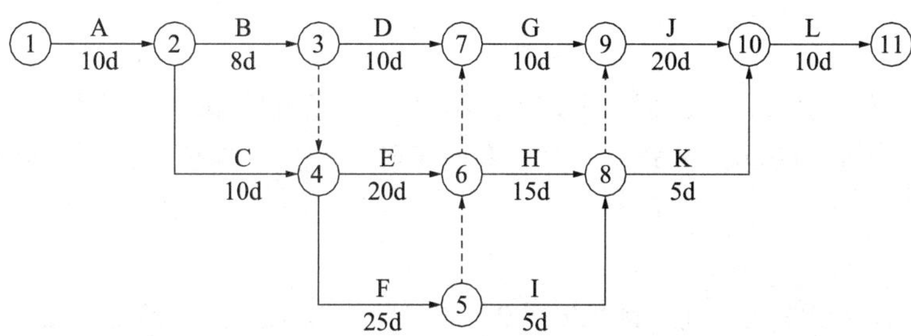

图 2　变配电工程的施工进度计划

表 2　可压缩时间及费用增加表

代号	工作内容	持续时间（d）	可压缩时间（d）	增加费用（万元 /d）
A	施工准备	10	—	—
B	基础框架安装	8	3	0.5
C	接地施工	10	4	0.5
D	桥架安装	10	3	1
E	变压器安装	20	4	1.5
F	开关柜、配电柜安装	25	6	1.5
G	电缆敷设	10	4	2
H	母线安装	15	5	1
I	二次线路敷设连接	5	—	—
J	试验调整	20	5	1
K	计量仪表安装	5	—	—
L	试运行验收	10	4	1

项目部施工准备充分，落实资源配置，依据施工方案要求向作业人员进行技术交底，明确变压器、配电柜等主要分项工程的施工程序，明确各工序之间的逻辑关系、技术要求、操作要点和质量标准，使工程按计划实施，变压器安装示意图如图 3 所示。

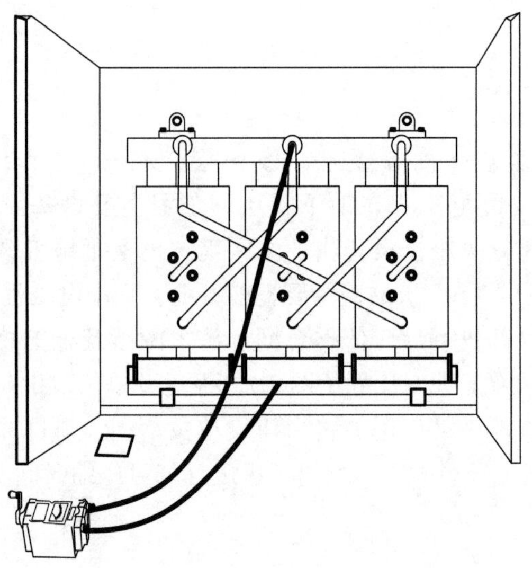

图 3 变压器安装示意图

变配电工程完工后，供电部门检查合格送电，经过验电、校相无误。分别合高、低压开关，空载运行 24h，无异常，办理验收手续，交建设单位使用；同时整理技术资料，准备在商务楼竣工验收时归档。

问题

1．项目部编制的施工进度计划（图 2）的工期为多少天？最多可压缩工期多少天？需增加多少费用？

2．写出作业人员优化配置的依据。项目部应根据哪些内容的变化对劳动力进行动态管理？

3．项目部的施工准备包括哪几个方面？应落实哪些资源配置？

4．图 3 是变压器施工程序中的哪个工序？图中的兆欧表电压等级应选择多少伏？各工序之间的逻辑关系主要有哪几个？

5．变配电装置空载运行 24h 是否满足验收要求？项目部整理的技术资料应包含哪些内容？

（五）

背景资料

A 公司承包 50MW 风电场项目施工。项目内容有：23 台风力发电机组安装、混凝土基础施工、监控系统安装、防雷接地网安装、箱式变压器安装和电缆施工。A 公司得到业主同意后，将混凝土基础施工分包给 B 公司，并签订了基础施工分包合同。

A 公司进场后，针对项目地处山区，运输道路、作业环境较为复杂的情况，编制了施工组织设计。辨识了吊装过程的危险源，如起重机倾倒、机舱吊装就位脱钩、螺栓或工具高空坠落等。编制了风力发电机组专项施工方案，方案中选用的履带起重机在回转半径 18m、吊装高度 110m 时，额定起重量为 138t。吊钩重 3.6t，叶轮吊装时吊索具重 3.4t，发电机吊装时吊索具重 4.0t，并组织专家论证审议通过。风力发电机组各部件重量及安装高度见表 3。

表3 风力发电机组各部件重量及安装高度

序号	部件名称	重量（t）	标高（m）	备注
1	下段塔筒	85.00	±0.000	底部标高
2	中下段塔筒	73.50	16.100	底部标高
3	中上段塔筒	53.70	38.300	底部标高
4	顶段塔筒	45.00	62.700	底部标高
5	机舱	43.00	87.500	底部标高
6	发电机	83.00	87.500	底部标高
7	叶轮（轮毂、叶片）	102.00	89.700	中心标高

A公司成立现场文明施工管理小组，作为开展文明施工和环境保护的组织保证。建立并健全了各专业文明施工管理制度、岗位责任制等。

A公司对B公司提供了现场施工、测量等多方面的服务。对基础施工进行有效检查和记录，从质量、环保、进度和工程资料等方面进行全过程管理，使基础环法兰水平度偏差≤3mm，基础接地电阻≤4Ω，保证了基础施工的质量和进度。

基础验收合格后，A公司进行风力发电机组的安装。基础、塔筒、机舱、发电机、轮毂之间采用高强度螺栓连接，使用电动力矩扳手紧固，安装后检查，塔筒法兰内侧间隙＜0.5mm，发电机绕组间及对地绝缘≥500MΩ，风力发电机组安装合格。

在风力发电机组安装时，A公司同步完成监控系统、防雷接地网、箱式变压器安装和电缆施工。施工现场的各专业施工顺序、交接协调和技术协调满足施工需求。工程竣工资料按单位工程、分部工程进行整理、汇总组卷，形成风电场项目竣工验收资料。

问题

1．计算最不利工况下的起升计算载荷（忽略风载荷影响）。选用的履带起重机能否满足吊装要求？计算载荷是否要考虑动载荷系数？

2．A公司在施工现场应为B公司提供哪些方面的服务？

3．吊装机舱时，造成履带起重机倾翻的风险因素有哪些？

4．背景中的基础和风力发电机组检查，需要使用哪几种计量检测仪器？

5．本项目的技术协调包括哪些内容？风电场项目施工资料整理和汇总组卷时可划分为多少个单位工程？

【答案】

一、单项选择题

1．B；　2．C；　3．A；　4．A；　5．B；　6．B；　7．D；　8．B；
9．B；　10．C；　11．C；　12．D；　13．A；　14．D；　15．A；　16．A；
17．C；　18．D；　19．D；　20．B

二、多项选择题

21．C、D、E；　22．A、C、D；　23．B、C、D；　24．A、B、E；

25．A、C、E；　　26．A、B、C、D；　　27．A、C、D、E；　　28．A、B、E；
29．C、D、E；　　30．A、B、C、D

三、实务操作和案例分析题

（一）

1．针对火灾和爆炸危险源的分析，本工程因施工产生的危害因素有：人员自带火种进入工地；车辆排放尾气未设置灭火器；未限制动火作业；用电设备无防爆保护等。

2．A公司应具有压力容器（特种设备）制造许可证（含现场制造、现场组焊、现场粘接），按照批准的范围进行制造。

焊工和吊装指挥应均取得特种设备管理和作业人员证，焊工作业项目为金属焊接操作，吊装指挥作业项目为起重机指挥。

3．在内侧焊缝清根、焊接过程中，焊工面对的危险源有“焊工噪声暴露”和“焊工吸入有害粉尘（烟气）”。

4．因反应器的高度为120m，脚手架工程搭设高度超过50m，属于超过一定规模的危险性较大的分部分项工程；应由B公司组织编制、技术负责人审核签字、加盖公章，再由A公司组织专家论证，经过A公司技术负责人、总监理工程师审核签字、加盖公章。

（二）

1．安装公司在洪灾后可索赔的费用：9.8 + 325 = 334.8万元

自身应承担的费用：128 + 7 + 4.3 + 2 + 3 = 144.3万元

2．图1中整改内容：空气处理设备吊架应采取双螺母且并紧安装；空气处理设备金属软管长度不大于150mm；冷凝水应间接排入生活污水管。

3．监理人员制止施工人员撤离现场合理；离心泵停止运转后的后续工作：关闭泵的入口阀门，待泵冷却后依次关闭附属系统阀门，放尽泵内积存的液体。

4．安装公司递交的质量保修书还应补充的内容：保修范围，保修期限，保修情况记录（空白），保修说明。

（三）

1．本工程的冶金桥式起重机安装应编制危大工程专项施工方案。该专项施工方案编制后必须经过专家论证后才能实施。

2．影响富氧底吹炉砌筑的主要质量问题是：错牙和三角缝这两项质量问题，累计频率是80.6%。QC小组活动程序中要因确认的后续步骤是制定对策。

3．独立桅杆卷扬机的吊装系统要做的计算有：桅杆稳定性计算，卷扬机出力计算，桅杆固定缆风绳计算，卷扬机固定钢丝绳计算，起重机捆绑吊索计算和滑轮组捆绑绳计算。

卷扬机走绳的安全系数应大于或等于5，桅杆缆风绳的安全系数应大于或等于3.5，起重机捆绑绳的安全系数应大于或等于6。

4．氧气管道酸洗钝化的工序有：脱脂去油、酸洗、水洗、钝化、无油压缩空气吹干。氧气管道氮气压力试验的试验压力为设计压力的1.15倍，0.8MPa×1.15 = 0.92MPa。

（四）

1．项目部编制的施工进度计划的工期为90d。最多可以压缩工期24d。需增加的

费用：0.5×2 + 0.5×4 + 1.5×1 + 1.5×6 + 1×5 + 1×5 + 1×4 = 27.5 万元。

2．作业人员优化配置的依据：项目所需作业人员的种类及数量；项目的施工进度计划；项目的劳动力资源供应环境。

项目部应根据生产任务和施工条件的变化对劳动力进行动态管理。

3．项目部的施工准备包括技术准备、现场准备和资金准备；应落实劳动力配置和物资配置。

4．图 3 是变压器施工程序中的交接试验工序。图中的兆欧表电压等级应选择 2500V。各工序之间的逻辑关系主要有先后顺序、平行、交叉。

5．变配电装置空载运行 24h 满足验收要求。项目部整理的技术资料应包含：施工图纸、施工记录、产品合格证（说明书）、试验报告单等技术资料。

（五）

1．最不利工况是叶轮吊装，此时的计算载荷是叶轮重量、吊钩重量及吊索具重量之和。起升计算载荷 = 102 + 3.6 + 3.4 = 109t。

额定起重量 = 138t >起升计算载荷 = 109t，选用的履带起重机能满足吊装要求。

选用的履带起重机为定型产品，计算载荷可不考虑动载荷系数。

2．A 公司应为 B 公司提供现场平面布置、临时设施、轴线及标高测量等方面的服务。

3．吊装机舱时，造成履带起重机倾翻的风险因素有：履带起重机接触地面处的地基承载耐力不足、风力过大、起重机作业工况不足、机舱提升平移中触碰履带起重机臂架等。

4．背景中的基础和风力发电机组检查，需要使用的计量检测仪器有：水准仪、接地电阻测试仪、塞尺、绝缘电阻测试仪。

5．本项目的技术协调内容包括：设计要求、设备参数核实、各专业技术衔接、系统联合调试功能等。风电场项目施工资料整理和汇总组卷时可划分为 23 个单位工程。

综合测试题（二）

一、单项选择题（共20题，每题1分。每题的备选项中，只有1个最符合题意）

1. 下列建筑管道安装要求的说法，正确的是（　　）。

   A．室内给水管道安装应先支管后主管

   B．应先安装塑料管道后安装钢质管道

   C．铸铁管的坡度应高于塑料管的坡度

   D．平行安装的管道热水应在冷水下方

2. 室内照明灯具安装后的质量检查，应按每检验批的灯具数量抽查（　　）。

   A．1%　　B．3%

   C．5%　　D．10%

3. 空调水管与制冷机组的接管应为（　　）。

   A．刚性接管　　B．焊接接管

   C．柔性接管　　D．卡箍接管

4. 空调设备过滤网的阻力状态监控开关可用（　　）。

   A．压力开关　　B．隔离开关

   C．压差开关　　D．空气开关

5. 电梯安装检验合格后，办理交工验收的前提是获得（　　）。

   A．安装许可　　B．准用许可

   C．出厂许可　　D．运行许可

6. 下列消火栓系统的调试内容，不包括的是（　　）。

   A．报警阀及附件阀门调试　　B．水源的调试

   C．消防水泵的振动及噪声　　D．消火栓调试

7. 补偿设备使用过程中磨损所引起的偏差，装配时不在调整范围的是（　　）。

   A．联轴器两轴间隙　　B．齿轮的啮合间隙

   C．可调轴承的间隙　　D．滑轮与导轮间隙

8. 热力管道两个补偿器之间以及每一个补偿器两侧（指远的一端）应设置（　　）。

   A．滑动支架　　B．固定支架

   C．导向支架　　D．弹簧吊架

9. 下列试验项目中，橡塑四芯电力电缆可不试验的项目是（　　）。
A．局部放电测量　　B．交流耐压试验
C．两端相位检查　　D．交叉互联试验

10. 与分析取源部件在水平和倾斜的管道上安装方位要求相同的是（　　）。
A．物位取源部件　　B．温度取源部件
C．压力取源部件　　D．流量取源部件

11. 对于埋地设备及管道防腐蚀结构的施工质量检查项目不包括（　　）。
A．粘结力　　B．附着力
C．变形　　D．电火花检漏

12. 高温炉墙的保温施工中，可采用的方法是（　　）。
A．捆扎法　　B．粘贴法
C．浇注法　　D．拼砌法

13. 钢结构安装前，应按规定进行高强度螺栓连接摩擦面的（　　）。
A．扭矩系数试验　　B．紧固轴力试验
C．弯矩系数试验　　D．抗滑移系数试验

14. 锅炉蒸汽管路冲洗吹洗的对象不包括（　　）。
A．过热蒸汽管道　　B．再热器
C．减温水管系统　　D．凝汽器

15. 高炉炉壳的安装，采用正装法的要求是（　　）。
A．炉壳与框架同步安装　　B．框架应先于炉壳的安装
C．炉壳应先于框架安装　　D．炉壳与框架应分开安装

16. 下列突发事件，不属于施工生产事件的是（　　）。
A．中毒窒息事件　　B．火灾爆炸事件
C．高处坠落事件　　D．食物中毒事件

17. 施工现场的道路可与消防通道共用时，对道路宽度的要求是不小于（　　）。
A．3.0m　　B．3.5m
C．4.0m　　D．4.5m

18. 在材料储存与保管中，施工现场材料的放置要按（　　）。
A．进库时间实施　　B．材料保质期实施
C．领料方便实施　　D．平面布置图实施

19. 下列验收项目中，属于专项验收的是（ ）。

A. 空调验收　　B. 照明验收

C. 防雷验收　　D. 给水验收

20. 下列机电安装工程，适合采用夏季回访方式的是（ ）。

A. 空调制冷系统　　B. 锅炉房

C. 空调供暖系统　　D. 新设备

二、多项选择题（共 10 题，每题 2 分。每题的备选项中，有 2 个或 2 个以上符合题意，至少有 1 个错项。错选，本题不得分；少选，所选的每个选项得 0.5 分）

21. 订购分支电缆时，应根据建筑电气设计施工图来提供（ ）。

A. 主电缆的型号、规格及长度

B. 主电缆上的分支接头位置

C. 分支电缆的型号、规格及长度

D. 分支接头的尺寸大小要求

E. 分支电缆的外直径和重量

22. 下列塔设备中，属于按内件结构分类的有（ ）。

A. 精馏塔　　B. 吸收塔

C. 板式塔　　D. 填料塔

E. 解吸塔

23. 机电设备安装中，光学经纬仪主要用于（ ）。

A. 中心线测量　　B. 水平度测量

C. 垂直度测量　　D. 标高的测量

E. 水平距离测量

24. 吊装作业中，起重机械失稳的主要原因有（ ）。

A. 起重机械的故障　　B. 吊装设备超载

C. 多机吊装不同步　　D. 行走速度过快

E. 吊机支腿不稳定

25. 关于焊接工艺评定作用的说法，正确的有（ ）。

A. 可验证拟定焊接工艺的正确性

B. 是编制焊接作业指导书的依据

C. 可用于指导施焊后热处理工作

D. 是编制焊接工艺规程的说明书

E. 只能编制一份焊接作业指导书

26. 任何单位和个人不准在工作岗位上使用（　　）。

A．被认定为 C 类的计量器具　　B．无检定合格印、证的计量器具

C．超过检定周期的计量器具　　D．经检定不合格的计量器具

E．未做仲裁检定的计量器具

27. 下列电气器件中，属于线路相关设施保护的有（　　）。

A．互感器　　B．避雷针

C．断路器　　D．绝缘子

E．变压器

28. 起重机械安装单位申请监督检验应提交的资料包括（　　）。

A．施工合同和施工方案

B．三年内的经营财务状况

C．特种设备制造许可证复印件

D．安全保护装置型式试验证明

E．特种设备安装改造维修告知书

29. 电气照明设计方案应合理考虑的因素有（　　）。

A．节能控制　　B．抗震性能

C．自然采光　　D．负荷性质

E．视觉要求

30. 下列设备中，必须设置防雷接地装置的有（　　）。

A．煤塔　　B．熄焦塔

C．焦炉烟囱　　D．烟尘捕集装置

E．运焦带式输送机

三、实务操作和案例分析题［共 5 题，（一）、（二）、（三）题各 20 分，（四）、（五）题各 30 分］

（一）

背景资料

某安装公司承接了一商业中心的建筑智能化工程的施工。工程内容包括：建筑设备监控系统，安全技术防范系统，公共广播系统、防雷与接地和机房工程。

安装公司项目部进场后，了解商业中心建筑的基本情况、建筑设备安装位置、控制方式和技术要求等，依据监控产品进行深化设计。再依据商业中心工程的施工总进度计划，编制了建筑智能化工程施工进度计划（表 1）。该进度计划在报安装公司审批时被否定，要求重新编制。

表 1　建筑智能化工程施工进度计划

序号	工作内容	5月			6月			7月			8月			9月		
		1	11	21	1	11	21	1	11	21	1	11	21	1	11	21
1	建筑设备监控系统施工	━	━	━	━	━	━	━	━	━	━					
2	安全技术防范系统施工				━	━	━	━	━	━	━					
3	公共广播系统施工						━	━	━	━	━					
4	机房工程施工								━	━	━					
5	系统检测											━	━			
6	系统试运行调试													━	━	
7	验收移交															━

项目部依据工程技术文件和智能建筑工程质量验收规范，编制了建筑智能化系统检测方案，该检测方案经建设单位批准后实施，分项工程、子分部工程的检测结果均符合规范规定，检测记录的填写及签字确认符合要求。

在工程的质量验收中，发现机房和弱电井的接地干线搭接不符合施工质量验收规范要求，监理工程师对 40mm×4mm 镀锌扁钢的焊接搭接（图 1）提出整改要求，项目部返工后，通过验收。

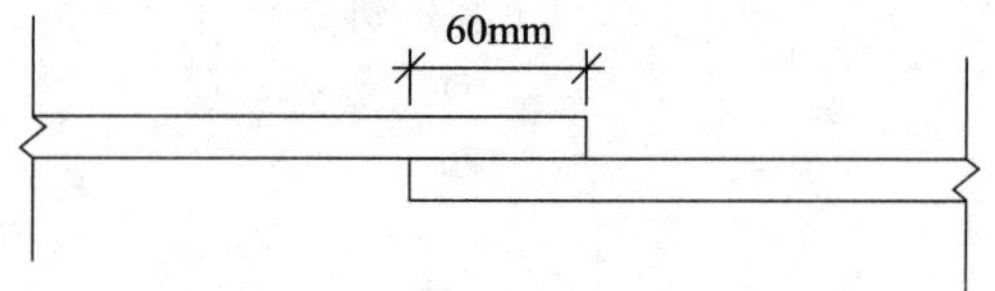

图 1　40mm×4mm 镀锌扁钢焊接搭接示意图

问题

1．写出建筑设备监控系统深化设计的紧前工序。深化设计应具有哪些基本要求？

2．项目部编制的施工进度计划为什么被安装公司否定？这种表示方式的施工进度计划有哪些欠缺？

3．绘出正确的扁钢焊接搭接示意图。扁钢与扁钢搭接至少几面施焊？

4．本工程系统检测合格后，需填写几个子分部工程检测记录？检测记录应由谁来做出检测结论和签字确认？

（二）

背景资料

某生物新材料月桂二酸项目由某安装公司总承包。项目的料仓盛装的工艺介质浆糊流体的温度介于 36～42℃，料仓外壁绝热工程保温层施工采用嵌装层铺法，保温材料为半硬度岩棉制品。施工合同签订时，安装公司法人代表授权一名具有机电工程建造师资格的项目经理现场负责，项目经理策划组织机构时，根据项目大小和具体情况配置了项目部技术人员。

精制车间有 10 台不锈钢料斗，外形尺寸和安装位置如图 2 所示。在预制场制作成编号 A、B、C、D 四片，先采用 50t 汽车起重机起吊至第 5 层楼地面；再采用自制门架按 A、C 门吊架就地转动 90° → B、D 顺序吊装组对。

门吊架横梁同时悬挂四只手拉葫芦，如图 2 所示。Q235 钢板制作板式吊耳与料仓壁板焊接，吊耳通过卸扣、钢丝绳吊索与手拉葫芦连接组成料仓壁板吊装系统。

料仓下方正方形出料口连接法兰的端平面，安装质量要求水平度≤ 1mm、对角线长度相差≤ 2mm、实际中心线与基准中心线距离允许偏差≤ 1.5mm。

料仓分项工程验收前，质量检查员发现吊耳与料仓壁板异种钢焊接，不符合设计文件对铁离子严格控制的要求，吊耳去除不采取特殊工艺处理，严重影响工艺产品的洁净度。项目部立即对料仓临时吊耳进行了标识、隔离和记录，写出了质量问题报告，并及时进行了报告。

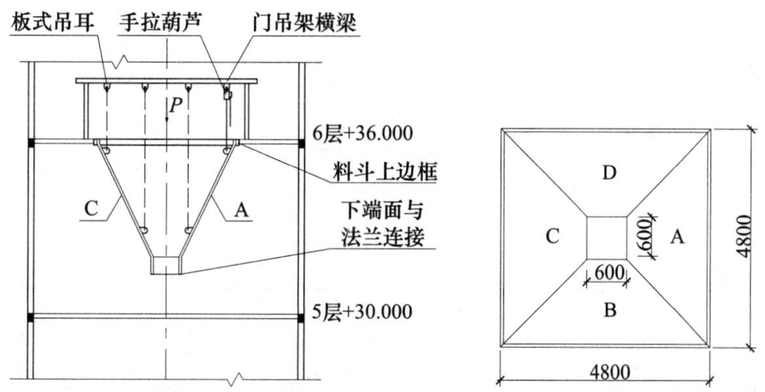

图 2 精制车间单台料仓安装示意图（尺寸单位：mm，标高单位：m）

问题

1. 项目经理可按什么工程划分来配备技术人员？到达施工现场的保温材料需检查哪些项目？

2. 辨识出焊工作业过程中，存在哪些职业健康危害因素和生产安全事故隐患？

3. 料仓下方正方形端面标高基准点和纵横中心线的测量，分别需要哪些测量器具？

4. 项目部写的吊耳质量问题报告应向哪些单位报告？

（三）

背景资料

某公司承包一风电工程项目，有 18 台 3.4MW 风电机组。风电机组安装有：风力发电机组基础施工、风力发电机组安装、监控系统安装、箱式变压器安装、防雷接地网安装、电缆安装。风电设备主要参数见表 2。

表 2 风电设备主要参数表

序号	部件名称	重量（t）	长 × 宽 × 高（直径 × 高）（mm）	标高（m）	备注
1	下段塔筒	85.00	ϕ4300×16140	±0.000	下部标高
2	中下段塔筒	73.50	ϕ4300×22210	16.140	下部标高

续表

序号	部件名称	重量（t）	长×宽×高（直径×高）(mm)	标高（m）	备注
3	中上段塔筒	53.70	ϕ4300×24410	38.350	下部标高
4	顶段塔筒	45.00	ϕ4300/ϕ3316×24840	62.760	下部标高
5	机舱	43.00	10120×4460×4426	87.620	底部标高
6	发电机	83.00	ϕ5135×2452	87.620	中心标高
7	叶轮	102.00	5339×4809×5073	87.620	中心标高

塔筒与基础、塔筒之间、塔筒与机舱、机舱与发电机、发电机与轮毂之间采用高强度大六角头螺栓连接。发电机组安装技术要求见表 3。

表 3 发电机组安装技术要求

项目	技术要求
基础环法兰水平度偏差	≤ 3mm
基础接地电阻	≤ 4Ω
塔筒法兰变形量	≤ 3mm
发电机绕组间及对地绝缘	≥ 500MΩ
塔筒法兰内侧间隙	＜ 0.5mm

安装公司在工程开工前编制了施工组织设计和吊装方案，并履行了审批手续。对所有作业人员进行了技术交底。根据发电机组各部件和安装高度，选用 SCC6500WE 履带起重机，塔式工况：主臂长度 96m，副臂长度 12m，主臂夹角 82°，副臂夹角 10°，回转半径 18m 时，额定起重量为 128t，吊装高度为 110m，吊钩重量为 3.6t。叶轮吊装时吊具和吊索重量为 3t，发电机吊装时吊具和吊索重量为 4t。

SCC6500WE 履带起重机现场组装完成并经自检和试验合格后，进行报验。监理工程师要求必须经当地有资质的特种设备检验检测机构监督检验合格后方可投入使用。

按《施工现场临时用电安全技术规范》JGJ 46—2005 的要求，塔筒内采用 24V 临时照明。

问题

1．监理工程师要求履带起重机必须经有资质的特种设备检验检测机构监督检验是否正确？说明理由？

2．塔筒内采用 24V 临时照明是否符合要求？塔筒内临时照明设置有什么要求？

3．计算最不利工况下主吊的起升计算载荷（忽略风载荷影响）。吊车的负载率是否满足吊装要求？

4．列出风电安装工程中必需的计量检测仪器。

（四）

背景资料

某安装公司承接一个干熄焦发电项目。工程内容：干熄焦系统、工业炉系统、热力系统、电站、电气、仪表及自动化控制系统。场区给水排水、供暖、通风空调由其他施工单位承担。

干熄焦工艺：赤热的焦炭从焦炉炭化室推入焦罐，电机车将焦罐及焦罐台车运至提升框架正下方，提升机将焦罐提升并横移至干熄炉炉顶，通过装入装置将焦炭装入干熄炉内。干熄焦工艺设备中，动力驱动设备有：电机车、焦罐台车和提升机。提升机工艺参数见表 4。

表 4　提升机工艺参数

提升负荷	87t	提升高度（最大）	37.5m
提升速度	20、10、4m/min	提升用电机	280kW×2
提升停止精度	±45mm	走行速度	40、3.5m/min
走行用电机	45kW×2	走行停止精度	±20mm

提升机本体主要由车架、提升机构、行走机构、吊具、焦罐盖、检修用电动葫芦、操作室、挠性电缆小车等组成。提升机构安装在车架上部，通过钢丝绳与吊具相连，带动焦罐进行上升或下降运动。行走机构安装在车架下部，通过车轮的转动，带动提升机进行横向移动。提升机安装在提升框架顶部主梁的轨道上。

提升框架主梁是钢制焊接箱型结构，框架中部设有水平支撑及剪刀撑。钢结构采用扭剪型高强度螺栓连接。

主厂房设有 1 台供检修用电动双梁桥式起重机，QD-32/5，跨距：16.5m，工作制：A3。

工程中配置 1 套高温高压自然循环锅炉（参数见表 5）及辅助系统，同时配套发电机组及辅助系统，利用锅炉产生的高温高压蒸汽，做功发电。

表 5　高温高压自然循环锅炉参数

<table>
<tr><td rowspan="3">蒸汽压力</td><td>锅炉出口</td><td>9.5MPa</td><td colspan="2">蒸发量</td><td>95t/h</td></tr>
<tr><td>汽包</td><td>11.28MPa</td><td rowspan="2">蒸汽温度</td><td>过热器出口处</td><td>540℃±5℃</td></tr>
<tr><td>过热器出口</td><td>9.81MPa</td><td>允许最高工作温度</td><td>550℃</td></tr>
<tr><td colspan="2">锅炉入口烟气温度</td><td>800～960℃</td><td colspan="2">锅炉出口烟气温度</td><td>160～180℃</td></tr>
</table>

安装公司项目部进场后进行了项目的各项准备工作。在技术准备中，根据施工图纸及相关资料，对工程中可能涉及的特种设备及危险性较大的分部分项工程进行了识别，由项目经理组织相关技术人员编制了施工组织设计及分部分项工程专项施工方案。

提升机框架主梁上平标高为＋ 60.000m，为提高施工效率及安全，在框架旁边安装一台建筑塔式起重机。安装前项目部按《建筑起重机械安全监督管理规定》要求在施工所在地建设主管部门办理了施工告知和使用登记。

冷焦排出装置重量 8.9t，安装于干熄炉底部，将冷却后的焦炭排到胶带输送机上，要求该系统自动、连续、均匀地排料，由于场地原因，冷焦排除系统设备卸车后只能放在距离干熄炉炉底中心 8m 距离的地方。项目部采用非常规起重方法将排料装置安装到位。

问题

1．本工程中有哪几个设备安装需编制安全专项施工方案？说明理由。

2．项目部在建筑塔式起重机安装前到施工所在地建设主管部门办理安装告知和使用登记的做法是否正确？说明理由。

3．干熄焦排除装置水平运输和吊装就位采用的是什么方法？

4．高强度螺栓连接副在安装前需做哪些检验？高强度螺栓终拧合格的标志是什么？

5．计算锅炉整体水压试验压力。锅炉水压试验对压力表的要求是什么？

（五）

背景资料

A公司承接北方某小区的住宅楼和室外工程的机电安装任务，住宅楼楼道内铝合金散热器的安装如图3所示。

为尽快完成任务，A公司将小区热力管网工程分包给业主指定的B公司，其管材和阀门由A公司采购。B公司承建的热力管网安装工程于2011年10月完成后，业主单独验收顺利通过。住宅楼总体工程也于2012年1月竣工验收合格。

该工程在使用过程中发生如下问题：

2013年冬季供暖时，发现热力管网阀门漏水严重，业主要求A公司对热力管网阀门进行修理，并承担经济费用，但是，A公司以业主直接验收管网工程为由，拒绝维修。

2015年冬季供暖时，其中有一栋楼暖气管多处裂纹漏水。经查证该栋楼使用的管材，是A公司项目经理通过关系购进的廉价劣质有缝钢管。

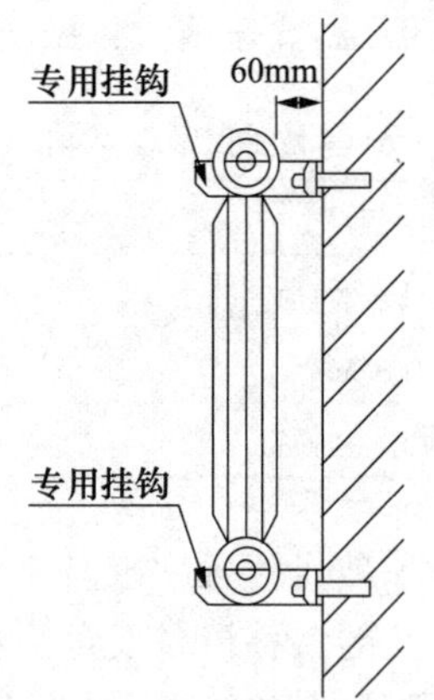

图3　铝合金散热器安装示意图

问题

1．该小区工程在竣工验收方面存在哪些问题？

2．热力管网阀门漏水事件中，A公司的做法是否合理？说明理由。

3．2015年供暖工程已过保修期限，A公司是否应对该质量问题负责？说明理由。

4．请说明图3中铝合金散热器的安装不符合规范之处。散热器进场的节能见证取样复试应包括哪些性能参数？

5. 简述对管网阀门进货检验的要求。

【答案】

一、单项选择题

1. C； 2. C； 3. C； 4. C； 5. B； 6. C； 7. A； 8. B；
9. D； 10. C； 11. C； 12. D； 13. D； 14. D； 15. A； 16. D；
17. B； 18. D； 19. C； 20. A

二、多项选择题

21. A、B、C； 22. C、D； 23. A、C； 24. A、B、E；
25. A、B、C； 26. B、C、D； 27. A、B、C； 28. C、D、E；
29. A、C、E； 30. A、B、C

三、实务操作和案例分析题

（一）

1. 建筑设备监控系统深化设计的紧前工序是建筑监控设备供应商确定。深化设计的基本要求：应具有开放结构，协议和接口都应标准化。

2. 项目部编制的施工进度计划被安装公司否定的理由：施工进度计划中缺少防雷与接地的工作内容，系统检测应在系统试运行合格后进行（施工程序有错）。

这种表示方式（横道图）的施工进度计划不能反映工作所具有的机动时间，不能反映影响工期的关键工作（关键线路），也就无法反映整个施工过程的关键所在，因而不便于施工进度控制人员抓住主要矛盾，不利于施工进度的动态控制。

3. 正确的扁钢焊接搭接示意图如图 4 所示。

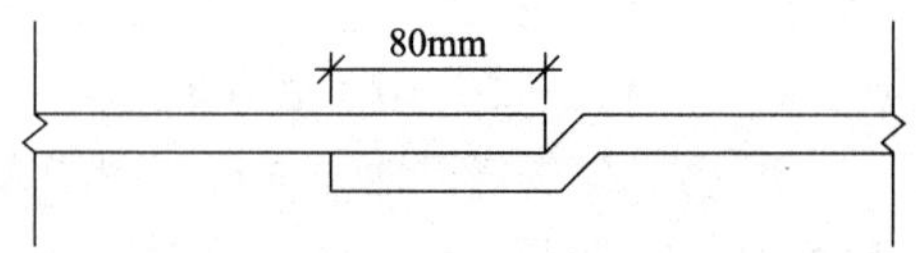

图 4　正确的扁钢焊接搭接示意图

40mm×4mm 镀锌扁钢的焊接搭接，不应小于扁钢宽度的 2 倍，40×2 = 80mm，与扁钢搭接应至少三面施焊。

4. 本工程系统检测合格后，需填写 5 个子分部工程检测记录。检测记录应由检测负责人做出检测结论，由监理工程师或项目专业技术负责人签字确认。

（二）

1. 项目经理可依据项目大小和具体情况按分部、分项和专业配备技术人员。到达施工现场的保温材料必须检查其出厂合格证书或化验、物性试验记录。

2. 焊工作业过程存在的职业健康危害因素有：电焊烟尘、砂轮磨尘、金属烟、紫外线（红外线）、高温。

焊工作业过程存在的生产安全事故隐患有：料仓上口无防护栏杆和料仓未形成整体临时固定而坍塌，均存在高空坠落安全风险；金属设备内焊接及手持电动砂轮机打磨作业，存在触电安全风险。

3．设置标高基准点需要经纬仪；设置纵横中心线需要水准仪。

4．项目部应根据质量问题的性质和严重程度，写出质量问题报告，并向建设单位、监理单位和本单位管理部门报告。

（三）

1．监理工程师的要求不正确。因为履带起重机只需进行首次检验，不需要进行监督检验。

2．24V 临时照明不符合规范要求。按规范要求，金属容器内的照明电压不得大于 12V，照明变压器必须使用双绕组型安全隔离变压器，严禁使用自耦变压器。

3．吊车的最不利工况是叶轮吊装，由于履带起重机为定型产品，计算载荷可不考虑动载荷系数。此时主吊的计算载荷是叶轮装量、吊钩重量及吊索具重量之和。

即起升计算载荷＝ 102t ＋ 3.6t ＋ 3t ＝ 108.6t

吊车负载率计算：

$$负载率=\frac{起升计算载荷}{额定起重量}=\frac{108.6}{128}=84.8\% < 90\%$$

吊车负载率满足吊装要求。

4．必需的计量检测仪器有：水准仪（激光水准仪）、接地电阻测试仪、绝缘电阻测试仪、钢卷尺、塞尺、电动扭矩扳手、液压扳手。

（四）

1．本工程中：提升机安装和电动双梁桥式起重机安装需编制安全专项施工方案。因为都属于起重量超过 300kN 的起重机械安装工程，是超过一定规模的危险性较大的分部分项工程。

2．项目部在施工所在地建设主管部门办理建筑塔式起重机安装告知和使用登记的做法不正确。

建设主管部门只负责房屋建筑和市政公用工程工地安装使用的起重机械的管理，本项目为干熄焦施工项目，是工业安装项目工地，根据《中华人民共和国特种设备安全法》及《特种设备安全监察条例》的要求，起重机械的管理由市场监督管理局特种设备安全监督部门归口管理，应在施工所在地设区的市级特种设备安全监督部门办理施工告知。

3．将设备放置在拖排上，拖排下面加滚杠，用手拉葫芦或卷扬机牵引到干熄炉排焦口下方，通过手拉葫芦吊装（提升）就位。

4．高强度螺栓连接副在安装前需做连接摩擦面的抗滑移系数试验和复验；高强度螺栓终拧合格的标志是拧断螺栓尾部的梅花头。

5．由锅炉压力参数可以判断锅炉是 A 级锅炉，锅炉整体水压试验压力为汽包（锅筒）压力的 1.25 倍，即 11.28×1.25 ＝ 14.1MPa。

锅炉水压试验至少需要两块压力表且应校验合格，压力表的精度应不低于 1.6 级，压力表的量程（量值或表的满刻度）一般为试验压力的 1.5～3.0 倍，表盘大小应保证作业人员能清楚看到压力指示值。

（五）

1．小区工程在竣工验收上存在的问题有：

（1）热力管网安装工程不应该单独进行竣工验收，应与总体工程同时竣工验收。

（2）参加竣工验收的单位不全。仅有业主独家对管网进行竣工验收是不符合规定的。

（3）验收程序不对。B公司是A公司的分包商，应先向A公司提出验收，由A公司向业主申请，由业主组织设计单位、监理单位、A公司共同验收。

2. A公司的做法不合理。因为A公司与B公司是总分包关系，总承包单位对分包单位的施工质量负有连带责任；同时，阀门是A公司采购的，不能排除其产品质量问题，所以A公司应对热力管网阀门进行修理。

3. A公司应对该暖气管道的质量问题负全部责任。采购方应对所采购的材料、设备负责，不受保修期限制。另外，根据《建筑工程五方责任主体项目负责人质量终身责任追究暂行办法》的规定，参与新建、扩建、改建的建筑工程项目负责人按照国家法律法规和有关规定，在工程设计使用年限内对工程质量承担相应责任，称为建筑工程五方责任主体项目负责人质量终身责任。

4. 图3中铝合金散热器背面与墙体表面的安装距离偏大，按《建筑给水排水及采暖工程施工质量验收规范》GB 50242—2002要求，该安装距离设计未注明时，应为30mm。

供暖节能工程使用的散热器进场时，应对散热器的单位散热量、金属热强度等性能进行见证取样复验。

5.（1）材料进场时必须根据进料计划、送料凭证、质量保证书或产品合格证，进行材料的数量和质量验收；验收内容包括品种、规格、型号、质量、数量、证件等；验收要做好记录，办理验收手续。

（2）阀门安装前应进行强度和严密性试验，试验应在每批（同牌号、同型号、同规格）数量中抽查10%，且不少于一个。安装在主干管上起切断作用的闭路阀门，应逐个做强度试验和严密性试验。阀门的强度试验压力为公称压力的1.5倍；严密性试验压力为公称压力的1.1倍；试验压力在试验持续时间内应保持不变，且壳体填料及阀瓣密封面无渗漏。

（3）对不符合计划要求或质量不合格的阀门，应拒绝接收。

应 试 要 点

1. 考试第一步，先填写及填涂应考人员的信息代码。

2. 选择题按题号在答题卡上将所选的选项与对应的字母用 2B 铅笔涂黑。

3. 单项选择题 20 题，每题 1 分，多项选择题 10 题，每题 2 分，共 40 分。选择题首先是“机电工程技术”和“机电工程相关法规与标准”中的知识点，其次是“机电工程项目管理实务”中的知识点。做选择题时熟悉的要先答，尽量掌握在一个小时以内做完，单项选择题都要做，多项选择题至少选两项。

4. 实务操作和案例分析题是五道大题，(一) ～ (三) 题每题 20 分，(四)、(五) 题每题 30 分。每题一般包括不相关联的 4～6 个问题，每个问题中有 1～3 个小问题。回答每个实务操作和案例分析题要控制在半小时内，平均 1 个问题 5 分钟左右。对案例的背景要边看边想，不要研究太多时间，会的马上就答，不会的空开一段，实在想不起书上的，凭自己积累的知识回答，但答案要符合考试用书的相关知识点，不能根据实际经验随意发挥。

5. 深入了解背景内容和所给的条件，分析背景材料中内含的因果关系、逻辑关系、法定关系、表达顺序等各种关系的相关性和限定性，背景资料中一般没有废话，每一句话都有所指，要理解背景中指的是哪个考点。

6. 看清楚有几个问题，不要漏答，否则要丢分。一个问题可能有几个采分点，要回答全面，抓住关键词回答，关键词要表述准确、语言简洁，把握不准的地方尽量回避，避免画蛇添足。回答问题时要符合题意，应把题中给出的条件都用上，不必展开。

7. 答题要有层次，解答要紧扣题意，有问必答，不问不答，一个一个地回答，一般来说，各个问题间的关联性小，但每一个问题中的若干小问关联性大。

8. 要在规定的答题栏中和本题号上做答，卷面字要写整齐、清楚、整洁，每题书写的答案，不得写到装订线之外，不要在另外题号上作答，否则影响电脑判卷的成绩；计算题必须写出计算步骤，不能只写答案。

网上增值服务说明

为了给一级建造师考试人员提供更优质、持续的服务，我社为购买正版考试图书的读者免费提供网上增值服务。增值服务包括在线答疑、在线视频课程、在线测试等内容。

网上免费增值服务使用方法如下：

1. 计算机用户

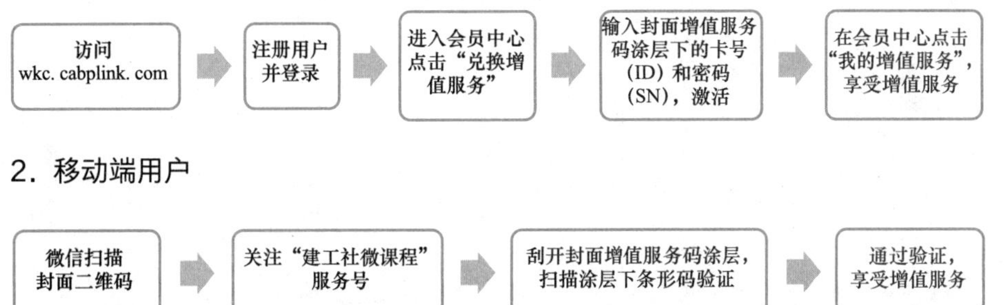

2. 移动端用户

注：增值服务从本书发行之日起开始提供，至次年新版图书上市时结束，提供形式为在线阅读、观看。如果输入卡号和密码或扫码后无法通过验证，请及时与我社联系。

客服电话：010-68865457，4008-188-688（周一至周五 9：00—17：00）

Email：jzs@cabp.com.cn

防盗版举报电话：010-58337026，举报查实重奖。

网上增值服务如有不完善之处，敬请广大读者谅解。欢迎提出宝贵意见和建议，谢谢！